基本単位

長さ	メートル	m	熱力学温度	ケルビン	K
質量	キログラム	kg			
時間	秒	s	物質量	モル	mol
電流	アンペア	A	光度	カンデラ	cd

SI接頭語

10^{24}	ヨタ	Y	10^{3}	キロ	k	10^{-9}	ナノ	n
10^{21}	ゼタ	Z	10^{2}	ヘクト	h	10^{-12}	ピコ	p
10^{18}	エクサ	E	10^{1}	デカ	da	10^{-15}	フェムト	f
10^{15}	ペタ	P	10^{-1}	デシ	d	10^{-18}	アト	a
10^{12}	テラ	T	10^{-2}	センチ	c	10^{-21}	セプト	z
10^{9}	ギガ	G	10^{-3}	ミリ	m	10^{-24}	ヨクト	y
10^{6}	メガ	M	10^{-6}	マイクロ	μ			

〔換算例： 1 N＝1/9.806 65 kgf〕

	SI		SI 以外		
量	単位の名称	記号	単位の名称	記号	SI単位からの換算率
エネルギー，熱量，仕事およびエンタルピー	ジュール (ニュートンメートル)	J (N・m)	エルグ カロリ(国際) 重量キログラムメートル キロワット時 仏馬力時 電子ボルト	erg cal_{IT} kgf・m kW・h PS・h eV	10^{7} 1/4.186 8 1/9.806 65 $1/(3.6\times10^{6})$ $\approx 3.776\,72\times10^{-7}$ $\approx 6.241\,46\times10^{18}$
動力，仕事率，電力および放射束	ワット (ジュール毎秒)	W (J/s)	重量キログラムメートル毎秒 キロカロリ毎時 仏馬力	kgf・m/s kcal/h PS	1/9.806 65 1/1.163 ≈1/735.498 8
粘度，粘性係数	パスカル秒	Pa・s	ポアズ 重量キログラム秒毎平方メートル	P $kgf\cdot s/m^2$	10 1/9.806 65
動粘度，動粘性係数	平方メートル毎秒	m^2/s	ストークス	St	10^{4}
温度，温度差	ケルビン	K	セルシウス度，度	℃	〔注(1)参照〕
電流，起磁力	アンペア	A			
電荷，電気量	クーロン	C	(アンペア秒)	(A・s)	1
電圧，起電力	ボルト	V	(ワット毎アンペア)	(W/A)	1
電界の強さ	ボルト毎メートル	V/m			
静電容量	ファラド	F	(クーロン毎ボルト)	(C/V)	1
磁界の強さ	アンペア毎メートル	A/m	エルステッド	Oe	$4\pi/10^{3}$
磁束密度	テスラ	T	ガウス ガンマ	Gs γ	10^{4} 10^{9}
磁束	ウェーバ	Wb	マクスウェル	Mx	10^{8}
電気抵抗	オーム	Ω	(ボルト毎アンペア)	(V/A)	1
コンダクタンス	ジーメンス	S	(アンペア毎ボルト)	(A/V)	1
インダクタンス	ヘンリー	H	ウェーバ毎アンペア	(Wb/A)	1
光束	ルーメン	lm	(カンデラステラジアン)	(cd・sr)	1
輝度	カンデラ毎平方メートル	cd/m^2	スチルブ	sb	10^{-4}
照度	ルクス	lx	フォト	ph	10^{-4}
放射能	ベクレル	Bq	キュリー	Ci	$1/(3.7\times10^{10})$
照射線量	クーロン毎キログラム	C/kg	レントゲン	R	$1/(2.58\times10^{-4})$
吸収線量	グレイ	Gy	ラド	rd	10^{2}

〔注〕 (1) T Kから θ℃への温度の換算は，$\theta=T-273.15$とするが，温度差の場合には $\Delta T=\Delta\theta$である．ただし，ΔTおよび$\Delta\theta$はそれぞれケルビンおよびセルシウス度で測った温度差を表す．

(2) 丸括弧内に記した単位の名称および記号は，その上あるいは左に記した単位の定義を表す．

JSMEテキストシリーズ

演習 Problems in

流体力学

Fluid Mechanics

日本機械学会

序

「JSME テキストシリーズ」は，大学学部学生のための機械工学への入門から必須科目の修得までに焦点を当て，機械工学の標準的内容をもち，かつ技術者認定制度に対応する教科書の発行を目的に企画されました．

日本機械学会が直接編集する直営出版の形での教科書の発行は，1988 年の出版事業部会の規程改正により出版が可能になってからも，機械工学の各分野を横断した体系的なものとしての出版には至りませんでした．これは多数の類書が存在することや，本会発行のものとしては機械工学便覧，機械実用便覧などが機械系学科において教科書・副読本として代用されていることが原因であったと思われます．しかし，社会のグローバル化にともなう技術者認証システムの重要性が指摘され，そのための国際標準への対応，あるいは大学学部生への専門教育への動機付けの必要性など，学部教育を取り巻く環境の急速な変化に対応して各大学における教育内容の改革が実施され，そのための教科書が求められるようになってきました．

そのような背景の下に，本シリーズは以下の事項を考慮して企画されました．

① 日本機械学会として大学における機械工学教育の標準を示すための教科書とする．

② 機械工学教育のための導入部から機械工学における必須科目まで連続的に学べるように配慮し，大学学部学生の基礎学力の向上に資する．

③ 国際標準の技術者教育認定制度〔日本技術者教育認定機構(JABEE)〕，技術者認証制度〔米国の工学基礎能力検定試験(FE)，技術士一次試験など〕への対応を考慮するとともに，技術英語を各テキストに導入する．

さらに，編集・執筆にあたっては，

① 比較的多くの執筆者の合議制による企画・執筆の採用，

② 各分野の総力を結集した，可能な限り良質で低価格の出版，

③ ページの片側への図・表の配置および 2 色刷りの採用による見やすさの向上，

④ アメリカの FE 試験（工学基礎能力検定試験(Fundamentals of Engineering Examination)）問題集を参考に英語による問題を採用，

⑤ 分野別のテキストとともに内容理解を深めるための演習書の出版，

により，上記事項を実現するようにしました．

本出版分科会として特に注意したことは，編集・校正には万全を尽くし，学会ならではの良質の出版物になるように心がけたことです．具体的には，各分野別出版分科会および執筆者グループを全て集団体制とし，複数人による合議・チェックを実施し，さらにその分野における経験豊富な総合校閲者による最終チェックを行っています．

本シリーズの発行は，関係者一同の献身的な努力によって実現されました．出版を検討いただいた出版

事業部会・編修理事の方々，出版分科会を構成されました委員の方々，分野別の出版の企画・進行および最終版下作成にあたられた分野別出版分科会委員の方々，とりわけ教科書としての性格上短時間で詳細な形式に合わせた原稿の作成までご協力をお願いいただきました執筆者の方々に改めて深甚なる謝意を表します．また，熱心に出版業務を担当された本会出版グループの関係者各位にお礼申し上げます．

本シリーズが機械系学生の基礎学力向上に役立ち，また多くの大学での講義に採用され技術者教育に貢献できれば，関係者一同の喜びとするところであります．

2002 年 6 月

日本機械学会
JSME ﾃｷｽﾄｼﾘｰｽﾞ 出版分科会
主　査　宇　高　義　郎

「演習流体力学」刊行にあたって

流体力学とは，気体と液体に関する力学を取り扱う学問です．流体が関わる現象や技術は広範囲に及び，さまざまな分野の科学技術と関連しています．そのため，日本機械学会の中にある部門の中で，流体工学部門は部門登録者数が最大級の基幹部門の一つとなっています．このことから，機械工学，さらには科学技術における流体力学の重要性の一端を垣間見ることができます．

そのため，機械系の学生や技術者にとって流体力学は重要科目の一つになっています．ところが，空気や水が透明であることに代表されるように多くの流体は目に見えず，また自由に変形できることからつかみ所がなく，流体力学はわかりにくいとの印象を持たれることもあります．確かに，流体は一見すると不思議な現象が起こったり，予測の及ばない振る舞いをすることもあります．しかし，その未知の部分があるからこそ流体が魅力的であるのです．目に見えない未知の現象を解き明かし，それを科学技術に応用していくことに喜びがあり，また技術の進歩があるのです．流体力学には難しい面もありますが，ある程度の基本的な内容を理解すれば，多くの技術的場面で活用できるようになります．本書がその手助けとなればと願っています．

本書の執筆を担当したのは，流体力学を専門とし，機械学会のみならず，他の学協会やさまざまな社会活動においても第一線で活躍の方々です．ご多忙の中で貴重な時間を割き，熱意をもって書いていただきました．テキストの価格を抑えるために，各執筆者には統一した書式で原稿を作成し，完成図版を作成するところまでという多大な負担をお掛けしました．その努力の結果，わかりやすい図をできるだけ多くし，例題や各章末の練習問題には国際性を意識して英文問題を半分近く取り入れることができました．

本書の客観性，公正性を確認するため，辻本良信先生（大阪大学）に総合校閲をご担当いただきまして，ここに感謝申し上げます．編集作業の遅れのため企画から歳月を要してしまいましたが，この間，献身的にご協力いただいた執筆者，校閲者の方々，また関連してご協力、ご支援くださった多くの方々に感謝申し上げます．

2012 年 3 月
JSME テキストシリーズ出版分科会
流体力学テキスト
主査　石綿良三

流体力学　執筆者・出版分科会委員

執筆者・委員	石綿良三	（神奈川工科大学）	第 1 章、第 2 章、第 5 章、第 6 章、編集
委員	後藤　彰	((株)荏原製作所)	校閲
執筆者	酒井康彦	（名古屋大学）	第 3 章
執筆者	高見敏弘	（岡山理科大学）	第 6 章
執筆者	平原裕行	（埼玉大学）	第 10 章、第 11 章
執筆者	水沼　博	（首都大学東京）	第 8 章
執筆者	望月　修	（東洋大学）	第 4 章
執筆者	山本　誠	（東京理科大学）	第 7 章、第 9 章
総合校閲者	辻本良信	（大阪大学）	

目 次

第 1 章

流体の性質と分類

Properties of Fluids

1・1　序論 (introduction)

1・1・1　流体力学とは (What is fluid mechanics)

流体力学で扱う「流体」とは気体と液体を指し，自由に変形できるという特徴を持っている．流体が運動している状態を「流れ」といい，流体の力学的つり合いや運動を解析する学問が流体力学である．

1・1・2　本書の使い方 (How to use this book)

本書は，大学学部生，高専生，短大生および社会人で流体力学を初めて学ぶ人を対象として，JSME テキストシリーズ流体力学と併用しながら問題演習によって流体力学への理解をさらに深めるとともに実践力を身につけることを目的としている．日本技術者教育認定制度（Japan Accreditation Board for Engineering Education，略記：JABEE）や米国の工学基礎能力検定試験（Fundamentals of Engineering Examination，略記：FE 試験），技術士一次試験などの各種認定，認証制度への対応を考慮している．

なお，見出しに＊（アスタリスク）記号がついている項目は，基礎に重点を置く場合には飛ばしてよい箇所である．

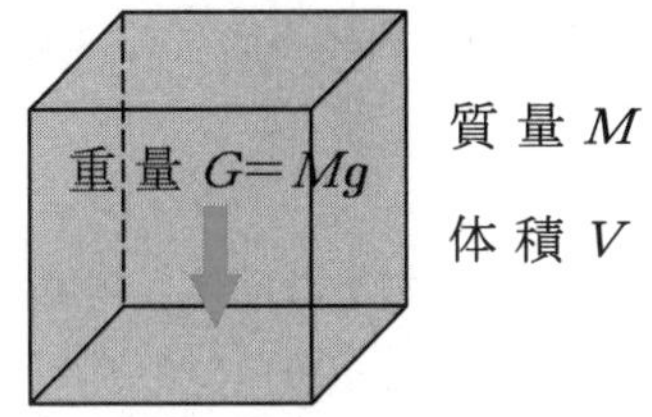

図 1.1　物質の密度

1・2　流体の基本的性質 (properties of fluids)

1・2・1　密度と比重量（density and specific weight）

密度(density) ρ とは，その物質の単位体積あたりの質量であり，図 1.1 で，体積 V の質量が M であれば次式となる．密度の単位は[kg/m^3]である．

$$\rho=\frac{M}{V}=\frac{(\text{質量})}{(\text{体積})} \tag{1.1}$$

表 1. 1 に代表的な流体の密度を示す．

表 1.1　おもな流体の密度（1 気圧のとき）

流体の種類	密度 (kg/m^3)
水（20℃）	998.2
エチルアルコール	789
海水	1010～1050
水銀（20℃）	13546
石油（灯油）	800～830
乾燥空気（20℃）	1.205
二酸化炭素（0℃）	1.977

比重量(specific weight) γ とは，その物質の単位体積あたりの重量であり，重量を G とすると次式となる．工学単位系では[kgf/m^3]を用いる．

$$\gamma=\frac{G}{V}=\frac{(\text{重量})}{(\text{体積})}=\rho g \tag{1.2}$$

1・2・2　粘度と動粘度（viscosity and kinematic viscosity）

「粘性(viscosity)」とは，流体を変形させるときに変形速度に応じた力が必要とされるという性質である．粘度(viscosity)は粘性の強さを表す物性値であり，粘性係数(coefficient of viscosity)とも呼ばれている．

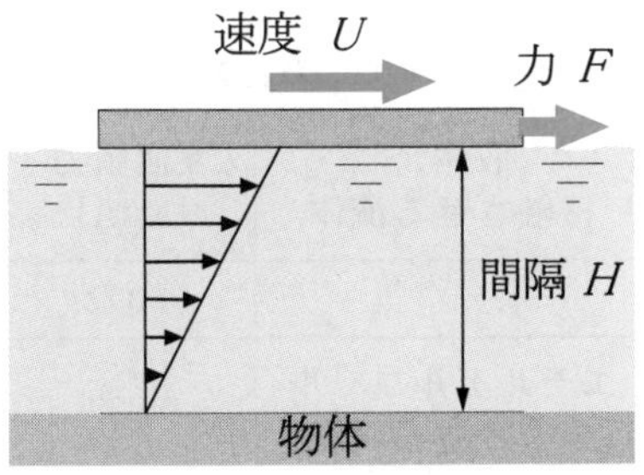

図 1.2　クエット流れ

図 1.2 のクエット流れ(Couette flow)で流体の粘度を μ とすれば，平板に働くせん断応力 τ は次式となる．粘度 μ の単位は[Pa•s]である．

$$\tau = \mu \frac{U}{H} \tag{1.3}$$

一般に，図 1.3 のような物体表面付近の流れでは，

$$\tau = \mu \frac{du}{dy} \tag{1.4}$$

ここで，u は流れの速さ，y は流れに垂直な座標，du/dy は速度こう配(velocity gradient)である．この式はニュートンの粘性法則(Newton's law of friction)と呼ばれている．

粘度 μ を密度 ρ で割った値を動粘度(kinematic viscosity) ν といい，単位は[m^2/s]を用いる．

$$\nu = \frac{\mu}{\rho} \tag{1.5}$$

表 1.2 と表 1.3 に代表的な流体の粘度と動粘度の値を示す．

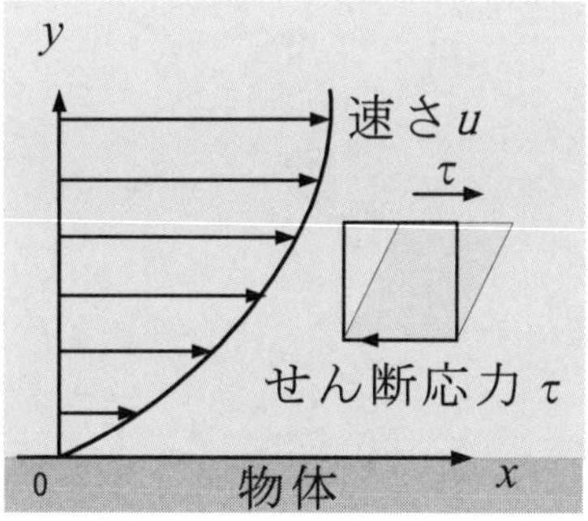

図 1.3　物体表面付近の流れ

表 1.2　おもな流体の粘度
（1 気圧，20℃のとき）

流体の種類	粘度（Pa•s）
水	100.2×10^{-5}
エチルアルコール	119.7×10^{-5}
水銀	156×10^{-5}
乾燥空気	1.82×10^{-5}
二酸化炭素	1.47×10^{-5}

表 1.3　水と空気の動粘度
（1 気圧のとき）

流体の種類	動粘度（m^2/s）
水（0℃）	1.792×10^{-6}
水（20℃）	1.004×10^{-6}
乾燥空気（0℃）	13.22×10^{-6}
乾燥空気（20℃）	15.01×10^{-6}

【例題 1・1】　2 枚の平板の間に油をはさみ，間隔を $H = 3.00\,\mathrm{mm}$ に保ったまま，図 1.2 のように上の平板を一定の速度でずらしてみた．上の平板は一辺の長さが $a = 150\,\mathrm{mm}$ の正方形で，ずらす速さは $U = 10.0\,\mathrm{mm/s}$ とし，平板間の流れはクエット流れであったとする．この平板が油から受ける抵抗力が $F = 5.00\times10^{-3}\,\mathrm{N}$ のとき，この油の粘度はいくらか．

【解答】式(1•3)から，

$$\tau = \frac{F}{a^2} = \mu \frac{U}{H} \quad より$$

$$\mu = \frac{FH}{Ua^2} = \frac{5.00\times10^{-3}\times3.00\times10^{-3}}{10.0\times10^{-3}\times0.150^2} = 6.67\times10^{-2}\,(\mathrm{Pa\cdot s})$$

1・2・3　体積弾性係数と圧縮率（bulk modulus of elasticity and compressibility）

圧力変化によって物質の体積が変化する性質を圧縮性(compressibility)という．圧力 p のときに体積が V であった物質をわずかに加圧し，圧力が $p+dp$，体積が $V+dV$（$dV < 0$）になったとき，

$$dp = -K\frac{dV}{V} \tag{1.6}$$

dV/V は体積ひずみ(cubical dilatation)，　K は体積弾性係数（bulk modulus of elasticity）である．また，K の逆数 β を圧縮率(compressibility)という．

$$\beta = \frac{1}{K} \tag{1.7}$$

1・2・4　表面張力 (surface tension) *

液体が他の気体や液体と接する界面に働く張力を表面張力(surface tension)と呼び，単位長さあたりの力[N/m]で表す．表面張力の大きさは接する流体によって変化し，たとえば表 1.4 の通りである．

表 1.4　おもな液体の表面張力
(20℃のとき)

液体／接触させる流体	表面張力 (N/m)
水／空気	0.072
エチルアルコール／窒素	0.022
水銀／水	0.38

【例題 1・2】 内径 5.0mm のガラス管を水面に垂直に立てたとき，管内の水面はまわりよりもどれくらい高くなるか．ただし，表面張力を 0.072N/m，接触部で水面と管壁とのなす角（接触角）が 0° であると近似する．

【解答】水面上昇高さ h を，水の密度を ρ，管内径を d，表面張力を T，接触角を θ，重力加速度の大きさを g とする．高さ h の円筒部分の水に働く重力と表面張力による力がつり合うので，

$$\rho g \frac{\pi d^2}{4} h = \pi d T \cos\theta \quad \text{より，} \quad h = \frac{4T\cos\theta}{\rho g d} = 5.9(\mathrm{mm})$$

1・3　流体の分類 (classification of fluids)

1・3・1　粘性流体と非粘性流体（viscous and inviscid fluid）

粘性がある流体（粘度 $\mu \neq 0$）を粘性流体(viscous fluid)，粘性がない流体（粘度 $\mu = 0$）を非粘性流体(inviscid fluid)と分類する．

図 1.4 のように，物体表面近く（境界層）では粘性の影響が大きく粘性流体として扱うが，物体からある程度離れた所（主流）では粘性の影響が小さく非粘性流体として近似できる．

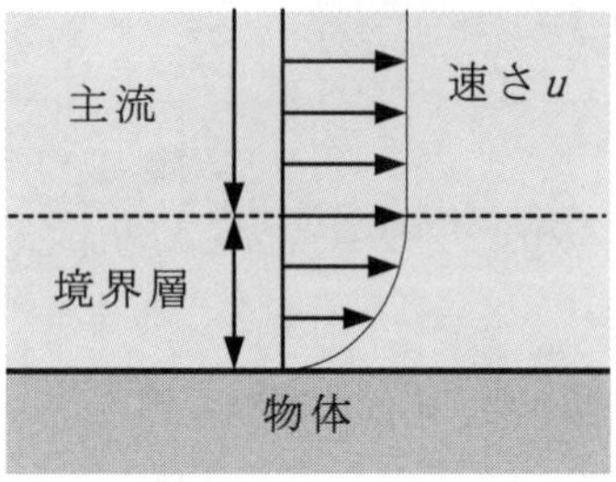

図 1.4　物体まわりの流れ

流れへの粘性の影響を支配するのはレイノルズ数（Reynolds number) Re という無次元量である．流体の動粘度を ν，流れの代表速度（基準となる速さ）を U，流れ場の代表長さ（基準となる寸法）を L とすれば，レイノルズ数 Re は次式で定義され，レイノルズ数が小さいときほど粘性の影響が大きい．

$$Re = \frac{UL}{\nu} = \frac{\text{慣性力}}{\text{粘性力}} \tag{1.8}$$

粘性が支配的であり，幾何学的に相似な 2 つの流れでレイノルズ数が等しい場合，2 つの流れの流線は相似になり，力学的に相似になる．これをレイノルズの相似則(Reynolds' law of similarity)といい，模型実験では実機と模型とでレイノルズ数を一致させる．

【例題 1・3】 全長 4460mm の乗用車が 20℃，1 気圧の空気中を時速 100km/h で走行している．このときのレイノルズ数を求めよ．ただし，空気は乾燥空気であると仮定し，全長を代表長さとする．

【解答】表 1.3 より空気の動粘度は $15.01\times10^{-6}\mathrm{m^2/s}$ であるので式(1.8)より，

$$Re = \frac{UL}{\nu} = \frac{(100\times1000/3600)\times4.460}{15.01\times10^{-6}} = 8.25\times10^6$$

1・3・2　ニュートン流体と非ニュートン流体（Newtonian and non-Newtonian fluids）

ニュートンの粘性法則（式(1.4)）が成り立つものをニュートン流体(Newtonian fluid)といい，空気，水およびいくつかの油などがこれに属する．一方，ニュートンの粘性法則が成り立たないものを非ニュートン流体(non-Newtonian fluid)という．図 1.5 の流動曲線において，せん断応力 τ と速度こう配 du/dy が比例する流体がニュートン流体である．

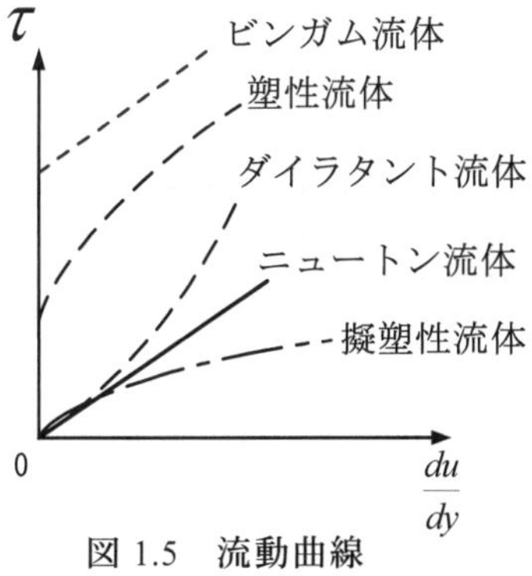

図 1.5　流動曲線

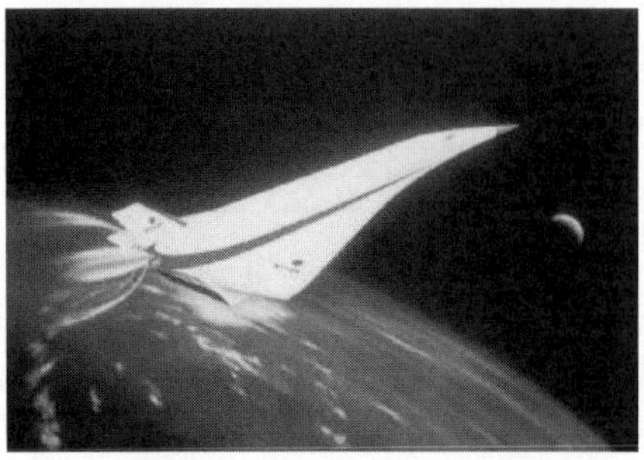
図 1.6　超音速流れの例
（スペースプレーン，$M \sim 8$）
（提供　JAXA）

図 1.7　亜音速流れの例
（100km/h で走行する自動車，
$M \fallingdotseq 0.08$）

1・3・3　圧縮性流体と非圧縮性流体 (compressible and incompressible fluids)

圧縮性の影響を考慮する必要がある流体を圧縮性流体(compressible fluid)といい，圧縮性の影響が小さく，圧縮性を無視できる流体を非圧縮性流体(incompressible fluid)という．

流れに対する圧縮性の影響を支配するのはマッハ数(Mach number) M である．マッハ数 M は流れの代表速度 U と音速(speed of sound) a の比であり，

$$M = \frac{U}{a} \tag{1.9}$$

で定義される．音速 a は体積弾性係数 K と密度 ρ から次式で求められる．

$$a = \sqrt{K/\rho} \tag{1.10}$$

M ＜約 0.3 の場合には圧縮性の影響は小さく，非圧縮性流体と近似することができる．M ＞約 0.3 の場合には圧縮性を考慮し，圧縮性流体として扱われることが多い．M ＞1 のとき，圧縮性の影響が顕著となり，衝撃波(shock wave)が発生し，超音速流れ(supersonic flow) と呼ばれる（たとえば図 1.6）．M ＜1 のときには亜音速流れ(subsonic flow)（たとえば図 1.7）と呼ばれる．

【例題 1・4】 時速 160km/h で投球された野球ボールのまわりの空気流を解析したい．このとき，空気の圧縮性は考慮する必要があるか．ただし，気温 t [℃]の空気中の音速 a [m/s]は，$a = 331.45 + 0.607t$ であるものとする．

【解答】 仮に気温が 20℃であるとすると，a =343.6[m/s]である．球速は 160km/h=44.44m/s であり，マッハ数は M =0.129 となる．0.3 よりずっと小さいので空気の圧縮性は無視してよい．

1・3・4　理想流体 (ideal fluid)

粘性および圧縮性のない流体を理想流体(ideal fluid)という．

物体表面近くの流れを理想流体と実在する流体とで比較すると図 1.8 のようになる．(a)の理想流体では粘性によるせん断応力を受けず，物体表面上でも流体は流れている．一方，(b)の実在する流体では粘性の影響により物体表面上で流速が 0 となるとともに，表面付近に流速の遅い境界層(boundary layer)と呼ばれる領域が形成される（9・1 節参照）．境界層の外側は主流(main flow)と呼ばれ，粘性の影響が小さく理想流体として近似できる．通常，境界層は薄い層であるので流れ場の大部分は理想流体とみなすことができ，解析が非常に容易になる．

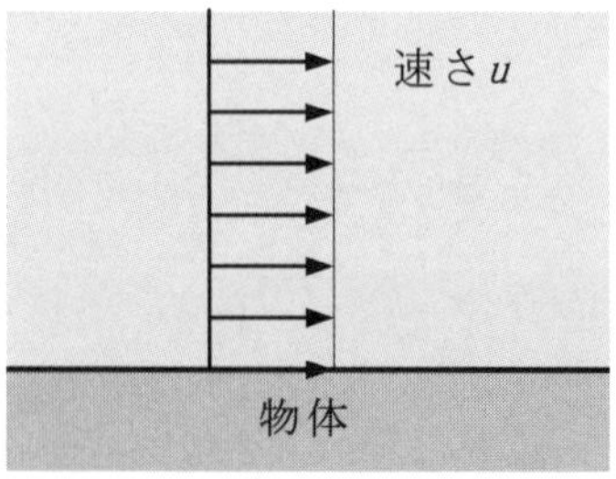

(a)　理想流体

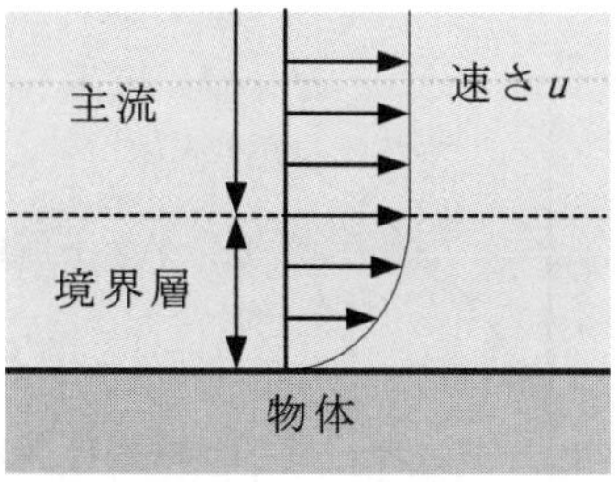

(b)　実在する流体
図 1.8　物体表面近くの流れ

1・4　単位と次元 (units and dimensions)

1・4・1　単位系 (systems of units)

数々の単位系があるが，SI（International System of Units，国際単位系）が国際的に標準となる単位系であり，国際的に統一されつつある．本書でも原則として SI を使用している．SI の 7 つの基本単位を表 1.5 に示す．

一方，工学単位系(gravitational units, 重力単位系ともいう)は，長さの［m］，力の［kgf］，時間の［s］を基本単位としている．SI との関係は，

力　　1 kgf = 9.81 N

ここで，1kgf は質量 1kg の物体に働く重力の大きさである．

欧米では，長さに［ft］（foot），力に［lbf］（pound）を用いる英国単位系（British gravitational units, 略記 BG 単位系，English units）もよく使われている．SI との関係は，

長さ　1 ft = 0.3048 m　　　（1 ft = 12 inch）
力　　1 lbf = 4.4482 N
質量　1 lbm = 0.4536 kg ，1 slug = 14.5939 kg　（lbm は質量の pound）
温度差　1 K = 1.8 ˚F　あるいは　1 K = 1.8 ˚R　（˚R は Rankine）

これらの関係のおもなものを巻末の見開きに示す．

表 1.5　SI 基本単位

量	名称	記号
長さ	メートル	m
質量	キログラム	kg
時間	秒	s
電流	アンペア	A
熱力学温度	ケルビン	K
物質量	モル	mol
光度	カンデラ	cd

【例題 1・5】 以下の単位をかっこ内の指定された単位系に換算せよ．

(1) $2.50\,\mathrm{kgf/cm^2}$ (SIに)
(2) $100\,\ell/\mathrm{min}$ (SIに)
(3) $1.82\times10^{-5}\,\mathrm{Pa\cdot s}$ (工学単位系に)

【解答】以下，有効数字 3 桁で求めれば，

(1) $$2.50(\mathrm{kgf/cm^2}) = 2.50\times\frac{9.80665(\mathrm{N})}{(10^{-2}(\mathrm{m}))^2} = 2.45\times10^5\,(\mathrm{Pa})$$

(2) $$100(\ell/\mathrm{min}) = 100\times\frac{10^{-3}(\mathrm{m^3})}{60(\mathrm{s})} = 1.67\times10^{-3}\,(\mathrm{m^3/s})$$

(3) $$1.82\times10^{-5}\,(\mathrm{Pa\cdot s}) = \frac{1.82\times10^{-5}}{9.80665}(\mathrm{kgf/m^2})(\mathrm{s}) = 1.86\times10^{-6}\,(\mathrm{kgf\cdot s/m^2})$$

1・4・2　次元 (dimension) *

SI の考え方の基本は「すべての物理量は表 1.5 に示す 7 つの基本単位の組み合わせとして表現できる」ということである．そこで，代表的な基本単位の基本量を長さ「L」，質量「M」，時間「T」，温度「Θ」と表し，これらを次元(dimension)と呼ぶ．これらを組み合わせることによって，他の物理量の次元を表すことができる．たとえば，面積は「L^2」，速度は「LT^{-1}」，力は質量と加速度の積であるから「LMT^{-2}」となる．

n 個の物理量 $A_1, A_2, \cdots, A_n$ の関係を表す完全方程式

$$f\left(A_1, A_2, \cdots, A_n\right) = 0 \tag{1.11}$$

が m 個の基本単位から構成されているものとする．バッキンガムの π 定理(Buckingham's π theorem)によれば，式(1.11)は $n-m$ 個の無次元数 $\pi_1, \pi_2, \cdots, \pi_{n-m}$ の関係式に変形できる．

$$F\left(\pi_1, \pi_2, \cdots, \pi_{n-m}\right) = 0 \tag{1.12}$$

ここで，無次元数 $\pi_1, \pi_2, \cdots, \pi_{n-m}$ は $m+1$ 個以下の物理量のべき乗積として表すことができ，パイナンバーと呼ばれる．

【例題 1・6】船は航行中に波をつくるため造波抵抗が働く．この波のでき方と造波抵抗を調べるため，水槽で模型実験を行うことにした．実船の長さを L_1，航行速度を U_1，模型の長さを L_2，速度を U_2 とする．この現象を支配する物理量は代表長さ L，速度 U，重力加速度の大きさ g である．

(1) U，L，g から無次元量（パイナンバー）を求めよ．ただし，U の指数を1とする．

(2) 実船と模型の流れを相似にするためには(1)で求めた無次元量を両者で一致させればよい．50 分の 1 の模型（$L_2/L_1=1/50$）を使って実験する場合，速度比 U_2/U_1 はいくつにすればよいか．

【解答】(1) 求める無次元量を $\pi = U L^{\alpha} g^{\beta}$ とおき，長さ［L］，時間［T］の各次数が 0 になるようにすればよい．

［L］に関して；$1+\alpha+\beta=0$，　　［T］に関して；$-1-2\beta=0$

これらを解き，$\alpha=-1/2$，$\beta=-1/2$．つまり，$\pi = U/\sqrt{Lg}$ となる．この値はフルード数 $F_r\left(=U/\sqrt{Lg}\right)$ と呼ばれ，気体と液体の自由表面にできる波など重力の影響が支配的な現象の相似則で用いられる．

(2) 実船と模型でフルード数を一致させれば相似になるので，

$$\frac{U_1}{\sqrt{L_1 g}}=\frac{U_2}{\sqrt{L_2 g}} \quad より \quad \frac{U_2}{U_1}=\sqrt{\frac{L_2}{L_1}}=\sqrt{\frac{1}{50}}=0.1414 \quad とすればよい．$$

===== 練習問題 ========================

【1・1】次の単位換算を行い，空欄に入る数値を求めよ．

100 km/h = ［ア］ m/s

1 g/cm^3 = ［イ］ kg/m^3

200 kPa = ［ウ］ atm = ［エ］ psi

50 kcal = ［オ］ kJ = ［カ］ kW•h

300 kW = ［キ］ PS = ［ク］ ft•lbf/s

【1・2】空欄に当てはまる言葉を入れよ．

(1) 粘性の強さを表す物性値は［ケ］であり，これを密度で割ったものを［コ］という．

(2) ［サ］とは壁付近の速度の小さな流れの領域であり，［シ］の影響を強く受ける．一方，壁から離れた所の流れは［ス］と呼ばれ，［セ］流体で近似できる．

(3) 密度とは，単位［ソ］あたりの［タ］である．

(4) 圧縮性の影響の大きさを示す無次元量は［チ］である．この値が1より大きな流れを［ツ］といい，［テ］が発生する．

【1・3】SI において以下の物理量に用いる単位を答えよ．

(1) 力　(2) 仕事　(3) 動力　(4) 運動量　(5) 角運動量

(6) 力のモーメント　(7) 密度　(8) 粘度　(9) 動粘度

(10) 体積弾性係数　(11) 圧力　(12)レイノルズ数　(13) 圧縮率

第 1 章　練習問題

【1・4】図 1.9 に示す，内半径 R の円管内を粘度 μ の流体が流れており，半径 r の位置の流速 $\boldsymbol{u}$ が次式で表されている．

$$\boldsymbol{u} = \boldsymbol{u}_{\max}\left(1-\frac{r^2}{R^2}\right)$$

ただし，$\boldsymbol{u}_{\max}$ は管中央における最大流速である．以下の問いに答えよ．

(1) 粘性摩擦によって管の内面に働く壁面せん断応力を求めよ．

(2) 粘性摩擦によって管の長さ L の部分に働く力の大きさを求めよ．

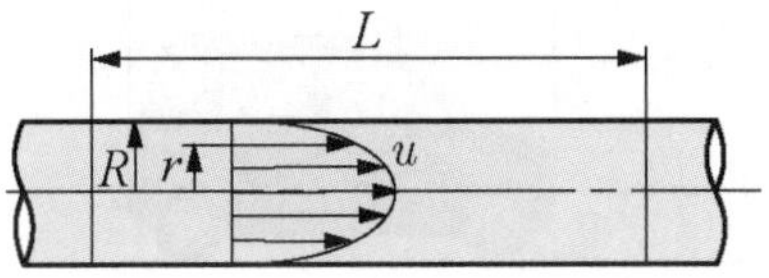

図 1.9　円管内の流れ

【1・5】 If the kinematic viscosity of liquid is 1.081×10^{-5} ft^2/s, what is its kinematic viscosity in m^2/s ?　If its density is 62.43 lbm/ft^3, what is its viscosity in lbf-s/ft^2 and Pa•s. ($g = 32.17$ ft/s^2)

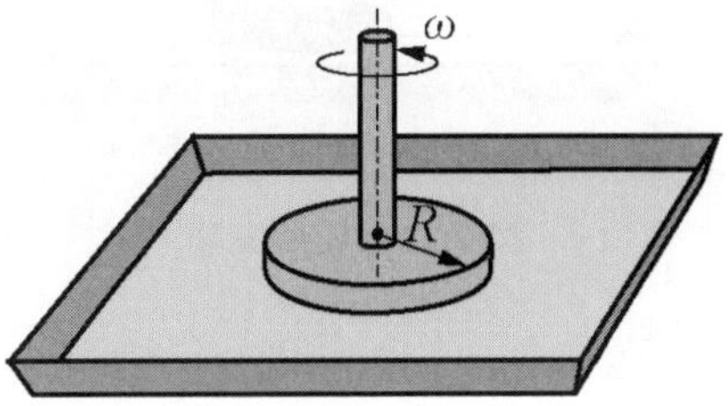

図 1.10　回転する円板

【1・6】図 1.10 に示すように，トレイに粘度 μ のオイルを入れ，そこに半径 R の円板を浸した．円板とトレイのすきま h はわずかで一定であり，オイルで満たされている．円板を一定の角速度 ω で回転させたところ，すきまの流れがクエット流れになった．以下の問いに答えよ．

(1) 円板の駆動軸にかかるトルク（モーメント）を求めよ．ただし，円板外周側面に働く粘性摩擦は無視できるものとする．

(2) 円板を回転させ続けるために必要な動力を求めよ．

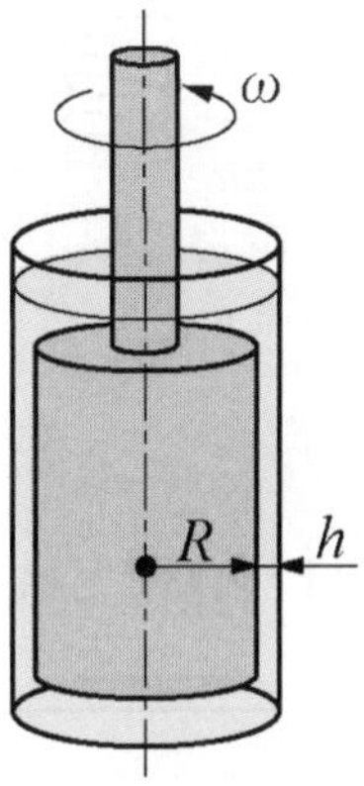

図 1.11　回転する円柱

【1・7】図 1.11 に示すように，半径 R の円柱を液体(粘度 μ)の入った円筒型容器に入れて一定の角速度 ω_0 で回転させている．円柱の長さ L をとし，円柱と容器のすきま h は一様であるものとする．$h \ll R$ であり，すきまの流れはクエット流れとみなすことができる．また，円柱端面や駆動軸にかかる粘性摩擦は無視できるものとする．

(1) 円柱を定常回転させるのに必要なトルク T の大きさを求めよ．

(2) 次に，時刻 $t = 0$ で動力を遮断して粘性摩擦で減速させるとき，角速度 ω を時刻 t の関数として求めよ．ただし，円柱と駆動軸の慣性モーメントの合計を I とし，粘性摩擦によるトルク以外は無視できるものとする．

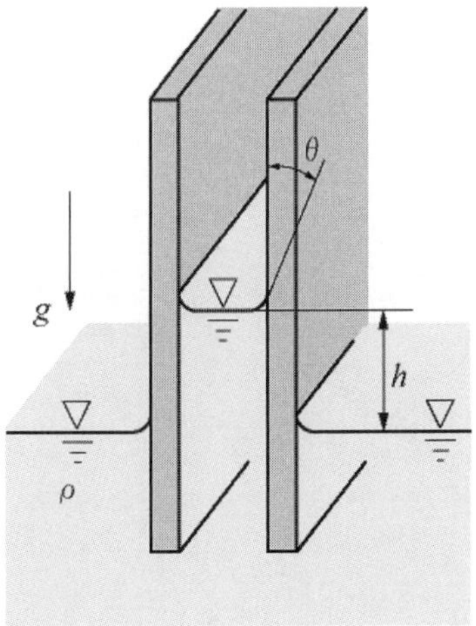

図 1.12　平行平板

【1・8】図 1.12 のように平行な平板を水の中に鉛直に立てたところ，間の水面がまわりよりも h だけ高くなった．水の密度 ρ，平板の間隔を s，表面張力を T，接触角を θ，重力加速度の大きさ g をとする．

(1) 水面の上昇高さ h を他の記号を用いて表せ．

(2) $\rho = 1000\,\mathrm{kg/m^3}$，$s = 3.0\,\mathrm{mm}$，$T = 0.072\,\mathrm{N/m}$，$\theta$ が 0° で近似できるとき，h を求めよ．

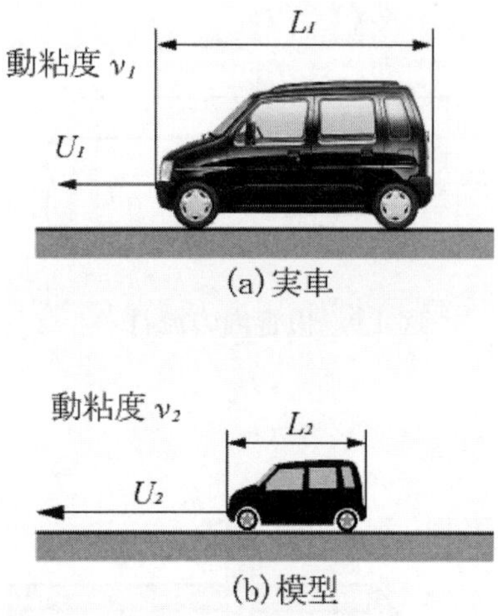

図 1.13　模型実験

【1・9】自動車の空力試験を行うため，図 1.13 のように模型を準備した．寸法比を $L_2/L_1=1/5$ とした．

(1) 実車走行と模型実験とで同じ状態の空気を使う場合，速度比 U_2/U_1 をいくつに設定したらよいか．

(2) 実車走行時の空気の動粘度が $\nu_1=15.01\times10^{-6}\ \mathrm{m^2/s}$ であったとする．模型実験を水中で行った場合，速度比 U_2/U_1 をいくつに設定したらよいか．ただし，水の動粘度を $\nu_2=1.004\times10^{-6}\ \mathrm{m^2/s}$ とする．

【1・10】 What is the speed of sound in 20℃ helium if its density is 0.166kg/m^3 and its bulk modulus is 1.68×10^5Pa.

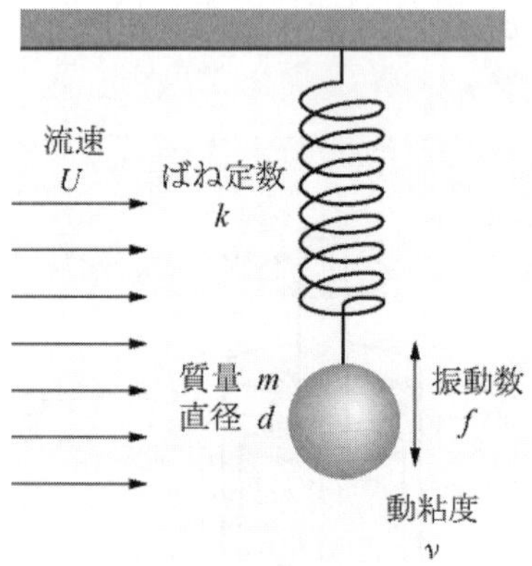

図 1.14　振動する球

【1・11】図 1.14 のように，直径 d，質量 m の球をばね定数 k のばねでつるした．風速 U で風を当てたところ，球は振動数 f で上下に振動を始めた．空気の動粘度を ν とする．この現象に関わる 6 つの物理量 U，d，ν，m，k，f から，以下のようにパイナンバーを求めよ．

(1) 風速 U，直径(代表長さ) d，動粘度 ν からパイナンバーを求めよ．ただし，風速 U の指数を 1 とする．

(2) 質量 m，ばね定数 k，振動数 f からパイナンバーを求めよ．ただし，振動数 f の指数を 1 とする．

(3) 風速 U，直径 d，振動数 f からパイナンバーを求めよ．ただし，振動数 f の指数を 1 とする．

【1・12】 In the [MLT] system, what is the dimensional representation of (1) force, (2) pressure, (3) kinematic viscosity, (4) moment and (5) power.

第2章

流れの基礎

Fundamentals of Fluid Flow

2・1 流れを表す物理量 (properties of fluid flow)

2・1・1 速度と流量 (velocity and flow rate)

速度(velocity)とは単位時間あたりの移動距離であり，ベクトルである．速さ，あるいは流速はスカラである(図 2.1)．単位は［m/s］を用いる．

流量(flow rate)とは，ある断面を単位時間あたりに通過する流体の体積であり，スカラである(図 2.1)．単位は［m^3/s］を用いる．体積流量とも呼ばれる．単位時間あたりに通過する流体の質量を質量流量(mass flow rate)という．

流体力学で速度を表す場合，オイラーの方法(Eulerian method of description)がしばしば用いられる．固定した観測点の座標を (x, y, z)，時刻を t とすれば，速度 $\boldsymbol{v}$ は次式の関数となる．

$$\boldsymbol{v}(x, y, z, t) \tag{2.1}$$

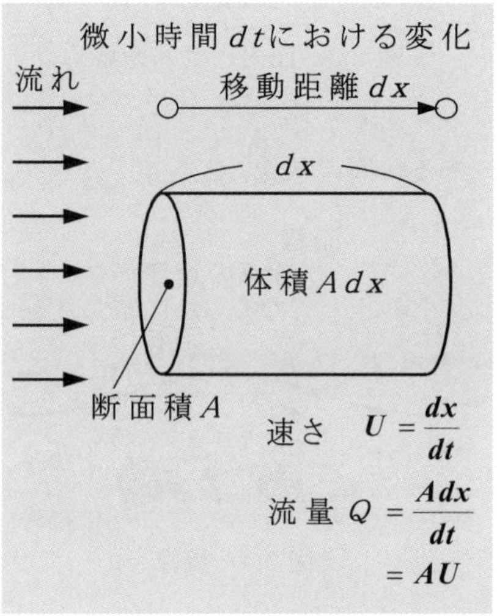

図 2.1　速度と流量

2・1・2 流体の加速度 (acceleration of flow) *

流体の加速度 $\boldsymbol{\alpha}$ は次式で記述される．

$$\boldsymbol{\alpha} = \frac{\partial \boldsymbol{v}}{\partial t} + u\frac{\partial \boldsymbol{v}}{\partial x} + v\frac{\partial \boldsymbol{v}}{\partial y} + w\frac{\partial \boldsymbol{v}}{\partial z} \tag{2.2}$$

ここで，u, v, w はそれぞれ x, y, z 方向の速度成分である．

式(2.2)の右辺第 1 項は局所加速度(local acceleration)と呼ばれ，流れの非定常性（流れの時間変化）による速度変化分に対応している．右辺第 2～4 項は対流加速度(convective acceleration)と呼ばれ，流体粒子の移動による速度変化分に対応している．

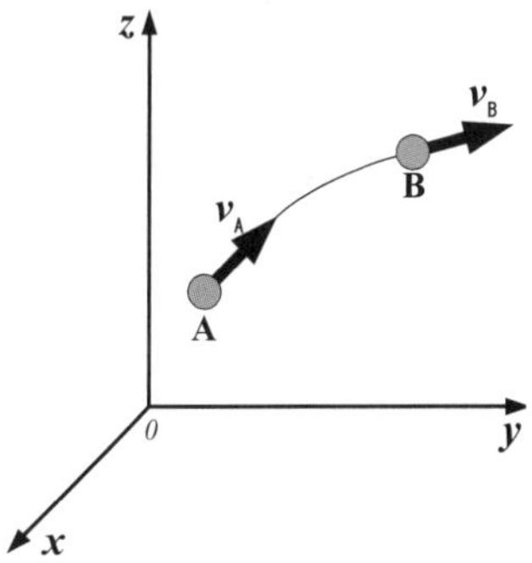

図 2.2　流体の加速度

実質微分(substantial derivative または material derivative) D/Dt を使って加速度を次のように表記することもある．

$$\boldsymbol{\alpha} = \frac{D\boldsymbol{v}}{Dt} \tag{2.3}$$

ここで，
$$\frac{D}{Dt} = \frac{\partial}{\partial t} + u\frac{\partial}{\partial x} + v\frac{\partial}{\partial y} + w\frac{\partial}{\partial z} \tag{2.4}$$

【例題 2・1】* ある 2 次元非圧縮性流れにおいて，x, y 方向速度成分 u, v がそれぞれ次式で表される．x 方向，y 方向の加速度 α_x と α_y を求めよ．

$u = ax + ay$,　$v = ax - ay$　　（a は定数）

【解答】 式(2.2)の x， y 成分が求める α_x と α_y である．

$$\alpha_x = \frac{\partial \boldsymbol{u}}{\partial t} + \boldsymbol{u}\frac{\partial \boldsymbol{u}}{\partial x} + \boldsymbol{v}\frac{\partial \boldsymbol{u}}{\partial y} = (ax+ay)\times a + (ax-ay)\times a = 2a^2 x$$

$$\alpha_y = \frac{\partial \boldsymbol{v}}{\partial t} + \boldsymbol{u}\frac{\partial \boldsymbol{v}}{\partial x} + \boldsymbol{v}\frac{\partial \boldsymbol{v}}{\partial y} = (ax+ay)\times a + (ax-ay)\times(-a) = 2a^2 y$$

この流れは時間変化がないが，流体粒子が流れとともに移動することによって加速度を生じていることが確認できる．

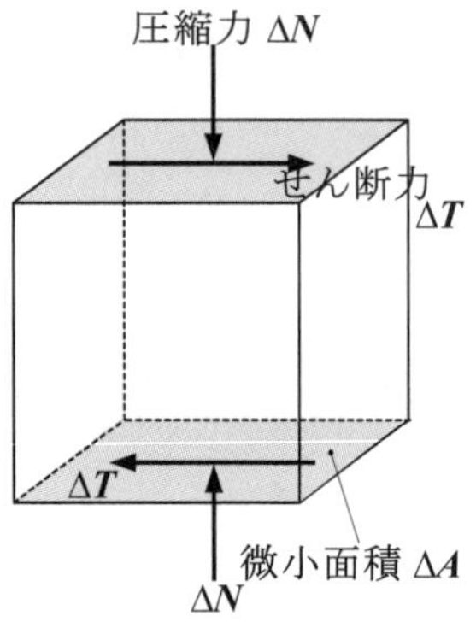

図 2.3　圧力とせん断応力

2・1・3　圧力とせん断応力 (pressure and shear stress)

圧力(pressure)とは単位面積あたりに作用する垂直圧縮力であり，スカラである．図 2.3 のような微小要素において，微小面積 ΔA の面に圧縮力 ΔN が働いているとき，圧力 p は次式で求められる（単位は［Pa]）．

$$p = \frac{\Delta N}{\Delta A} \tag{2.5}$$

せん断応力(shear stress)とは単位面積あたりに働く面平行力である．図 2.3 の面 ΔA に平行な方向の力（せん断力）ΔT が働いているとき，せん断応力 τ は次式で求められる（単位は［Pa]）．

$$\tau = \frac{\Delta T}{\Delta A} \tag{2.6}$$

2・1・4　流線，流脈線，流跡線 (stream line, streak line and path line) *

流れの可視化(flow visualization)で得られる線に流線，流脈，流跡がある．

流線(stream line)とは，その瞬間における速度ベクトルの包絡線である(図 2.4)．速度を $\boldsymbol{v} = (u, v, w)$，流線の微小な切片を (dx, dy, dz) とすれば，次式が成り立つ．

$$\frac{dx}{\boldsymbol{u}} = \frac{dy}{\boldsymbol{v}} = \frac{dz}{\boldsymbol{w}} \tag{2.7}$$

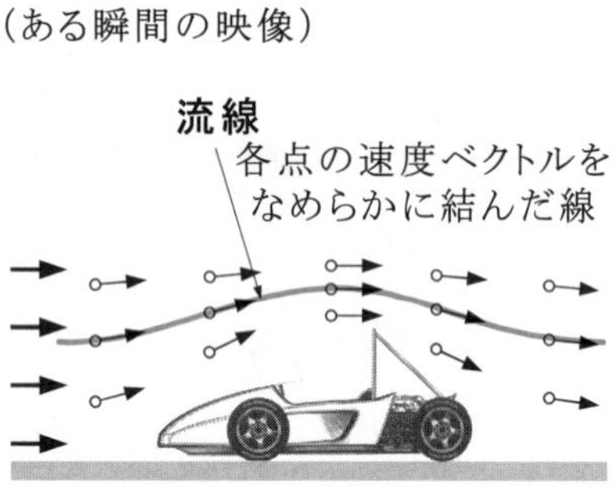

図 2.4　流線

流脈線(streak line)とは，空間に固定された定点を通過した流体のつながりである(図 2.5)．たとえば，煙突からの煙がたなびく線は流脈線である．

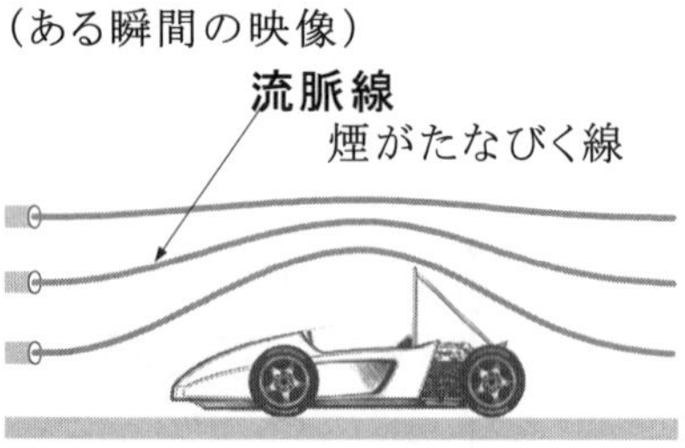

図 2.5　流脈線

流跡線(path line)とは，ある流体粒子がたどる道筋である(図 2.6)．たとえば，風船が風と同一の運動をした場合，風船がたどった軌跡が流跡線となる．

流れが定常であれば流線，流脈線と流跡線はすべて一致する．

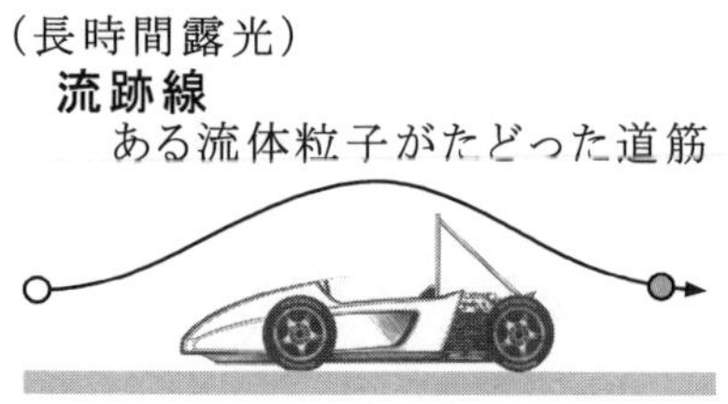

図 2.6　流跡線

【例題 2・2】* ある 2 次元非圧縮性流れにおいて，x，y 方向速度成分 $\boldsymbol{u}$，$\boldsymbol{v}$ がそれぞれ次式で表されるという．この流れの流線の式を求めよ．

$$\boldsymbol{u} = ax, \qquad \boldsymbol{v} = -ay \qquad (a \text{ は定数})$$

【解答】 式(2.7)に速度の式を代入し，

$$\frac{dx}{ax} = \frac{dy}{-ay} \quad \text{この式の両辺を積分し，} \quad \int \frac{1}{x}dx = -\int \frac{1}{y}dy$$

以下，$\ln x = -\ln y + C$　（C は積分定数）

$$\ln xy = C$$

$$xy = e^C$$

$$y = \frac{C'}{x} \quad (C' = e^C \text{ は任意の定数})$$

よって，流線は双曲線となる．第 1 象限に着目すると，x 軸と y 軸を壁として，理想流体が y 軸正の方向から流れてきて壁によって x 軸方向に向きを変えている流れを表している．

2・1・5　流体の変形と回転 (deformation and rotation of fluid)*

流体の運動は，伸び変形，せん断変形，回転と呼ばれる 3 つの基本的な運動に分解することができる(図 2.7).

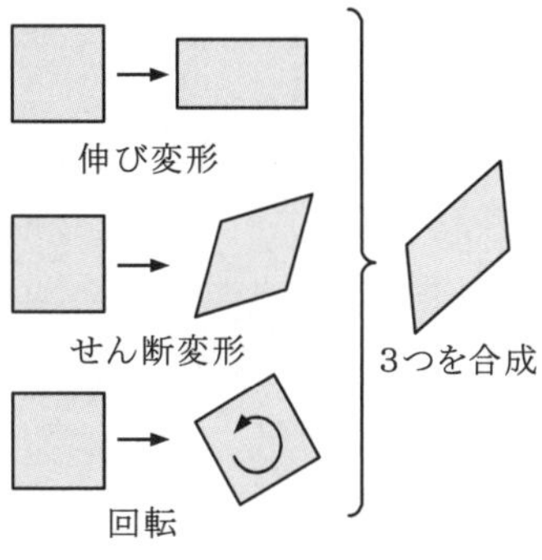

図 2.7　変形と回転

a．伸び変形 (elongation)

図 2.7 の伸び変形(elongation)とは 2 点間の長さの変化である．x 方向速度を $\boldsymbol{u}(x, y, z)$ とすれば，単位時間あたりの x 方向の伸びひずみ $\dot{\varepsilon}_x$ は，

$$\dot{\varepsilon}_x = \frac{\partial \boldsymbol{u}}{\partial x} \tag{2.8}$$

この $\dot{\varepsilon}_x$ を x 方向の伸びひずみ速度(elongational strain rate)という（図 2.8).

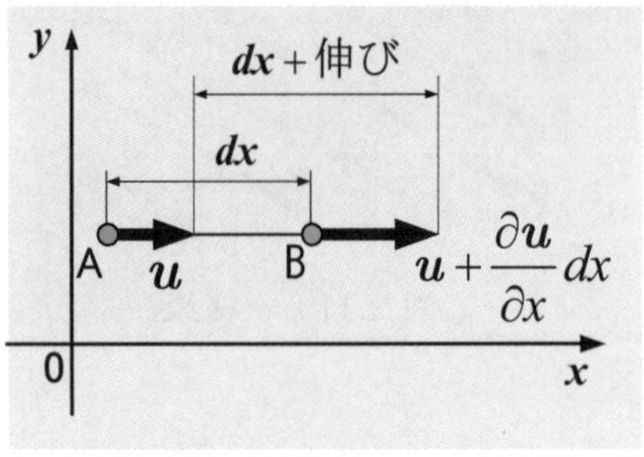

図 2.8　伸び変形

同様に y 方向，z 方向の速度成分を $\boldsymbol{v}$，$\boldsymbol{w}$ とすれば，それぞれの方向の伸びひずみ速度 $\dot{\varepsilon}_y$，$\dot{\varepsilon}_z$ は次のようになる．

$$\dot{\varepsilon}_y = \frac{\partial \boldsymbol{v}}{\partial y} \quad , \quad \dot{\varepsilon}_z = \frac{\partial \boldsymbol{w}}{\partial z} \tag{2.9}$$

b．せん断変形 (shear deformation)

図 2.7 のせん断変形(shear deformation)とは直交する 2 辺のなす角度の変化である．図 2.9 に示す微小な四角形 ABCD において，単位時間あたりの∠DAB の角度減少量，つまりせん断ひずみ速度(shearing strain rate) $\dot{\gamma}_{xy}$ は，

$$\dot{\gamma}_{xy} = \frac{\partial \boldsymbol{v}}{\partial x} + \frac{\partial \boldsymbol{u}}{\partial y} \tag{2.10}$$

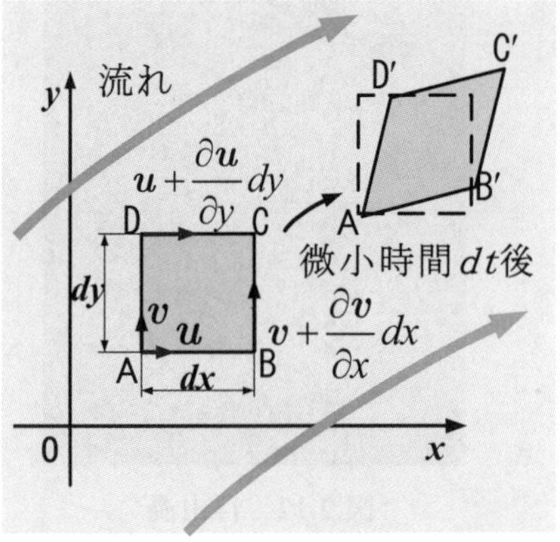

図 2.9　せん断変形

同様に，yz 平面内，zx 平面内のせん断ひずみ速度 $\dot{\gamma}_{yz}$，$\dot{\gamma}_{zx}$ は，

$$\dot{\gamma}_{yz} = \frac{\partial \boldsymbol{w}}{\partial y} + \frac{\partial \boldsymbol{v}}{\partial z} \quad , \quad \dot{\gamma}_{zx} = \frac{\partial \boldsymbol{u}}{\partial z} + \frac{\partial \boldsymbol{w}}{\partial x} \tag{2.11}$$

c．回転 (rotation)

図 2.7 の回転(rotation)とは変形をともなわない剛体回転である．図 2.10 に示す微小な四角形 ABCD において，単位時間あたりの線分 AB の角度変化量と線分 AD の角度変化量の合計を ω_z とおくと，

$$\omega_z = \frac{\partial \boldsymbol{v}}{\partial x} - \frac{\partial \boldsymbol{u}}{\partial y} \tag{2.12}$$

ここで，ω_z は z 軸まわりの回転角速度の 2 倍となり，z 軸まわりの渦度(vorticity)と呼ばれている．

同様に x 軸，y 軸まわりの渦度を ω_x，ω_y とすれば，それぞれ角速度の 2 倍となり，次式で求められる．

$$\omega_x = \frac{\partial \boldsymbol{w}}{\partial y} - \frac{\partial \boldsymbol{v}}{\partial z} \quad , \quad \omega_y = \frac{\partial \boldsymbol{u}}{\partial z} - \frac{\partial \boldsymbol{w}}{\partial x} \tag{2.13}$$

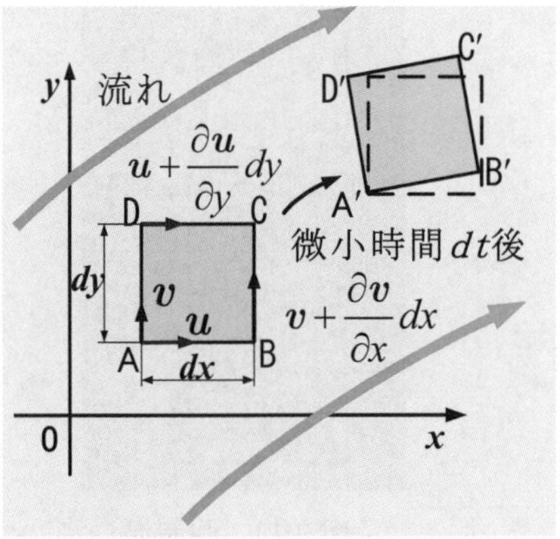

図 2.10　回転

【例題 2・3】* ある2次元非圧縮性流れにおいて，x，y 方向速度成分 $\boldsymbol{u}$，$\boldsymbol{v}$ がそれぞれ次式で表されるという．

$$\boldsymbol{u} = ax + ay,\quad \boldsymbol{v} = ax - ay \qquad (a\text{は定数})$$

この流れの伸びひずみ速度，せん断ひずみ速度及び渦度を求めよ．

【解答】 x，y 方向の伸びひずみ速度成分 $\dot{\varepsilon}_x$，$\dot{\varepsilon}_y$ は式(2.8)と式(2.9)より，

$$\dot{\varepsilon}_x = \frac{\partial \boldsymbol{u}}{\partial x} = \frac{\partial}{\partial x}(ax + ay) = a,\quad \dot{\varepsilon}_y = \frac{\partial \boldsymbol{v}}{\partial y} = \frac{\partial}{\partial y}(ax - ay) = -a$$

せん断ひずみ速度 $\dot{\gamma}_{xy}$ は式(2.10)より，

$$\dot{\gamma}_{xy} = \frac{\partial \boldsymbol{v}}{\partial x} + \frac{\partial \boldsymbol{u}}{\partial y} = \frac{\partial}{\partial x}(ax - ay) + \frac{\partial}{\partial y}(ax + ay) = a + a = 2a$$

渦度 ω_z は式(2.12)より，

$$\omega_z = \frac{\partial \boldsymbol{v}}{\partial x} - \frac{\partial \boldsymbol{u}}{\partial y} = \frac{\partial}{\partial x}(ax - ay) - \frac{\partial}{\partial y}(ax + ay) = a - a = 0$$

この流れは，回転がない(渦度が 0)ことがわかる．

図 2.11　一様流

2・2 さまざまな流れ (classification of flows)

2・2・1　定常流と非定常流 (steady and unsteady flows)

定常流(steady flow)とは，時間変化のない流れである．これに対して，非定常流(unsteady flow)とは，時間とともに変化する流れである．

2・2・2　一様流と非一様流 (uniform and non-uniform flows)

一様流(uniform flow)とは，図 2.11 のように場所によらずに速度ベクトルが一定の流れ（つまり，速さと方向が一定）である．一方，非一様流(non-uniform flow)とは，場所によって速度ベクトルが変化する流れである．

2・2・3　渦 (vortex)

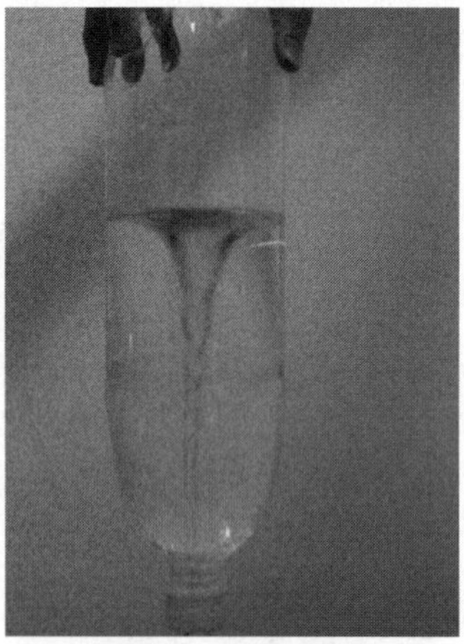

図 2.12　自由渦
(ペットボトルから排水)

渦(vortex)とは，ある点のまわりを回る流れであり，旋回流とも呼ばれている．代表的なものは自由渦(free vortex)と強制渦(forced vortex)である．

自由渦は，周速 $\boldsymbol{v}_t$ が旋回中心からの半径 r に反比例する渦である(図 2.12)．

$$\boldsymbol{v}_t \propto \frac{1}{r} \tag{2.14}$$

強制渦は，周速 $\boldsymbol{v}_t$ が半径 r に比例する渦である(図 2.13)．

$$\boldsymbol{v}_t \propto r \tag{2.15}$$

容器に液体を入れ，容器ごと回転させると強制渦となる．

自然界で見られる多くの渦は中心付近で強制渦，外側で自由渦となるランキンの組み合わせ渦(Rankine's compound vortex)である．自由渦と強制渦の境界の半径を r_0 とすれば，$r < r_0$ において強制渦，$r > r_0$ において自由渦となる．台風，竜巻，渦潮などは組み合わせ渦の例である．

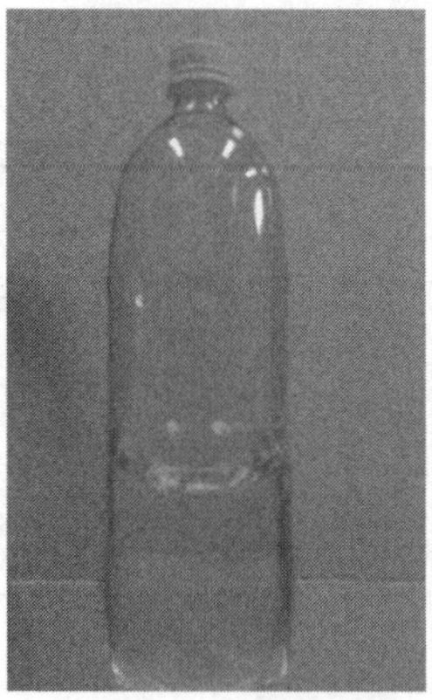

図 2.13　強制渦
(ペットボトルを回転)

【例題 2・4】* xy 平面内で原点を中心として，反時計まわりに旋回する自由渦の伸びひずみ速度，せん断ひずみ速度及び渦度を求めよ．

【解答】 一般にこれらの値は場所によって変化するので，点 (x, y) における値を計算することにする（極座標では (r, θ) とする）．自由渦は周速が半径 r に反比例し，x，y 方向速度成分 $\boldsymbol{u}$，$\boldsymbol{v}$ は，

$$\boldsymbol{u} = -\frac{a}{r}\sin\theta = -\frac{ay}{x^2+y^2},\quad \boldsymbol{v} = \frac{a}{r}\cos\theta = \frac{ax}{x^2+y^2}\quad \text{（ただし，}a\text{ は定数）}$$

x，y 方向の伸びひずみ速度成分 $\dot{\varepsilon}_x$，$\dot{\varepsilon}_y$ は式(2.8)と式(2.9)より，

$$\dot{\varepsilon}_x = \frac{\partial \boldsymbol{u}}{\partial x} = \frac{\partial}{\partial x}\left(-\frac{ay}{x^2+y^2}\right) = \frac{ay(2x)}{\left(x^2+y^2\right)^2} = \frac{2axy}{\left(x^2+y^2\right)^2}$$

$$\dot{\varepsilon}_y = \frac{\partial \boldsymbol{v}}{\partial y} = \frac{\partial}{\partial y}\left(\frac{ax}{x^2+y^2}\right) = \frac{-ax(2y)}{\left(x^2+y^2\right)^2} = -\frac{2axy}{\left(x^2+y^2\right)^2}$$

せん断ひずみ速度 $\dot{\gamma}_{xy}$ は式(2.10)より，

$$\dot{\gamma}_{xy} = \frac{\partial \boldsymbol{v}}{\partial x} + \frac{\partial \boldsymbol{u}}{\partial y} = \frac{\partial}{\partial x}\left(\frac{ax}{x^2+y^2}\right) + \frac{\partial}{\partial y}\left(\frac{-ay}{x^2+y^2}\right)$$

$$= \frac{a\left(x^2+y^2\right) - ax(2x)}{\left(x^2+y^2\right)^2} - \frac{a\left(x^2+y^2\right) - ay(2y)}{\left(x^2+y^2\right)^2}$$

$$= \frac{a\left(-x^2+y^2\right)}{\left(x^2+y^2\right)^2} - \frac{a\left(x^2-y^2\right)}{\left(x^2+y^2\right)^2} = \frac{2a\left(-x^2+y^2\right)}{\left(x^2+y^2\right)^2}$$

渦度 ω_z は式(2.12)より，

$$\omega_z = \frac{\partial \boldsymbol{v}}{\partial x} - \frac{\partial \boldsymbol{u}}{\partial y} = \frac{a\left(-x^2+y^2\right)}{\left(x^2+y^2\right)^2} - \frac{a\left(-x^2+y^2\right)}{\left(x^2+y^2\right)^2} = 0$$

以上から自由渦では，流れは旋回しているものの，回転(渦度)が 0 であることがわかる．

2・2・4　層流と乱流 (laminar and turbulent flows)

流れには層流(laminar flow)と乱流(turbulent flow)という 2 つの状態があり，レイノルズ数(Reynolds number, 式(1.8))によっていずれになるかを推定できる．円管内の流れの場合，内径を d，断面平均流速（=流量/断面積）を v，流体の動粘度を ν とすると，レイノルズ数 Re は次のように定義される．

$$Re = \frac{vd}{\nu} \tag{2.16}$$

円管内に水を流し，着色液を注入して広がり方を調べると，Re ＜約 2300 のとき，着色液はほぼ 1 本の線で流れ，層流になる（図 2.14(a)）．Re ＞約 4000 のとき，ほとんどの場合に着色液は管全体に広がり，乱流になる（図 2.14(b)）．両者における本質的な違いは速度変動の有無である．約 2300 ＜ Re ＜約 4000 では，層流と乱流が混在した状態になり，遷移域(transition region)と呼ばれている．このとき，層流から乱流へと遷移を始めるレイノルズ数の値(円管内流れでは約 2300）を臨界レイノルズ数(critical Reynolds number)という．

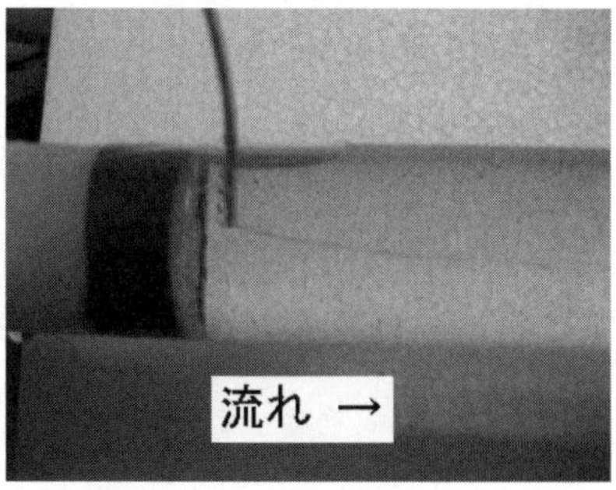

(a) 層流

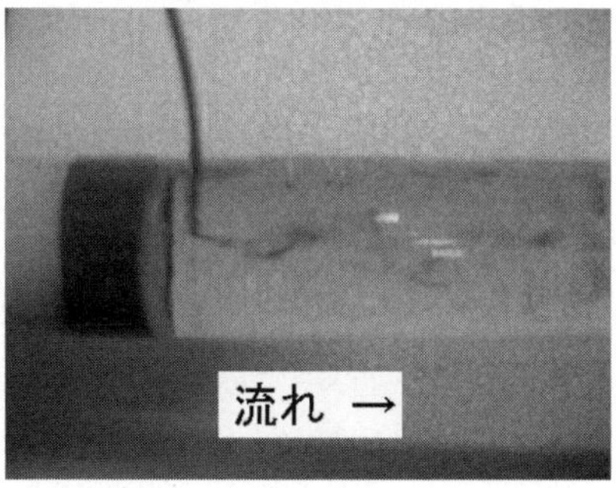

(b) 乱流

図 2.14　レイノルズの実験

【例題 2・5】 パイプの中に水を毎秒 0.025ℓ で流したい．流れを層流にするためには内径をいくらにすればよいか．ただし，水の動粘度を 1.00×10^{-6} m^2/s とする．

【解答】円管内の流れであるので臨界レイノルズ数は 2300 である．
層流であるための条件は，

$$Re=\frac{vd}{\nu}<2300$$

流量を Q，管内径を d，動粘度を ν とする．平均流速が $v=4Q/\pi d^2$，であることを考慮して，

$$d>\frac{4Q}{2300\pi\nu}=\frac{4\times\left(0.025\times10^{-3}\right)}{2300\times3.14\times1\times10^{-6}}=0.0138(\mathrm{m})=13.8(\mathrm{mm})$$

よって，内径は 13.8mm より大きくすればよい．

2・2・5　混相流 (multi-phase flow)

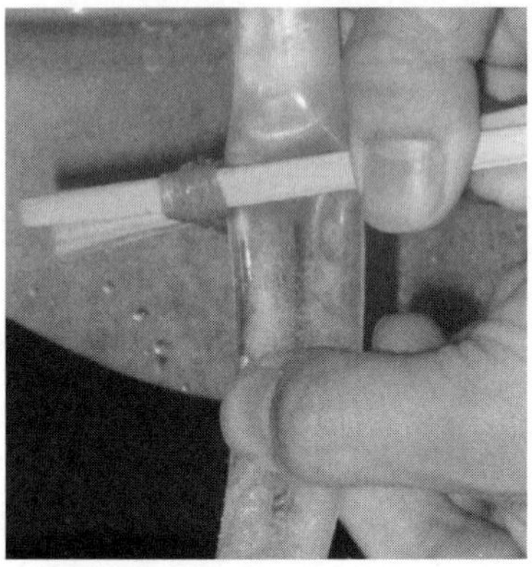
図 2.15　キャビテーション（ホースをつぶして水を流したとき）

混相流(multi-phase flow)とは，気相，液相，固相のうち 2 つ以上の相を含む流れである．また，1 つだけの相の場合を単相流(single-phase flow)と呼ぶ．混相流は相の組み合わせから，気液 2 相流，固気 2 相流，固液 2 相流などの種類がある．

混相流の代表的な例として，キャビテーション(cavitation)が挙げられる．液体の圧力が飽和蒸気圧(saturated vaper pressure)以下になると液体が気化し，気泡が発生する．この現象をキャビテーションといい，振動や騒音を発生する．さらに，機器などの壁面に損傷を与えるかい食(erosion)が起こる場合がある．図 2.15 に透明なビニールホースを指でつぶして水を流したときにできるキャビテーションの例を示す．

===== 練習問題 =======================

【2・1】 空欄に当てはまる言葉を入れよ．

(1) 流量とは，ある断面を単位［ア］あたりに通過する流体の［イ］である．

(2)* 流れの可視化において，ある流体粒子がたどった道筋を［ウ］といい，ある瞬間の速度ベクトルを連ねた線は［エ］である．

(3) 周速が半径に反比例する旋回流を［オ］という．

(4) どの場所でも同一方向に同じ速さで流れている流れを［カ］という．

(5) 時間とともに変化する流れを［キ］という．

【2・2】* ある 2 次元非圧縮性流れにおいて，x，y 方向速度成分 $\boldsymbol{u}$，$\boldsymbol{v}$ がそれぞれ次式で表されるという．x 方向，y 方向の加速度 α_x と α_y を求めよ．

$\boldsymbol{u}=-3x$，$\boldsymbol{v}=3y$　　（a は定数）

【2・3】* 前問【2・2】の流れについて，伸びひずみ速度，せん断ひずみ速度および渦度を求めよ．

第2章　練習問題

【2・4】* A two-dimensional velocity field is given by

$$u=\frac{Ax}{x^2+y^2},\quad v=\frac{Ay}{x^2+y^2}$$

where A is a constant. Find (1) the acceleration, (2) the equation of stream lines, (3) the elongational strain rate, (4) the shearing strain rate and (5) the vorticity.

【2・5】* 図 2.16 のような間隔 H の平行な平板間で，静止していた流体が時刻 $t=0$ で流れ始め，速度が次式で与えられている．

$$u=At\,y(H-y),\quad v=0 \qquad (A\text{は定数})$$

(1) 速度分布を図示せよ．
(2) 加速度を求めよ．
(3) 伸びひずみ速度を求めよ．
(4) せん断ひずみ速度を求めよ．
(5) 粘性によるせん断応力は場所によってどのように変化するか．

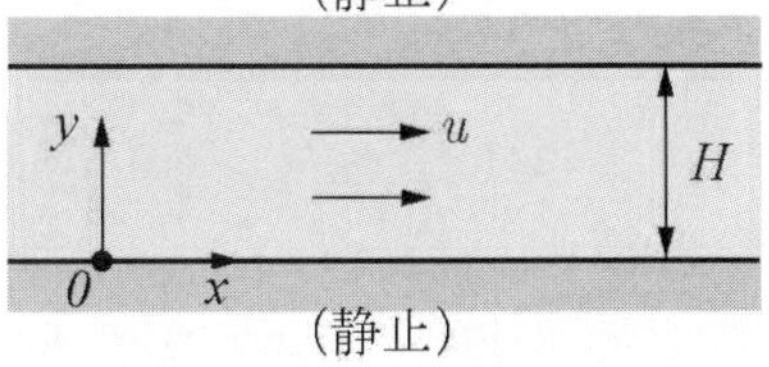

図 2.16　平行平板間の流れ

【2・6】* 図 2.17 のように，ある物体表面付近の流速 u が次式で与えられている．ただし，U は主流の流速，δ は境界層厚さである．

境界層内（$0\leqq y\leqq\delta$）では，$u=\dfrac{3U}{2}\left(\dfrac{y}{\delta}\right)-\dfrac{U}{2}\left(\dfrac{y}{\delta}\right)^3$，$v=0$

主流（$y\geqq\delta$）では，$u=U$，$v=0$

(1) せん断ひずみ速度を求めよ．
(2) 粘性によるせん断応力を求めよ．
(3) せん断応力の大きさが壁からの距離によってどのように変化するかを考察せよ．

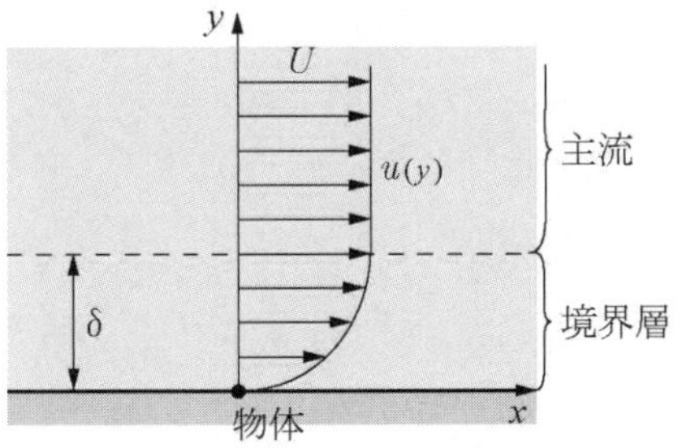

図 2.17　物体表面付近の流れ

【2・7】 内径 100mm の円管内を 20℃，1気圧の空気が流量 0.10 m^3/s で流れている．
(1) 空気の動粘度を表から求めよ．
(2) 断面平均流速を求めよ．
(3) レイノルズ数を求めよ．
(4) この流れは層流か，乱流か．また，その理由を説明せよ．

【2・8】 内径 500mm の円管内に 20℃，1気圧の空気を流す．流れを層流にするためには，流量はいくらにすればよいか．ただし，空気の密度を 1.20kg/m^3，粘度を 1.81×10^{-5}Pa・s とする．

【2・9】* A two-dimensional velocity field is given by

$$u=\frac{-Ay}{x^2+y^2},\quad v=\frac{Ax}{x^2+y^2}$$

where A is a constant. Compute and plot the streamlines for this flow.

【2・10】 内径 100mm の円管内を平均流速 15.0m/s で水が流れている．水の動粘度を $1.004\times10^{-6}m^2/s$ とするとき，レイノルズ数を求めよ．また，この流れは層流か，乱流か．

【2・11】 What is the Reynolds number of air flowing at 10.0 ft/s through a 3-inch-diameter pipe if its density is 0.0752 lbm/ft^3 and its viscosity is 0.380×10^{-6} $lbf\text{-}s/ft^2$.

第 3 章

静止流体の力学

Fluid Statics

3・1　静止流体中の圧力 (pressure in a static fluid)

3・1・1　圧力と等方性 (pressure and its isotropy)

流体中のある 1 点において面積 $\varDelta A$ を有する微小面要素を考えその面要素に働く垂直な力を $\varDelta F$ とすると，次式で表される極限値

$$p = \lim_{\varDelta A \to 0} \frac{\varDelta F}{\varDelta A} \tag{3.1}$$

は面要素に作用する圧力の強さ（intensity of pressure）あるいは単にその点での圧力（pressure）と呼ばれている．圧力の単位は SI 単位ではパスカル Pa が用いられ，Pa=N/m^2=kg/ms^2 である．

【例題 3・1】　静止している流体中の任意の 1 点における圧力はあらゆる方向に等しく，位置のみの関数であることを証明せよ（圧力の等方性）．

【解答】　図 3.1 に示されるように，密度 ρ の静止流体中に長さ dx, dy, dz の辺をもつ微小四面体（infinitesimal tetrahedron）PABC を考える．この流体部分に作用する力は面に垂直に作用する圧力による力と重力のみである．いま，圧力 p_x, p_y, p_z を x, y, z 軸方向に働く圧力とし，p を面積 dA の斜面 ABC に垂直に作用する圧力とする．α，β，γ を斜面 ABC の法線が x, y, z 軸をなす角度とすると，力の平衡条件は，x, y, z 軸方向におのおの次のようになる．

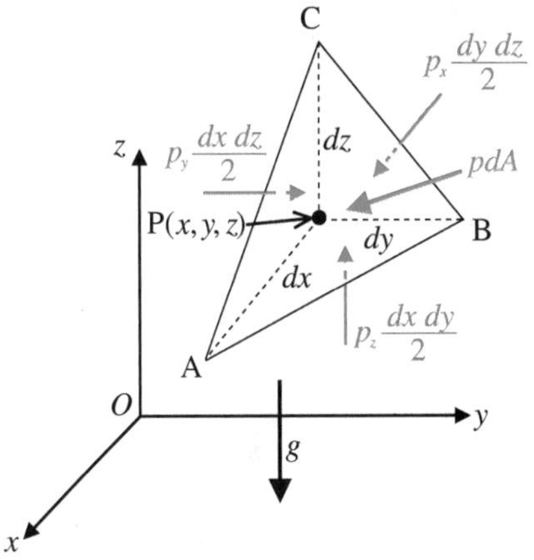

図 3.1　微小四面体の力学的平衡

$$\left.\begin{aligned} &p_x \frac{dydz}{2} - pdA\cos\alpha = 0 \quad (x\ \text{軸方向}) \\ &p_y \frac{dxdz}{2} - pdA\cos\beta = 0 \quad (y\ \text{軸方向}) \\ &p_z \frac{dxdy}{2} - pdA\cos\gamma - \rho g \frac{1}{6} dxdydz = 0 \quad (z\ \text{軸方向}) \end{aligned}\right\} \tag{3.2}$$

z 軸方向については，流体の自重 $\rho g(1/6)\,dx\,dy\,dz$ が考慮されている．また，斜面 ABC の x, y, z 軸方向の投影を考えることにより次の関係式が得られる．

$$dA\cos\alpha = \frac{dy\,dz}{2},\quad dA\cos\beta = \frac{dx\,dz}{2},\quad dA\cos\gamma = \frac{dx\,dy}{2} \tag{3.3}$$

式(3.2)と式(3.3)を組み合わせると

$$p_x - p = 0,\quad p_y - p = 0,\quad p_z - p - \frac{\rho g dz}{3} = 0$$

となる．微小四面体 ABC が点に収束する極限においては，$dz \to 0$ であり，

$$p_x = p_y = p_z = p \tag{3.4}$$

となる．ここで，斜面 ABC の方向はまったく任意であるので，このことは圧力 p が点 P であらゆる方向に同じ値をとる（これをパスカルの原理と呼ぶことがある）ことを示す．また，点 P の位置も任意であるので，静止流体中の圧力は位置のみの関数，すなわち点関数（a point function）$p = p(x, y, z)$ であることがわかる．

3・1・2　オイラーの平衡方程式 (Euler's equilibrium equation)*

密度 ρ が一定の静止した流体に働く体積力（物体力ともいう．body force）を単位質量あたり $\boldsymbol{K} = \boldsymbol{i}X + \boldsymbol{j}Y + \boldsymbol{k}Z$ とする．ただし，$\boldsymbol{i}, \boldsymbol{j}, \boldsymbol{k}$ はそれぞれ x，y，z 方向の単位ベクトル，X, Y, Z はそれぞれ x，y，z 方向の単位質量あたりの体積力である．このとき，微小流体要素に作用する表面力（surface force）は，それらに作用する体積力と静的平衡状態になければならない．
この静的平衡条件は以下のように表される．

$$\nabla p = \rho \boldsymbol{K} \tag{3.5}$$

ここで，$\nabla \equiv \boldsymbol{i}(\partial/\partial x) + \boldsymbol{j}(\partial/\partial y) + \boldsymbol{k}(\partial/\partial z)$ であり，$\nabla p = \mathrm{grad}\, p$ は圧力こう配ベクトルを表す．式(3.5)はオイラーの平衡方程式（Euler's equilibrium equation）と呼ばれている．

∇（ナブラ）の定義とこう配

∇ の定義

$$\nabla = \boldsymbol{i}\frac{\partial}{\partial x} + \boldsymbol{j}\frac{\partial}{\partial y} + \boldsymbol{k}\frac{\partial}{\partial z}$$

スカラ $f(x, y, z)$ のこう配

$$\mathrm{grad}\ f = \nabla f = \boldsymbol{i}\frac{\partial f}{\partial x} + \boldsymbol{j}\frac{\partial f}{\partial y} + \boldsymbol{k}\frac{\partial f}{\partial z}$$

【例題 3・2】*　静止流体に対するオイラーの平衡方程式(3.5)を導け．

【解答】静止流体中に，長さ dx，dy，dz の辺をもつ微小直方体（infinitesimal cuboid）を考える（図 3.2）．また，x 方向の力の平衡について考える．微小直方体の面 ABCD に作用する全圧力は $pdydz$ であり，面 ABCD から x 方向に dx だけ離れた面 EFGH に作用する全圧力は $\left[p + (\partial p/\partial x)dx\right]dydz$ となる．また，微小直方体の質量を dm とすると x 方向の全体積力は $Xdm = X\rho dxdydz$ となる．したがって，x 方向の力の平衡条件は

$$pdydz + X\rho dxdydz - \left(p + \frac{\partial p}{\partial x}dx\right)dydz = 0$$

ゆえに，$\partial p/\partial x = X\rho$ となる．同様に y，z 方向の力の平衡条件より $\partial p/\partial y = Y\rho$，$\partial p/\partial z = Z\rho$ が得られる．単位ベクトル $\boldsymbol{i}, \boldsymbol{j}, \boldsymbol{k}$ を用いると，これらの式は次のようにまとめられる．

$$\boldsymbol{i}\frac{\partial p}{\partial x} + \boldsymbol{j}\frac{\partial p}{\partial y} + \boldsymbol{k}\frac{\partial p}{\partial z} = \rho(\boldsymbol{i}X + \boldsymbol{j}Y + \boldsymbol{k}Z)$$

これはベクトル形で表すと次のようになる．

$$\nabla p = \rho \boldsymbol{K}$$

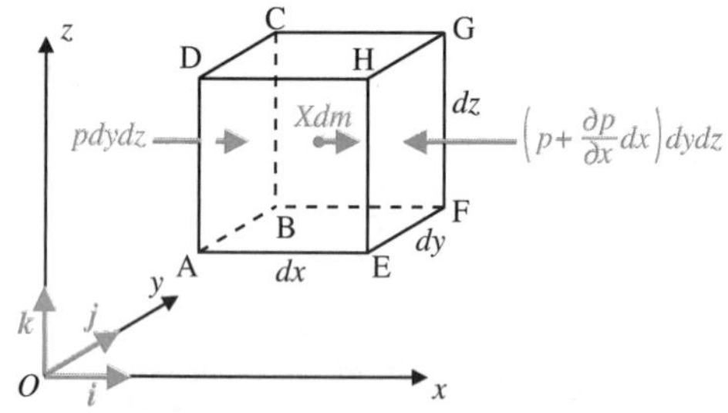

図 3.2　微小流体要素の力のつり合い

また，等圧面上においては $dp = 0$ であるので，等圧面上の微小線素ベクトル $d\boldsymbol{s} = (dx, dy, dz)$ と体積力ベクトル $\boldsymbol{K}$ の間には次式が成立することがわかる．

$$\frac{dp}{\rho} = \frac{\nabla p}{\rho} \cdot d\boldsymbol{s} = Xdx + Ydy + Zdz = \boldsymbol{K} \cdot d\boldsymbol{s} = 0 \tag{3.6}$$

これは，等圧面が体積力ベクトルに垂直であることを意味する（図 3.3）．

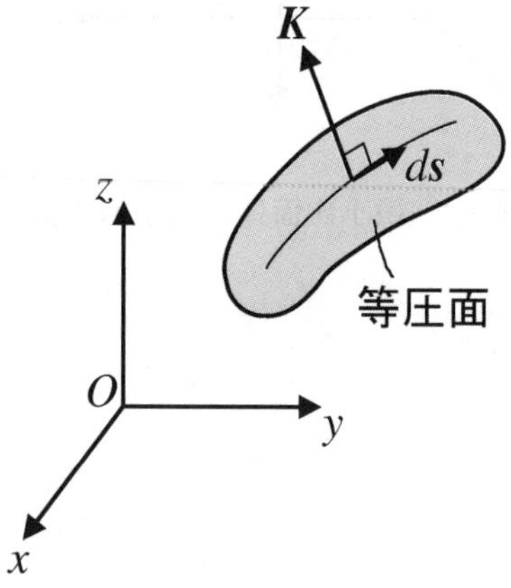

図 3.3　等圧面と体積力ベクトルの関係

3・1・3　重力場における圧力分布
(pressure distribution in the gravity field)

重力のみの作用を受けている静止流体中の圧力 p は，$z=z_0$（液表面）での圧力を p_a とすれば，

$$p = p_a + \rho g(z_0 - z) \tag{3.7}$$

となる．ここで p_a を基準にした圧力，すなわち $p-p_a$ を改めて p と書き，かつ液表面から鉛直下方に測った距離，すなわち深さを $h=z_0-z$ とすると

$$p = \rho g h \tag{3.8a}$$

となる．あるいは，比重量 $\gamma=\rho g$ を使用すれば，

$$p = \gamma h \tag{3.8b}$$

となる．このときの液柱の高さ h を水頭あるいはヘッド（head）と呼び，圧力の単位として mmH_2O, mmAq, mmHg 等を使用することがある．なお，圧力の表し方には，真空状態を基準として表す絶対圧力（absolute pressure）と大気圧を基準として表すゲージ圧力（gauge pressure）の２通りのものがあり，図 3.4 は大気圧，絶対圧力，ゲージ圧力の関係を示す．測定圧力が大気圧より低い場合は，その差（正の値をとる）を負圧（negative pressure）あるいは真空ゲージ圧力（vacuum gauge pressure）と呼んでいる．なお，標準大気の絶対圧（標準気圧）は，$g=9.80665\ \mathrm{m/s^2}$ の場所で 0℃の水銀柱の高さ 760 mm に相当する圧力（すなわち 760 mmHg ）で，工学単位で 1.0332 $\mathrm{kgf/cm^2}$，SI 単位で 101.325 kPa である．表 3.1 に従来の圧力単位と SI 単位の換算表を示す．

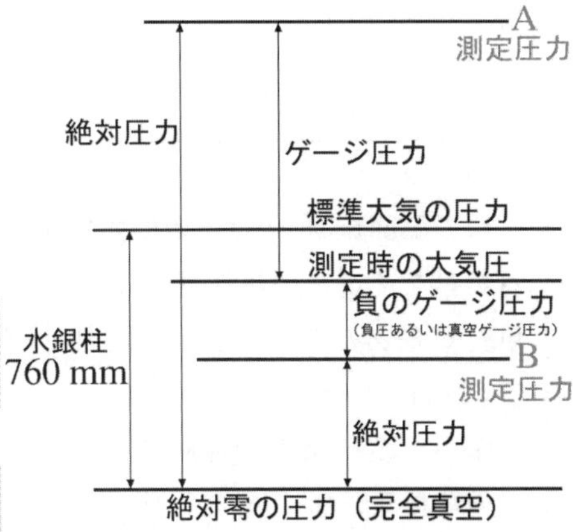

図 3.4　絶対圧力とゲージ圧力

表 3.1　従来の圧力単位と SI 単位の換算表

従来の単位	SI 単位(Pa)への換算
$\mathrm{kgf/cm^2}$	9.80665×10^4 Pa
$\mathrm{kgf/m^2}$	9.80665 Pa
mmHg	1.33322×10^2 Pa
mmH_2O	9.80665 Pa
mH_2O	9.80665×10^3 Pa
at（工学気圧）	9.80665×10^4 Pa
atm（標準気圧）	1.01325×10^5 Pa
bar（バール）	10^5 Pa
Torr（トル）	1.33322×10^2 Pa

【Example 3・3】 Determine the gauge pressure in Pa at the depth of 10 m below the free surface of water, where the average value of ρg is 9810 $\mathrm{N/m^3}$. Find the absolute pressure at the same depth when the pressure on the free surface is the standard atmospheric pressure.

【Solution】 From Eq. (3.8a), the gauge pressure is calculated as follows,

$$p = \rho g h = 9810\times10 = 98100\,(\mathrm{Pa}) = 98.1\,(\mathrm{kPa})$$

The absolute pressure = standard atmospheric pressure
+ pressure due to 10 m water
= 101.325 (kPa) + 98.1 (kPa) = 199.425 (kPa) ≒ 199 (kPa)

【Example 3・4】 What depth of oil with relative density 0.750 will produce a pressure of 1.75 bar? What depth is in the case of water? The density of water ρ_w is 1000 $\mathrm{kg/m^3}$.

【Solution】 The depth of oil is $h_{oil} = \dfrac{p}{\rho_{oil} g} = \dfrac{1.75\times10^5}{0.75\times1000\times9.81} = 23.8\,(\mathrm{m})$,

The depth of water is $h_w = \dfrac{p}{\rho_w g} = \dfrac{1.75\times10^5}{1000\times9.81} = 17.8\,(\mathrm{m})$.

気体を完全気体と仮定し，気体の温度が一定の状態（isothermal state）や断熱状態（adiabatic state）で変化する場合，あるいは温度場が高さに比例して変化する場合の気体の圧力 p と高さ z の関係を以下にまとめる．

比熱

系の温度を 1K 上げるのに要する熱量をその系の熱容量[J/K]，単位質量あたりの熱容量を比熱[J/(K･kg)]と呼ぶ．

圧力一定の条件で加熱するときの比熱を定圧比熱 C_p，体積一定のときの比熱を定積比熱 C_v という．

固体や液体では両者の差は無視できるほどで，単に比熱という．気体では，一般に定圧比熱のほうが定積比熱より大きい．

（1）等温変化の場合：

$$p = p_0 \mathrm{e}^{-\frac{gz}{RT_0}} \tag{3.9}$$

ここで，p_0，T_0 はそれぞれ基準面（高さ $z = 0\,\mathrm{m}$）における圧力，絶対温度を示し，R は気体定数である．

（2）断熱変化の場合：

$$p = p_0 \left\{1-\left(\frac{\kappa-1}{\kappa}\right)\frac{gz}{RT_0}\right\}^{\frac{\kappa}{\kappa-1}} \tag{3.10}$$

ここで，κ は定圧比熱（specific heat at constant pressure）C_p と定積比熱（specific heat at constant volume）C_v の比 C_p / C_v であり，比熱比（specific-heat ratio）あるいは断熱指数（adiabatic index）と呼ばれている．

（3）気体の絶対温度 T [K]が高さ z [m]と比例関係にある場合，すなわち $T = T_0 - Bz$（T_0 は $z = 0\,\mathrm{m}$ での絶対温度，B は比例定数）の関係で近似できる場合：

$$p = p_0 \left(1-\frac{Bz}{T_0}\right)^{g/(RB)} \tag{3.11}$$

ここで，p_0 は $z = 0$ m での気圧である．実際の大気では，対流圏（地上約 11 km まで）において，高度 100 m 上昇するごとに約 0.65 K ずつ下がる．したがって，$B = 6.5\times10^{-3}$ K/m である．

【例題 3・5】　対流圏における圧力 p と高さ z の関係を表す近似式(3.11)を導出せよ．

【解答】　完全気体の状態方程式より，$\rho = p/(RT) = p/\{R(T_0 - Bz)\}$．

この式と式(3.7)を z で微分し，$\dfrac{dp}{dz} = -\rho g = -\dfrac{pg}{R\left(T_0 - Bz\right)}$．

よって，
$$\frac{dp}{p} = -\frac{g}{R\left(T_0 - Bz\right)}dz$$

これを積分すると，
$$\int_{p_0}^{p}\frac{dp}{p} = -\frac{g}{R}\int_0^z \frac{1}{\left(T_0 - Bz\right)}dz\,,$$

$$\ln\left(\frac{p}{p_0}\right) = \frac{g}{RB}\left\{\ln\left(\frac{T_0 - Bz}{T_0}\right)\right\}$$

これを変形すると，次式が得られる．

$$p = p_0 \left(1-\frac{Bz}{T_0}\right)^{g/(RB)}$$

3・1・4　マノメータ (manometer)

液柱の高さを計ることにより，流体の圧力を測定する計器を液柱圧力計またはマノメータ（manometer）という．

a．通常マノメータ (simple manometer)

図 3.5 のピエゾメータ（piezometer）では，液体の密度を ρ として，図中の点 A の圧力 p_A は次式で与えられる．

$$p_A = p_a + \rho g h \tag{3.12}$$

p_a は大気圧に等しいので，p_A をゲージ圧で表せば，$\rho g h$ となる．

図 3.6 の U 字管マノメータ（U-tube manometer）の場合，点 A の圧力は

$$p_A = p_a + g(\rho_2 h_2 - \rho_1 h_1) \tag{3.13}$$

となる．ゲージ圧は $p_A - p_a = g(\rho_2 h_2 - \rho_1 h_1)$ となる．

b．示差マノメータ (differential manometer)

図 3.7(a)，図 3.7(b)は示差マノメータ（differential manometer）と呼ばれている．図 3.7(a)で U 字管の液体の密度を ρ_s，容器の液体の密度を ρ_1，ρ_2 とすれば，点 A と点 B の圧力差 $p_A - p_B$ は次のように求められる．

$$p_A - p_B = g(\rho_1 h_1 + \rho_s h - \rho_2 h_2) \tag{3.14}$$

図 3.7(b)では次のようになる．

$$p_A - p_B = g(\rho_2 h_2 - \rho_1 h_1 - \rho_s h) \tag{3.15}$$

c．微圧計 (micro manometer)

微小な圧力差を計る圧力計を微圧計（micro manometer）と呼ぶ．図 3.8 に示すものは 2 液微圧マノメータ（two-liquid micro manometer）であり，2 つの容器に働く圧力の差 $p_A - p_B$ は次のように求められる．

$$p_A - p_B = h\left\{\rho_3 g - \rho_2 g\left(1 - \frac{a}{A}\right) - \rho_1 g \frac{a}{A}\right\} \tag{3.16}$$

U 字管の断面積 a が上方の容器の断面積 A に比べて十分小さいとすれば，

$$p_A - p_B \fallingdotseq (\rho_3 - \rho_2) g h \tag{3.17}$$

ρ_3 と ρ_2 の差が小さければ，h の読みは拡大され，圧力計の感度は高くなる．

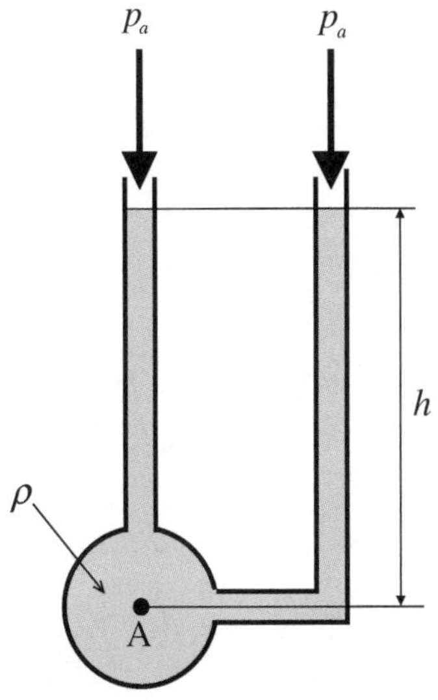

図 3.5　ピエゾメータ

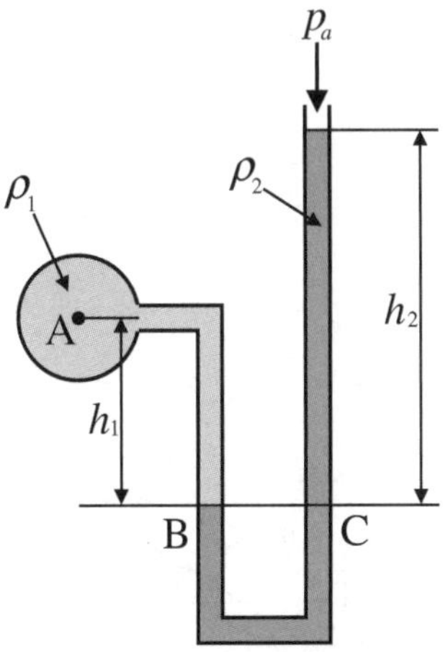

図 3.6　U 字管マノメータ

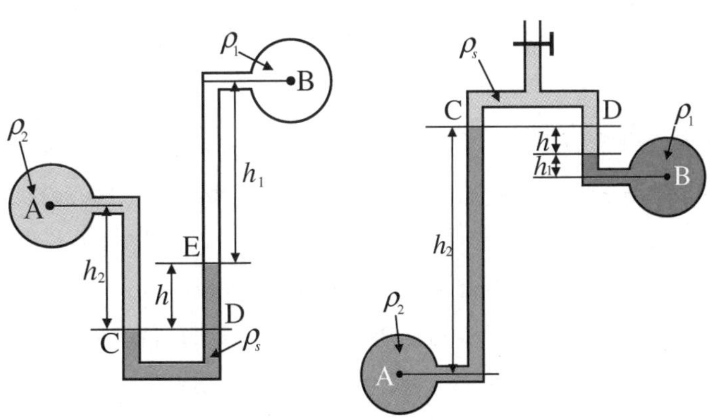

(a)　U 字管形　　(b)　逆 U 字管形

図 3.7　示差マノメータ

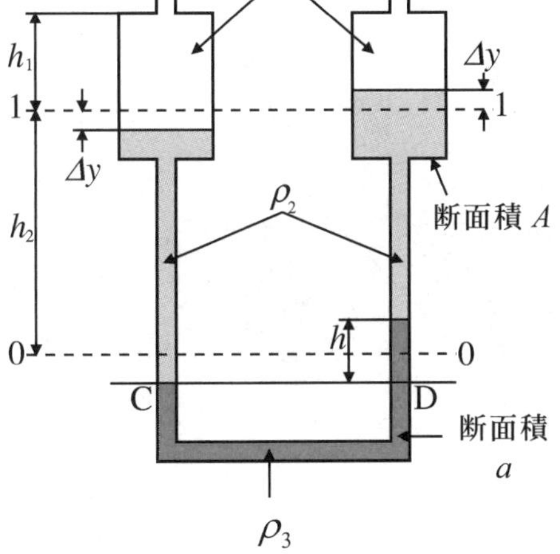

図 3.8　2 液微圧マノメータ

【例題 3・6】　図 3.8 に示される 2 液微圧マノメータにおいて，2 つの容器に働く圧力の差 $p_A - p_B$ が式(3.16)で表されることを示せ．

【解答】　図 3.8 において，点 C における圧力は

$$p_A + \rho_1 g(h_1 + \Delta y) + \rho_2 g\left(h_2 + \frac{h}{2} - \Delta y\right)$$

一方，点 C と同じ高さにある点 D の圧力は

$$p_B + \rho_1 g(h_1 - \Delta y) + \rho_2 g\left(h_2 - \frac{h}{2} + \Delta y\right) + \rho_3 gh$$

これらは等しいので

$$p_A + \rho_1 g(h_1 + \Delta y) + \rho_2 g\left(h_2 + \frac{h}{2} - \Delta y\right)$$

$$= p_B + \rho_1 g(h_1 - \Delta y) + \rho_2 g\left(h_2 - \frac{h}{2} + \Delta y\right) + \rho_3 gh$$

よって

$$p_A - p_B = \rho_3 gh - \rho_2 g(h - 2\Delta y) - 2\rho_1 g\Delta y$$

体積一定則 $2\Delta yA = ha$ を考慮して，Δy を消去すると $p_A - p_B$ は次のように求められる．

$$p_A - p_B = h\left\{\rho_3 g - \rho_2 g\left(1 - \frac{a}{A}\right) - \rho_1 g\frac{a}{A}\right\}$$

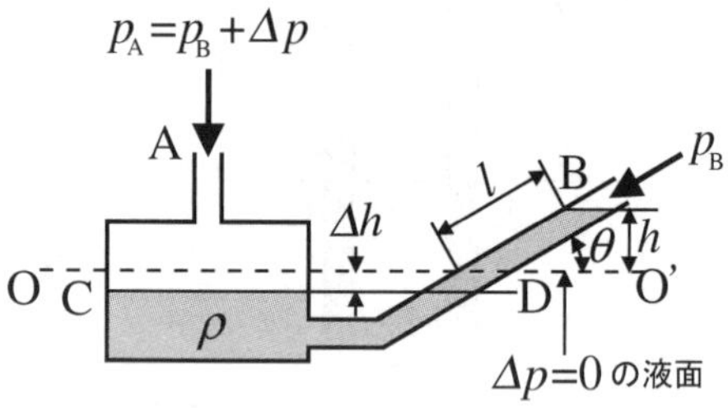

図 3.9　傾斜マノメータ

図 3.9 の微差圧計は傾斜マノメータ（inclined-tube manometer）と呼ばれ，通常気体の微圧を計るのに用いられる．傾斜マノメータの両側 A と B の圧力差 $\Delta p = p_A - p_B$ は，容器と液柱の断面積をそれぞれ S，a として，

$$\Delta p = \rho gl\left(\sin\theta + \frac{a}{S}\right) \tag{3.18}$$

となる．ここで，$a/S \fallingdotseq 0$ とすれば，

$$\Delta p \fallingdotseq \rho gl\sin\theta \tag{3.19}$$

すなわち，θ を小さくすれば，読み l は大きくなり，圧力計の感度は高まることになる．

3・2　面に働く静止流体力 (hydrostatic forces on surfaces)

3・2・1　平面に働く力 (force on flat surfaces)

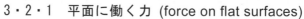

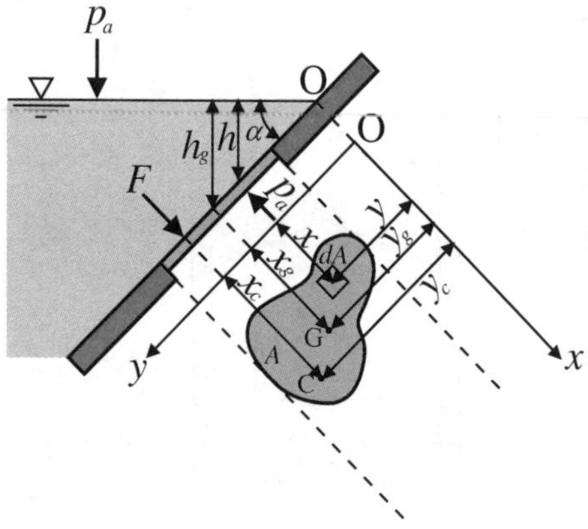

図 3.10　平面壁に作用する全圧力

図 3.10 に示すような水平面と角度 α の傾きをなす平板（面積 A）に働く力（全圧力）F は次のように表される．

$$F = \rho gAy_g\sin\alpha = \rho gh_gA = p_gA \tag{3.20}$$

ここで，y_g は x 軸から平板の図心（重心）G までの距離，h_g は図心の液面からの深さであり，p_g は図心におけるゲージ圧を表す．つまり，平板に働く全圧力は，図心におけるゲージ圧と平板の面積の積に等しい．

全圧力の作用点（圧力の中心，center of pressure）C の位置を (x_c, y_c) とすると x_c，y_c は次式で与えられる．

$$x_c = \frac{I_{xy}}{y_gA} = x_g + \frac{I_{xyg}}{y_gA}, \qquad y_c = \frac{I_x}{y_gA} = y_g + \frac{I_{xg}}{y_gA} \tag{3.21a,b}$$

ここで，x_g，y_g は図形の図心（重心）の座標，$I_x = \int_A y^2 dA$ は図形の x 軸まわりの断面２次モーメント（second moment of the area），$I_{xy} = \int_A xydA$ は図形の x 軸と y 軸に対する断面相乗モーメント（product of inertia of the area）である．また，$I_{xg} = \int_A \left(y - y_g\right)^2 dA$ は図心 G を通り x 軸に平行な軸に対する断面2次モーメントであり，$I_{xyg} = \int_A \left(x - x_g\right)\left(y - y_g\right) dA$ はGを通り x 軸と y 軸に平行な軸まわりの断面相乗モーメントである．

表 3.2 に各種図形の面積特性を示しておく．

表 3.2 各種図形の面積特性

	Triangle	Circle	Semicircle
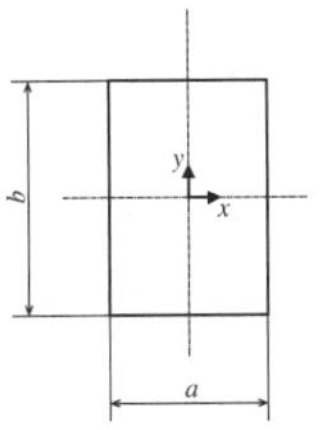	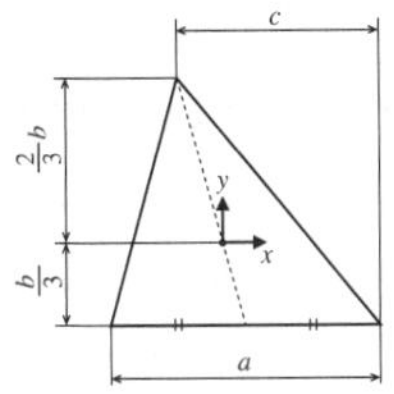	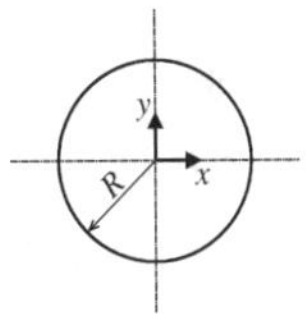	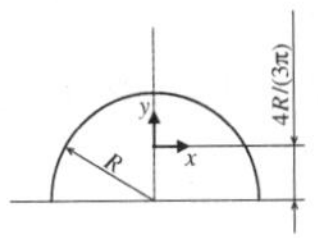
$A = ab$ $I_{xg} = ab^3/12$ $I_{xyg} = 0$	$A = ab/2$ $I_{xg} = ab^3/36$ $I_{xyg} = a\left(a - 2c\right)b^2/72$	$A = \pi R^2$ $I_{xg} = \pi R^4/4$ $I_{xyg} = 0$	$A = \pi R^2/2$ $I_{xg} = \left(\frac{\pi}{8} - \frac{8}{9\pi}\right)R^4$ $I_{xgy} = 0$

【Example 3・7】　Referring to Fig.3.10, derive Eq.(3.20) for the hydrostatic force F acting on a plane area and determine the location of the center of pressure $\left(x_c, y_c\right)$.

【Solution】 The force acting on the area dA is given by $pdA = \left(p_a + \rho gh\right)dA$. Since it is assumed that one side of the plane touched with the liquid and another side with the atmosphere, the force from the atmosphere side is $p_a dA$, so that the resultant force on the area dA becomes $\left(p - p_a\right)dA = \rho ghdA$ (which is the gauge pressure). Summing all the forces on the area and considering that $h = y\sin\alpha$, the total force on the area A is obtained by $F = \int_A \rho ghdA = \rho g \sin\alpha \int_A ydA = y_g A$, where ρ and α are constants and, from the definition of the centroid of the area, $\int_A ydA = y_g A$. Since $h_g = y_g \sin\alpha$, we obtain $F = \rho g A y_g \sin\alpha = \rho g h_g A = p_g A$, i.e., Eq.(3.20).

Next we consider the balance of moment about the x-axis. Since the center of pressure is located at the distance y_c from the x-axis, the balance of moment gives $y_c F = \int_A ydF = \int_A y\rho ghdA = \rho g \sin\alpha \int_A y^2 dA = \rho g I_x \sin\alpha$, where $I_x = \int_A y^2 dA$. By using Eq.(3.20), y_c can be expressed as

$$y_c = \rho g I_x \sin\alpha / F = I_x / y_g A$$

It is usually more convenient to express y_c in terms of the moment of inertia about an axis through the centroid and parallel to the x-axis, which is defined by $I_{xg} = \int_A \left(y - y_g\right)^2 dA$. This may be done by using the parallel axes theorem of the moments of inertia, which may be expressed as $I_x = I_{xg} + y_g^2 A$.

Consequently, y_c can be given by

$$y_c = \frac{I_x}{y_g A} = \frac{I_{xg}}{y_g A} + y_g \tag{3.21b}$$

Now, we will estimate x_c. From the balance of moment around the y axis, $x_c F = \int_A x dF = \rho g \sin A \int_A xy dA$, then we obtain $x_c = \frac{\rho g \sin\alpha}{F}\int_A xy dA = \frac{I_{xy}}{y_g A}$. By the transfer formula of parallel axes, we can express I_{xy} as $I_{xy} = x_g y_g A + I_{xyg}$, where I_{xyg} is the product of inertia of the area about its centroid, which is defined by $I_{xyg} = \int_A (x - x_g)(y - y_g) dA$. Then x_c is given by

$$x_c = \frac{I_{xy}}{y_g A} = x_g + \frac{I_{xyg}}{y_g A} \tag{3.21a}$$

3・2・2　曲面に働く力 (force on curved surfaces)

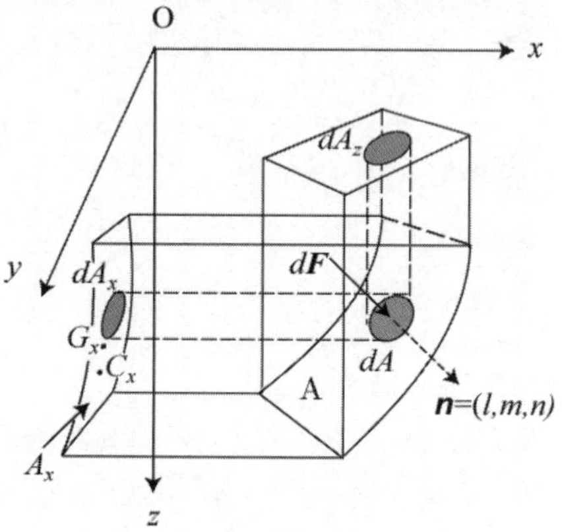

図 3.11　曲面に働く力

図 3.11 に示すように，液体中の任意の曲面 A に作用する圧力による力 $\boldsymbol{F}$ の成分 F_x，F_y，F_z は以下のように求められる．曲面 A を yz 面，zx 面，xy 面へ投影した面積をそれぞれ A_x，A_y，A_z とする．F_x は次式で与えられる．

$$F_x = \rho g z_g A_x \tag{3.22}$$

ここで，z_g は図形 A_x の図心 G_x の z 座標（液面からの深さ）である．また，F_x の圧力の中心 C_x の y，z 座標をそれぞれ y_c，z_c とすると

$$z_c = \frac{1}{z_g A_x}\int_{A_x} z^2 dA_x,\ y_c = \frac{1}{z_g A_x}\int_{A_x} zy dA_x \tag{3.23}$$

となる．F_y については，曲面 A の zx 面への投影 A_y について同様の方法で計算できる．F_z は曲面 A を底面として液表面までの高さを持った液柱の重量に等しく，その作用線は液柱の重心を通る．

3・3　浮力と浮揚体の安定性 (buoyancy and stability of floating bodies)

3・3・1　アルキメデスの原理 (Archimedes' principle)

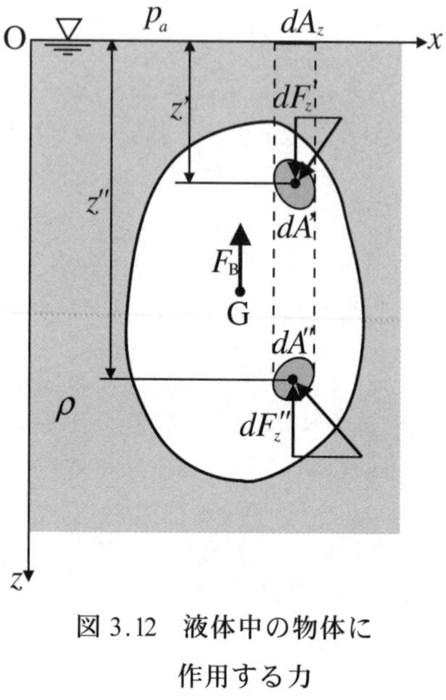

図 3.12　液体中の物体に作用する力

静止した流体中にある物体は浮力（buoyancy）を受け，浮力は排除した流体の重心すなわち浮力の中心（center of buoyancy）に作用する．物体によって排除された流体の体積を V，流体の密度を ρ，比重量を γ（$\gamma = \rho g$）とすると，浮力の大きさ F_B は次式で与えられる．

$$F_B = \rho g V = \gamma V \tag{3.24}$$

【Example 3・8】 Prove that the buoyancy of a submerged body in a fluid of the constant density at rest is equal to the weight of the fluid displaced by the body. Buoyancy acts upward through the centroid of the displaced volume, i.e., "center of buoyancy". (Archimedes' principle, 220 BC)

【Solution】 To determine the vertical resultant force F_B of the fluid on the submerged body, consider two surface elements, one vertically above another, dA' and dA'' as shown Fig.3.12. The vertical forces on these elements are $dF_z' = (p_a + \rho g z')dA_z$ and $dF_z'' = (p_a + \rho g z'')dA_z$, where p_a is the atmospheric pressure on the fluid surface, z' and z'' are the depths of dA' and dA'' from the fluid surface, respectively. dA_z is the projection of dA' and dA'' on the fluid surface. The resultant force of these forces is $dF_z = \rho g(z'' - z')dA_z$, where $(z'' - z')dA_z$ is the volume of a vertical prism in the body defined by the two surface elements. By integration over the entire body, one obtains the total upward force $F_B = \rho g V$, if ρ is assumed to be constant. V is the volume of the submerged body or, in other words, the volume of the displaced fluid. This vertical force F_B exerted on the body by the fluid at rest is called *buoyancy*. Since F_B is the resultant of a series of parallel equidirectional forces dF_z, it must act through the center of this group of forces, i.e., through the centroid of volume V, which is called the "center of buoyancy".

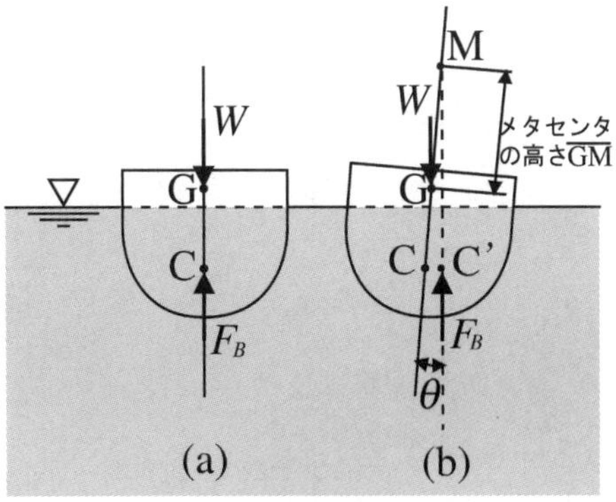

図 3.13　浮揚体の安定条件

3・3・2　浮揚体の安定性 (stability of floating bodies)*

船のように液面に浮かんでいる物体は浮揚体（floating body）という．図 3.13(a)は浮揚体が静止している場合を示している．浮揚体の重量を W，重力の作用点（重心）を G とする．また，浮力を F_B，浮力の中心を C とすれば，G と C は同一鉛直線上にあり，力のつり合いより $F_B = W$ となる．この場合，G と C を通る鉛直線を浮揚軸，液面で切られる仮想の浮揚体の切断面を浮揚面（water-plane area）という．また，浮揚面から物体の最下底までの深さを喫水（draft）という．

いま，図 3.13(b)に示すように，つり合いの状態から，角度 θ だけ傾けた状態を考えると，浮力の中心 C は C′ に移り，浮力 F_B は C′ を通って鉛直上方に働く．この新しい浮力の作用線が傾く前の浮揚軸と交わる点 M をメタセンタ（meta center）と呼び，$\overline{GM}$ をメタセンタの高さ（metacentric height）と呼ぶ．M が G より上方にあれば物体は安定（stable）であり，M が G より下方にあれば不安定（unstable）となる．

傾き角 θ が小さい場合(図 3.14)のメタセンタの高さ $\overline{GM}$ は次のようになる．

$$\overline{GM} = \frac{I_y}{V} - \overline{CG} \tag{3.25}$$

ここで，V は浮揚体が排除した流体の体積，$I_y = \int_A x^2 dA$ は浮揚面上の y 軸（浮揚体の回転軸）に対する断面 2 次モーメントであり，A は浮揚面の面積である．

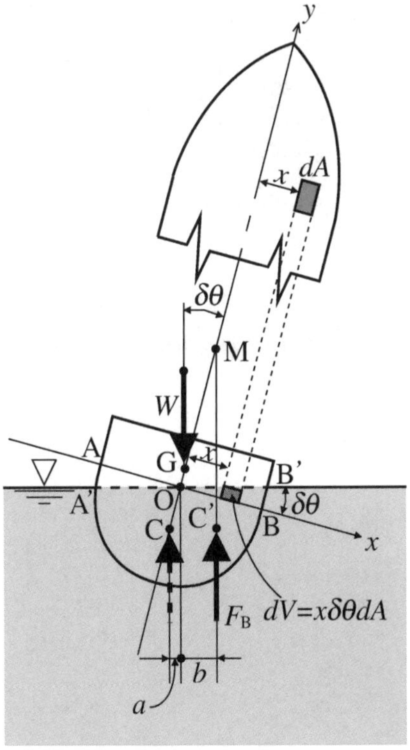

図 3.14　微小な傾き角での
メタセンタ

3・4　相対的平衡での圧力分布 (pressure distribution in relative equilibrium)

容器の中の流体が容器とともに等加速度運動や一定角速度の回転運動を行っている場合，容器に固定した座標系からは流体は相対的に静止しているように見え，相対的平衡（relative equilibrium）と呼ばれている．

流体が容器とともに一定の加速度 $\boldsymbol{\alpha}$ で運動している場合，容器に固定した相対座標系での流体に作用する力の平衡条件は式(3.5)中の物体力 $\boldsymbol{K}$（運動のないときの $\boldsymbol{K}$）に慣性力 $-\boldsymbol{\alpha}$ を加えることによって得られる（ただし，$\boldsymbol{K}$，$-\boldsymbol{\alpha}$ は単位質量あたりの力である）．

$$\nabla p = \rho(\boldsymbol{K} - \boldsymbol{\alpha}) \tag{3.26}$$

等圧面上の微小線素ベクトルを $d\boldsymbol{s} = (dx, dy, dz)$ とすると

$$\frac{dp}{\rho} = \frac{\nabla p}{\rho} \cdot d\boldsymbol{s} = (\boldsymbol{K} - \boldsymbol{\alpha}) \cdot d\boldsymbol{s} = 0 \tag{3.27}$$

となり，等圧面はベクトル $\boldsymbol{K} - \boldsymbol{\alpha}$ に垂直である．

3・4・1　直線運動 (linear motion)

図 3.15 に示すように，液体が入った容器が水平面と θ なる角度の方向に等加速度 $\boldsymbol{\alpha}$ で動いている場合，液面は平面になる．物体力は，液体中には鉛直下向きに重力 $\boldsymbol{g}$ が作用しているので，$\boldsymbol{K} = \boldsymbol{g} = (0, 0, -g)$ となる．液体中の任意の点 $\mathrm{A}(x, z)$ でのゲージ圧力 p_A は次のようになる．

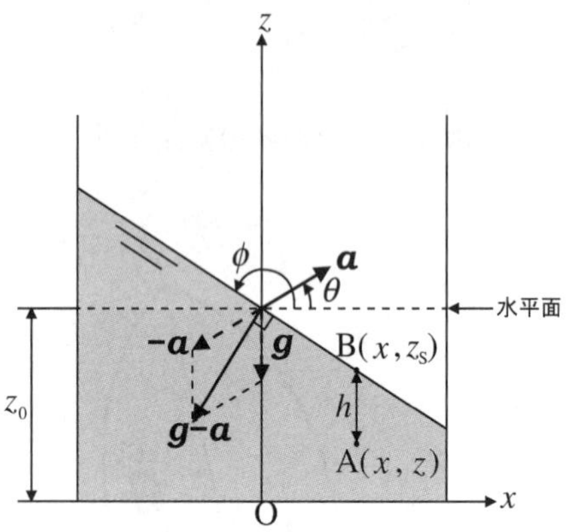

図 3.15　等加速度直線運動する容器内の液体中の圧力分布

$$p_A = p - p_a = \rho g h \left(1 + \frac{a_z}{g}\right) \tag{3.28}$$

ただし，p_a は大気圧，ρ は液体の密度，h は点 A の深さ，a_z は加速度の z 方向成分である．

また，図 3.15 における液面の傾き角 ϕ は次のようになる．

$$\tan\phi = -\frac{a_x}{g + a_z} \tag{3.29}$$

【例題 3・9】　図 3.15 のように，x 方向長さ 3.0m，z 方向高さ 3.0m，紙面に垂直方向の幅 1.2m の開放容器に水を 9.0 m^3 入れ，傾き角 $\theta = 30°$ の斜面に沿って，大きさ a の加速度で引っ張るとする．このとき，水が容器から溢れださないための限界加速度を求めよ．ただし，重力加速度を $g = 9.81\,\mathrm{m/s^2}$ とせよ．

【解答】　容器の底面積は $3.0 \times 1.2 = 3.6\mathrm{m}^2$ である．したがって，容器が静止しているときの水面の高さは $9.0/3.6 = 2.5\mathrm{m}$ となる．一方，容器が加速中の後壁面における水面の高さは，水があふれ出さないためには，最大容器の高さ 3.0m である．ゆえに，後壁面では，$3.0 - 2.5 = 0.5\mathrm{m}$ 上昇し，前壁面では 0.5m 降下することになる．したがって，限界加速度を $a_{\max}$ とすれば，式(3.29)より

$$\tan\phi = -\frac{0.5}{1.5} = -\frac{a_{\max}\cos\theta}{g + a_{\max}\sin\theta} = -\frac{a_{\max}\sqrt{3}/2}{9.81 + (a_{\max}/2)}$$

よって，$a_{\max} = 4.68\ (\mathrm{m/s^2})$．

3・4・2　強制渦 (forced vortex)

図 3.16 のような，円筒容器内の液体（密度 ρ）が円筒とともに鉛直軸まわりに角速度 Ω で回転しているときの流れは強制渦（forced vortex）である．液体中の任意の点 $A(r, z)$ の圧力は次のようになる．

$$p - p_a = \frac{\rho}{2} r^2 \Omega^2 - \rho g (z - z_0) \tag{3.30}$$

液面形状は次のようになる．

$$z_s = z_0 + \frac{r^2 \Omega^2}{2g} \tag{3.31}$$

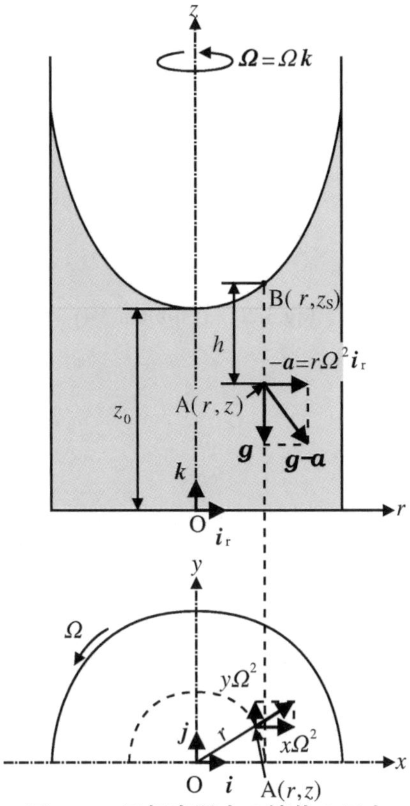

図 3.16　回転容器内の液体の圧力分布および液面形状

＝＝＝＝＝　練習問題　＝＝＝＝＝＝＝＝＝＝＝＝＝＝＝＝＝＝＝＝＝

【3・1】Because of a leak in a buried gasoline storage tank, water has sunk into the depth shown in Fig.3.17. If the specific gravity of the gasoline is $s_{gasoline} = 0.68$, determine the pressure at the gasoline-water interface ① and at the bottom of the tank ②. Express the pressure in units of $\mathrm{lbf/ft^2}$, $\mathrm{lbf/in^2}$, and as a pressure head in feet of water. Use a specific weight of water $\gamma_w = \rho_w g = 62.4\,\mathrm{lbf/ft^3}$.

【3・2】A closed tank contains compressed air and oil (specific gravity $s_{oil} = 0.9$) as shown in Fig.3.18. A U-tube manometer using mercury ($s_{Hg} = 13.6$) is connected to the tank as shown. For column heights $h_1 = 90\,\mathrm{cm}$, $h_2 = 15\,\mathrm{cm}$, and $h_3 = 22\,\mathrm{cm}$, determine the pressure reading (in kPa) of the pressure gauge. Assume the density of pure water $\rho_w = 1000\,\mathrm{kg/m^3}$ and use the gravity acceleration $g = 9.81\,\mathrm{m/s^2}$.

【3・3】図 3.19 に示されるように，直径 1 m の円板が水を満たしたタンクの中に鉛直に置かれている．円板に働く全圧力の作用点（圧力の中心）C は図心 G の下 8 cm の位置にあるとする．そのとき，図心の深さ y_g を求めよ．

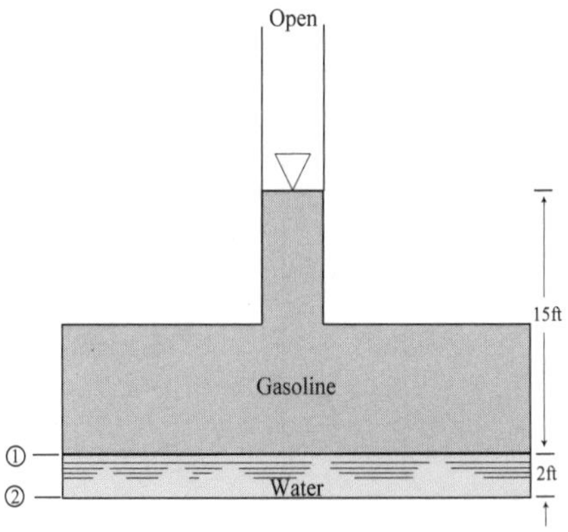

Fig.3.17　(Problem 3.1)

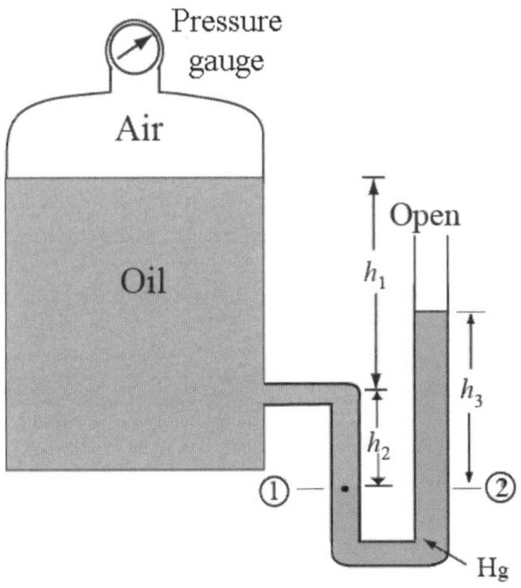

Fig.3.18　(Problem 3.2)

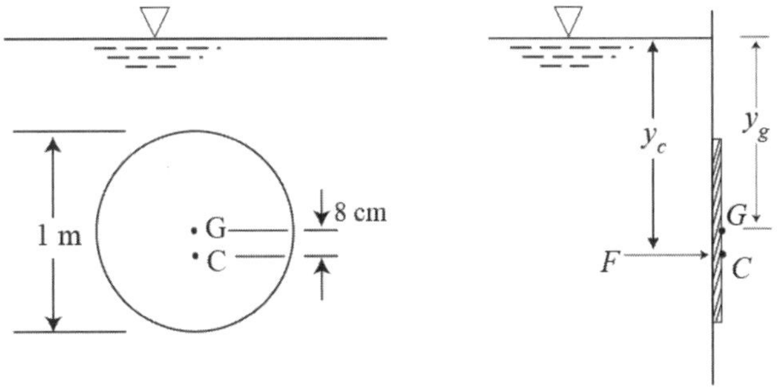

図 3.19 (練習問題 3.3)

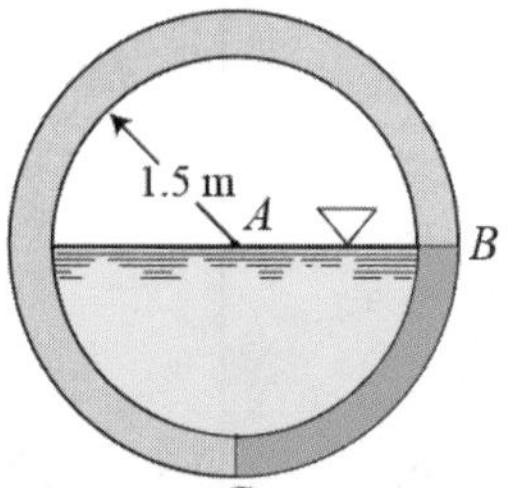

Fig.3.20　(Problem 3.4)

【3・4】The 3-m-diameter of drainage conduit of Fig.3.20 is half full of water at rest. Determine the magnitude and line of action of the resultant force that the water exerts on a 1-m length of the curved section BC of the conduit wall. Assume the density of water $\rho_w = 1000\,\mathrm{kg/m^3}$ and use the gravity acceleration $g = 9.81\,\mathrm{m/s^2}$.

【3・5】図 3.21 に示されるように，半径1 m，長さ 2 m，重さ 3000 N の円柱が容器の底に点 B で接して静止しているとする．いま，円柱を動かさずに（底に点 B で接した状態を保ちながら），円柱の左側に水を，右側に比重 $s = 0.750$ の油を注いで，水の深さが 0.5 m，油の深さが 1.0 m になるようにしたい．このとき，円柱に加えなければいけない水平力と鉛直力を求めよ．ただし，水の密度 ρ_w を 1000 kg/m^3，重力加速度 g を 9.81 m/s^2 とせよ．

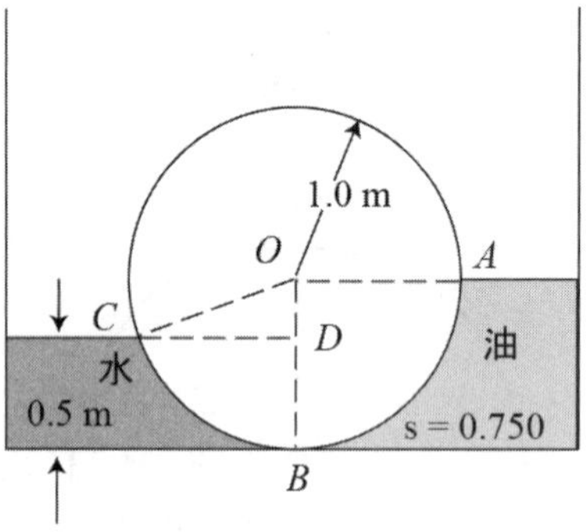

図 3.21　(練習問題　3.5)

【3・6】A spherical buoy has a diameter of 2.0 m, weights 9.50 kN, and is anchored to the seafloor with a cable as is shown in Fig.3.22(a). Although the buoy normally floats on the surface, at certain times the water depth increases so that the buoy is completely immersed as illustrated. For this condition what is the tension of the cable? Note that the specific weight of seawater γ_w is $10.1\,\mathrm{kN/m^3}$.

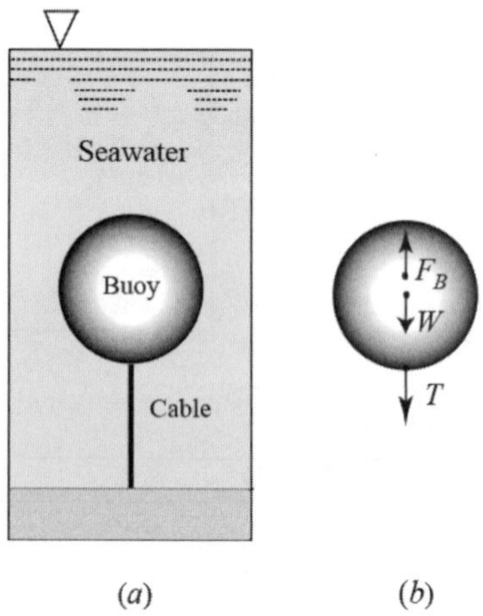

Fig.3.22　(Problem 3.6)

【3・7】＊ 図 3.23 に示されるように，直径 2 m，高さ 1.4 m，重量 12200 N の円筒が水に垂直に浮かんでいる．この円筒の浮力の中心とメタセンタの高さを求めよ．そして，円筒が安定かどうかを判定せよ．ただし，水の比重量 γ_w は 9810 N/m^3 とせよ．

【3・8】図 3.24 に示すように，U 字管に密度 ρ_m の液体が入っており，A と B の上端は大気に開放されている．この U 字管を A と B までの半径がそれぞれ r_1 と r_2 であるような鉛直線を中心として角速度 Ω で回転させたところ，液柱差が h となった．角速度 Ω を h，r_1 と r_2 および重力加速度 g を用いて表せ．

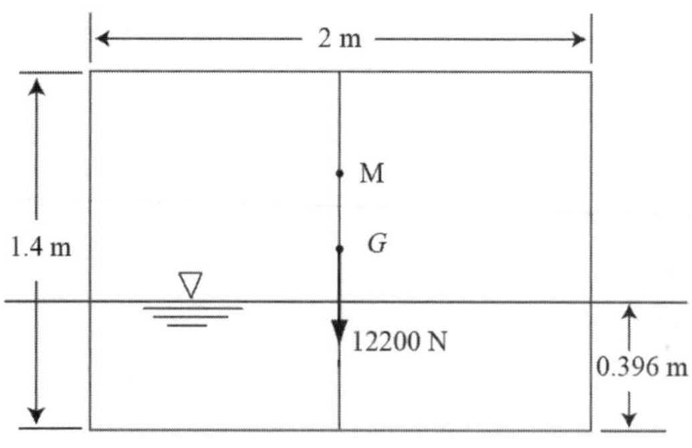

図 3.23　(練習問題　3.7)

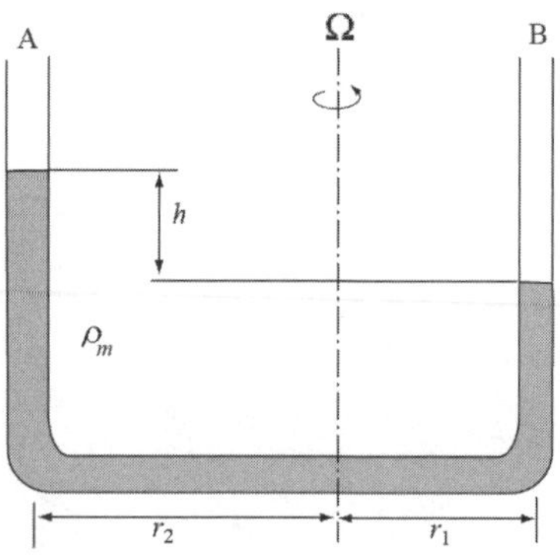

図 3.24　(練習問題　3.8)

第 4 章

準 1 次元流れ

Quasi-one-dimensional Flow

4・1 連続の式 (continuity equation)

流れの中に，１つの閉曲線を通る流線群によって管を形成したとき，それを流管（streamtube）と呼ぶ．図 4.1 に示すように流管の断面積が x 方向に変化する場合を準 1 次元流れ（quasi-one-dimensional flow）と呼ぶ．断面内の諸量が一様であるとし，x 方向の変化だけを考える．なお，本章では，定常流れを扱う．流管における断面積 A，流速 U，圧力 p，温度 T，密度 ρ は x の関数として次のように表される．

$$A = A(x),\ U = U(x),\ p = p(x),\ T = T(x),\ \rho = \rho(x) \tag{4.1}$$

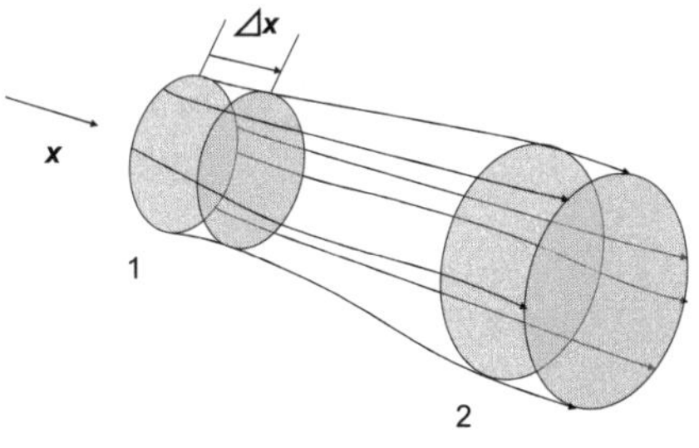

図 4.1 流管による準 1 次元流れ

図 4.1 に示す流管の断面 1, 2 における断面と流管で囲まれた領域を検査体積（Control Volume： CV ）と呼ぶ．CV の断面 1，2 を通過するそれぞれの流量（flow rate）Q は流速 U と断面積 A によって次のように求められる．

$$Q_1 = A_1U_1 \ ,\quad Q_2 = A_2U_2 \tag{4.2}$$

流量は体積流量（volume flow rate）とも呼ばれる．非圧縮性流体の場合，次式が成り立ち，連続の式（continuity equation）と呼ばれる．

$$A_1U_1 = A_2U_2 \ \ (\mathrm{m^3/s}) \tag{4.3}$$

【例題 4・1】 図 4.2 に示すように，直径 $d_1 = 5.00\mathrm{cm}$ のパイプを水が流速 0.200m/s で流れている．体積流量を求めよ．また，このパイプから直径 1.00m の円筒容器にこの流量で水を入れたとすると深さ 1.50m まで満たすのにどれほどの時間がかかるか求めよ．

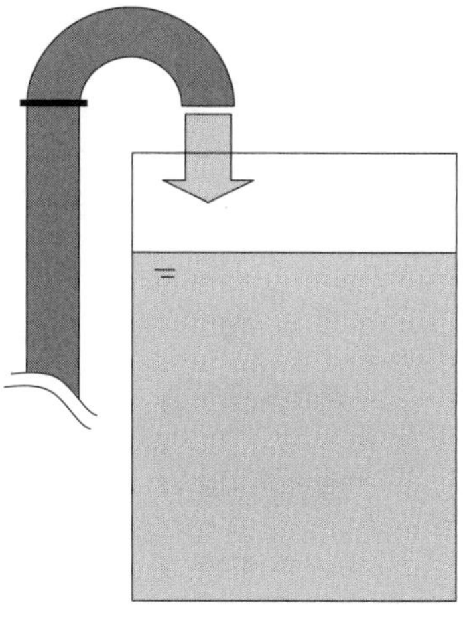
図 4.2 給水

【解答】直径 $d_1 = 5.00\mathrm{cm}$ のパイプの断面積 A_1 は

$$A_1 = \pi\left(\frac{d_1}{2}\right)^2 = \pi\times(0.05/2)^2 = 1.96\times10^{-3}\ \ (\mathrm{m^2})$$

である．このパイプ内の流速 U_1 は $U_1 = 0.2\,\mathrm{m/s}$ であるから，式(4.2)より体積流量は次のように求まる．

$$Q = A_1U_1 = 1.96\times10^{-3}\times0.200 = 3.93\times10^{-4}\ \ (\mathrm{m^3/s})$$

直径 1 m の円筒形容器に $h = 1.5\mathrm{m}$ まで水を入れたときの水の体積は

$$V = A_2\times h = \pi\left(\frac{d_2}{2}\right)^2\times h = \pi\times(1.0/2)^2\times1.5 = 1.18\ (\mathrm{m^2})$$

であるから，先に求めた体積流量で水を満たす時間は

$$t = \frac{V}{Q} = \frac{1.18}{3.93\times10^{-4}} = 3.00\times10^3\ (\mathrm{s})$$

である．すなわち 50 分ほどかかることがわかる．

【Example 4・2】　Water is flowing in a circular pipe with 0.200m in diameter. What is the magnitude of the water velocity if the volume flow rate in the pipe is 0.05 m^3/s?

【Solution】　The cross-section area of the pipe is,

$$A = \pi \times \left(\frac{0.200}{2} \right)^2 = 0.0314 \ (\mathrm{m}^2) \ .$$

As the volume flow rate is given, the velocity in the pipe is obtained from Eq. (4.2),

$$U = \frac{Q}{A} = \frac{0.050}{0.0314} = 1.59 \ (\mathrm{m/s})$$

4・2　質量保存則 (conservation of mass)

水のように密度変化の小さい流体に対して，気体では密度変化を無視できない場合が多い．そこで，本節では圧縮性流体の定常流れを扱うことにする．図 4.1 において単位時間あたりに断面 1，2 を通過する流体の質量を質量流量（mass flow rate）と呼び，それぞれ $\dot{m}_1$ ，$\dot{m}_2$ で表し，密度を ρ_1 ，ρ_2 として，

$$\begin{aligned} \dot{m}_1 &= \rho_1 Q_1 = \rho_1 A_1 U_1 \\ \dot{m}_2 &= \rho_2 Q_2 = \rho_2 A_2 U_2 \end{aligned} \quad (\mathrm{kg/s}) \qquad (4.4)$$

CV の断面 1 と断面 2 の流出入の関係および CV が変化しないことから，

$$\dot{m}_1 = \dot{m}_2 \quad \text{つまり} \quad \rho_1 A_1 U_1 = \rho_2 A_2 U_2 \qquad (4.5)$$

の関係を得る．任意の断面においてこれが成り立つので，質量流量は一定であり，これを質量保存則と呼ぶ．

【例題 4・3】　図 4.3 に示すように，流体機械の入口と出口に直径 10 cm のパイプが接続されている．入口断面（添字 1 を付けて表す）で計測された状態の空気が流体機械内で仕事をし，またエネルギーの一部は放熱されて出口断面（添字 2 を付けて表す）において下に示される状態に変化した．これより出口断面における流速を求めよ．

条件：入口断面;　$p_1 = 10\mathrm{atm}$,　$T_1 = 473\mathrm{K}$,　$U_1 = 20\mathrm{m/s}$
　　　出口断面;　$p_2 = 1.0\mathrm{atm}$,　$T_2 = 293\mathrm{K}$,　$U_2 = ?\mathrm{m/s}$

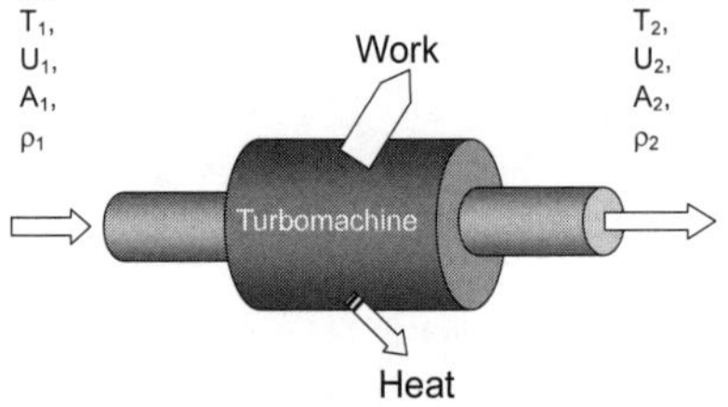

図 4.3　流体機械による仕事

【解答】流体機械に流入した空気はどこにも漏れずに流出すると考えれば，入口と出口において式(4.5)で表される質量保存則が成り立っている．また，空気は完全気体とみなせるので密度，圧力および温度の間には次に示す状態方程式が成り立っている．

$$\rho = \frac{p}{RT}$$

ここに，R はガス定数（$= 287\mathrm{J/kg \cdot K}$）である．入口と出口の断面直径が同じであり，$A_1 = A_2$ の関係を式(4.5)に代入すると，次の関係が得られる．

$$\frac{p_1U_1}{RT_1}=\frac{p_2U_2}{RT_2}$$

したがって，

$$U_2=\frac{p_1T_2}{p_2T_1}U_1=\frac{10\times293}{1\times473}\times20=124\ \text{(m/s)}$$

【例題 4・4】　水と比重 1.2 のショ糖液がそれぞれ流れている管が Y 字型の合流管によって接続され，合流後は水とショ糖液の混合液として一本の管を流れる．水とショ糖液の流量はそれぞれ 0.05 m^3/s と 0.1 m^3/s である．混合後の平均密度を求めよ．ただし，液体の温度を 20℃とする．

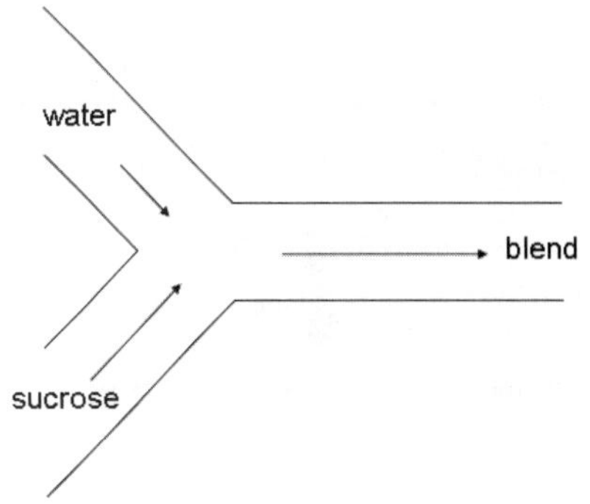

図 4.4　Y 字管による混合

【解答】水の添字を w，ショ糖液の添字を s とする．水の密度は，$\rho_w=998\ \text{kg/m}^3$ である．水とショ糖液の比重が 1.2 なのでその密度は，

$$\rho_s=1.2\times998=1198\ (\text{kg/m}^3)$$

である．

合流後の流速は連続の式である式(4.3)より，

$$UA=U_wA_w+U_sA_s=0.05+0.1=0.15\ (\text{m}^3/\text{s})$$

になる．

合流後の密度は質量保存法則である式(4.5)から次式のように表される．

$$\rho UA=\rho_wU_wA_w+\rho_sU_sA_s=998\times0.05+1198\times0.1=169.7\ \text{(kg/s)}$$

したがって，これに各値を代入すると，

$$\rho=\frac{\rho_wU_wA_w+\rho_sU_sA_s}{UA}=\frac{169.7}{0.15}=1131(\text{kg/m}^3)$$

となる．

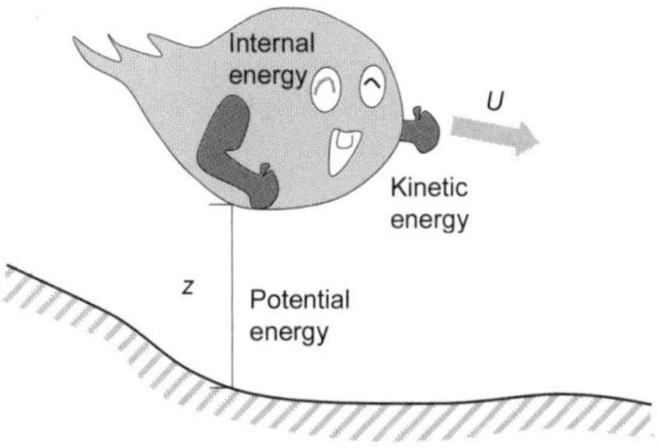

図 4.5　流体のエネルギー

4・3　エネルギーバランス式 (energy equation)

CV 内の流体がもつ単位質量あたりのエネルギーを e と書く．この e は，内部エネルギー（internal energy）u，運動エネルギー（kinetic energy）$U^2/2$，重力場における位置エネルギー（potential energy）gz の和で表される．

$$e=u+\frac{U^2}{2}+gz \tag{4.6}$$

ここに，U は流速，z は高さ，g は重力加速度の大きさである．CV に一致した流体領域に熱力学第 1 法則（the first law of thermodynamics）を適用すると，次式が導かれる．

$$(u_2-u_1)+\left(\frac{U_2^{\ 2}}{2}-\frac{U_1^{\ 2}}{2}\right)+g(z_2-z_1)+\left(\frac{p_2}{\rho_2}-\frac{p_1}{\rho_1}\right)=q_{netin}+w_{shaft} \tag{4.7}$$

w_{shaft} :ポンプでは+, タービンでは-
q_{netin} : 加熱は+, 放熱は-

ここに，p は圧力，ρ は密度，q_{netin} は外部から与えられる単位質量あたりの正味熱エネルギー，w_{shaft} は外部からなされる単位質量あたりの仕事である．この式を流動する流体に対するエネルギーバランス式という．

エンタルピー，$h = u + \dfrac{p}{\rho}$，を導入して，書き直すと次のようになる．

$$(h_2 - h_1) + \left(\frac{U_2^{\ 2}}{2} - \frac{U_1^{\ 2}}{2}\right) + g(z_2 - z_1) = q_{netin} + w_{shaft} \tag{4.8}$$

これが圧縮性流体を扱う際に用いられる基礎式となる．

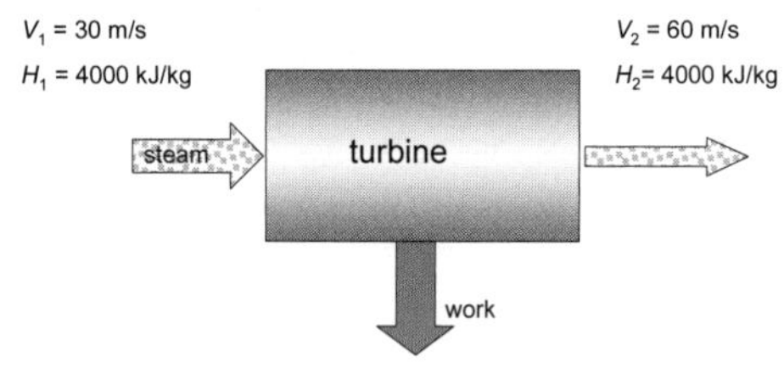

図 4.6　タービンによる仕事

【例題 4・5】　流速 30 m/s，エンタルピー4000 kJ/kg の蒸気がタービンに流入し，流速 60 m/s，エンタルピー2000 kJ/kg の気液混合流れとしてタービンから流出する．タービン内の流れが断熱で位置エネルギーの変化を無視できるとすると，単位質量あたりの蒸気から取り出せる仕事を求めよ．

【解答】断熱で位置エネルギー変化を無視しているため，$q_{netin} = 0$ $z_2 - z_1 = 0$である．これらの関係を式(4.8)に代入すると，

$$(h_2 - h_1) + \left(\frac{U_2^{\ 2}}{2} - \frac{U_1^{\ 2}}{2}\right) = w_{shaft}$$

となる．よって，単位質量あたりの蒸気になされる仕事は，

$$w_{shaft} = (2000 - 4000)\times 10^3 + \left(\frac{60^2}{2} - \frac{30^2}{2}\right)$$
$$= -1998650\ \text{(J/kg)} = -1999\,\text{(kJ/kg)}$$

となる．取り出せる仕事は符号が逆で，1999 kJ/kg である．

4・4　ベルヌーイの式 (Bernoulli's equation)

ここでは，非粘性で非圧縮性の流体，すなわち理想流体（ideal fluid）の場合を考え，さらに等エントロピー変化（可逆・断熱変化）であり，流体機械などによる仕事がないものとする．エネルギー保存則が成り立ち，

$$(p_2 - p_1) + \left(\frac{\rho U_2^{\ 2}}{2} - \frac{\rho U_1^{\ 2}}{2}\right) + \rho g(z_2 - z_1) = 0$$
$$\text{or} \qquad \text{(Pa)} \tag{4.9}$$
$$p_1 + \frac{\rho U_1^{\ 2}}{2} + \rho g z_1 = p_2 + \frac{\rho U_2^{\ 2}}{2} + \rho g z_2 = \text{const.}$$

となり，各項は圧力の単位をもつ．この式をベルヌーイの式（Bernoulli's equation）と呼ぶ．また，各項を ρg で除して整理すると，

$$\left(\frac{p_2}{\rho g} - \frac{p_1}{\rho g}\right) + \left(\frac{U_2^{\ 2}}{2g} - \frac{U_1^{\ 2}}{2g}\right) + (z_2 - z_1) = 0$$
$$\text{or} \qquad \text{(m)} \tag{4.10}$$
$$\frac{p_1}{\rho g} + \frac{U_1^{\ 2}}{2g} + z_1 = \frac{p_2}{\rho g} + \frac{U_2^{\ 2}}{2g} + z_2 = \text{const.}$$

と表され，各項の単位は m となり，水頭（head）バランスを表す式となる．このとき，第 1 項を圧力ヘッド（pressure head），左辺第 2 項を速度ヘッド（velocity head），第 3 項を位置ヘッド（potential head）と呼ぶ．また，それらの総和を総ヘッド（total head）と呼ぶ．

しかし，これらの式では流体は非粘性・非圧縮性であるために，摩擦による損失が考慮されていない点で実際の流れと異なる．損失が無視できない場合，機械的エネルギーとして取り出せない損失を *loss* と書き，損失を考慮したベルヌーイの式を次のように表す．

$$\frac{1}{\rho}(p_2 - p_1) + \left(\frac{U_2^2}{2} - \frac{U_1^2}{2}\right) + g(z_2 - z_1) = w_{shaft} - loss \tag{4.11}$$

これをヘッドの形で表せば，次式のようになる．

$$\left(\frac{p_2}{\rho g} - \frac{p_1}{\rho g}\right) + \left(\frac{U_2^2}{2g} - \frac{U_1^2}{2g}\right) + (z_2 - z_1) = \frac{w_{shaft}}{g} - h_{loss} \tag{4.12}$$

ここに，h_{loss} を損失ヘッドと呼ぶ．実用的には損失の原因となる部分の流れの代表速度 U を用いて，この損失ヘッドを次式のように書き表す．

$$h_{loss} = \varsigma \frac{U^2}{2g} \tag{4.13}$$

ここに，ς を損失係数と呼び，各種の損失に対して実験的に与えられている．

【Example 4・6】　Air flows steadily through the pipe with $d_1 = 10.0\text{cm}$ in diameter. The volume flow rate in the pipe is 0.0785 m³/s, and the gauge pressure is 2 atm. When the pipe is smoothly connected to the small pipe with $d_2 = 5.00\text{cm}$ in diameter, compute the velocity and pressure in the small pipe. Neglect any losses. The density of air is 1.23 kg/m³.

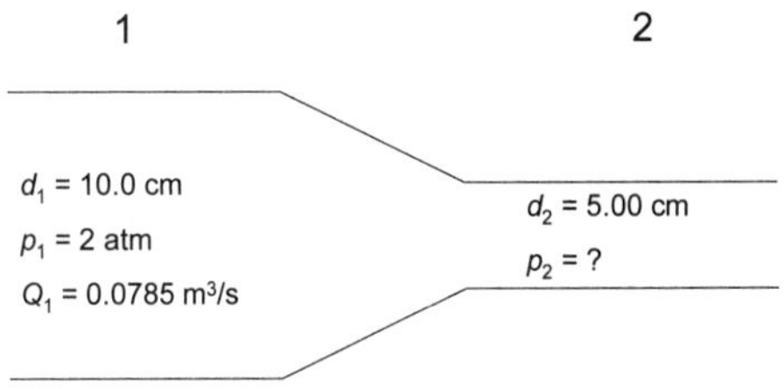

図 4.7　狭まり管流れ

【Solution】The velocity in the pipe 1 is obtained from the volume flow rate, Eq. (4.2),

$$U_1 = \frac{Q_1}{A_1} = \frac{Q_1}{\pi\left(\frac{d_1}{2}\right)^2} = \frac{0.0785}{\pi\left(\frac{0.1}{2}\right)^2} = 10.0 \text{ (m/s)}.$$

Since the flow rate in the small pipe 2 is the same as that in the pipe 1, the velocity in the pipe 2 is calculated from Eq. (4.3),

$$U_2 = \frac{A_1}{A_2}U_1 = \frac{\pi\left(\frac{d_1}{2}\right)^2}{\pi\left(\frac{d_2}{2}\right)^2}U_1 = \frac{\pi\left(\frac{0.1}{2}\right)^2}{\pi\left(\frac{0.05}{2}\right)^2} \times 10.0 = 40.0 \text{ (m/s)}$$

The Bernoulli's equation given by Eq.(4.9) applies with $z_1 = z_2$. The pressure in the pipe 2 is obtained as follows,

$$1.23 \times \left(\frac{40.0^2}{2} - \frac{10.0^2}{2}\right) + (p_2 - 2.0 \times 101.3 \times 10^3) = 0$$

$$\therefore \quad p_2 = 2.02 \times 10^5 \text{ (Pa)} \quad \text{or} \quad p_2 = 1.99 \text{ (atm)}.$$

【例題 4・7】　図 4.8 のように，水槽の底面に直径 5 cm の円形の穴があいている．穴の水深が 1 m で，流量係数が 0.6 であるとき，穴より流出する流量を求めよ．ただし，流量係数とは損失を無視したときの流量に対する実際の流量の比である．

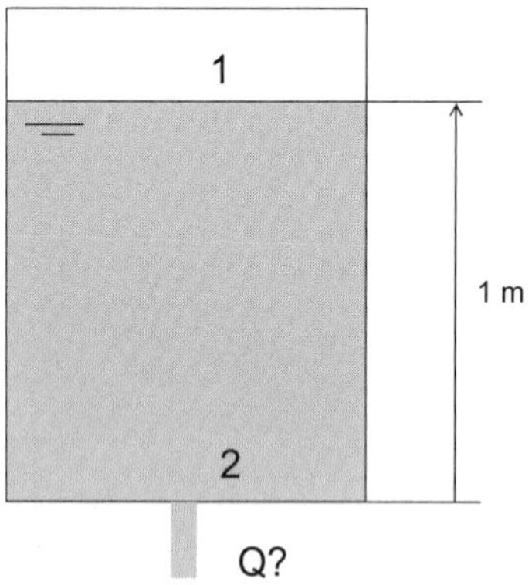

図 4.8　タンク底穴からの流出

【解答】水槽の水面での値を添字 1 で，穴での値を添字 2 とする．水面での圧力，および，穴での圧力はともに大気圧とみなすことができるので，

$$p_1 = p_2$$

である．

また，水面での流速は穴の流速に比べ十分に小さい（$U_1 \ll U_2$）ので，

$$U_1 = 0$$

とする．以上の関係を用いると，ベルヌーイの式(4.10)は，

$$0 + \left(\frac{U_2^{\ 2}}{2g} - 0\right) + \left(z_2 - z_1\right) = 0$$

となる．これを次のように変形し，値を代入すると穴での流速は，

$$U_2 = \sqrt{2g\left(z_1 - z_2\right)} = \sqrt{2 \times 9.81 \times \left(1.0 - 0\right)} = 4.4 \text{ (m/s)}$$

となる．よって流量係数が $C = 0.6$ の穴より流出する流量は次のようになる．

$$Q_2 = CU_2A_2 = 0.6 \times 4.4 \times \pi \times \left(\frac{0.05}{2}\right)^2 = 0.0052 \quad (\text{m}^3/\text{s})$$

【例題 4・8】図 4.9 に示すベンチュリー管に空気が流れている．断面 1 および 2 の直径がそれぞれ 100 mm，60 mm であり，差圧計の読み $p_1 - p_2$ が 0.003atm であるとき，管内を流れる流量を求めよ．ただし，断面 1 と 2 の間においていかなる損失もないものとせよ．また，空気の密度を 1.23 kg/m^3 とし，圧縮性は無視できるものとする．

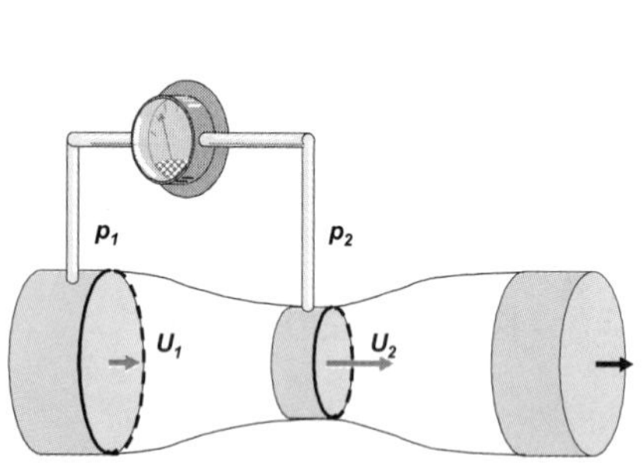

図 4.9　ベンチュリー管

【解答】　断面 1 の各値に添字 1 を，断面 2 の各値には添字 2 をつける．また，1(atm)=1.013×10^5(Pa)である．よって圧力計の読みは，

$$p_1 - p_2 = 0.003 \times 1.013 \times 10^5 = 3.039 \times 10^2 \text{ (Pa)}$$

になる．断面 1 と断面 2 による高さの差はないので，

$$z_1 = z_2$$

である．また，連続の式より，

$$U_1 = \frac{A_2}{A_1}U_2$$

である．以上の関係を，ベルヌーイの式(4.10)に代入すると，

$$\frac{1}{\rho_{air}g}\left(p_2 - p_1\right) + \left(\frac{U_2^{\ 2}}{2g} - \frac{U_1^{\ 2}}{2g}\right) + 0 = 0$$

$$\left(U_2^2 - U_1^2\right) = \frac{2}{\rho_{air}}\left(p_1 - p_2\right)$$

$$\left\{U_2^{\ 2} - \left(\frac{A_2}{A_1}\right)^2 U_2^{\ 2}\right\} = \frac{2}{\rho_{air}}\left(p_1 - p_2\right)$$

と変形できる．各値を代入して断面 2 での流速を求めると，

$$U_2 = \sqrt{\frac{2(p_1 - p_2)}{\rho\left\{1 - \left(\frac{A_2}{A_1}\right)^2\right\}}} = \sqrt{\frac{2 \times 3.039 \times 10^2}{1.23 \times \left\{1 - \left[\frac{\pi\left(\frac{0.06}{2}\right)^2}{\pi\left(\frac{0.10}{2}\right)^2}\right]^2\right\}}} = 23.8 \ \ \text{(m/s)}$$

となる．よって管内を流れる流量は次のようになる．

$$Q = A_2 U_2 = \pi \times \left(\frac{0.06}{2}\right)^2 \times 23.8 = 0.067 \ \ (\text{m}^3/\text{s})$$

【例題 4・9】図 4.10 に示されるように，動力 0.60 kW の軸流ファンが壁に取り付けられ室内の空気を室外に排出している．空気の排出口は直径 0.30 m の円形である．排出口から秒速 22 m で吹き出しているものとし，空気の密度を 1.23 kg/m^3 とする．このファンの効率を求めよ．

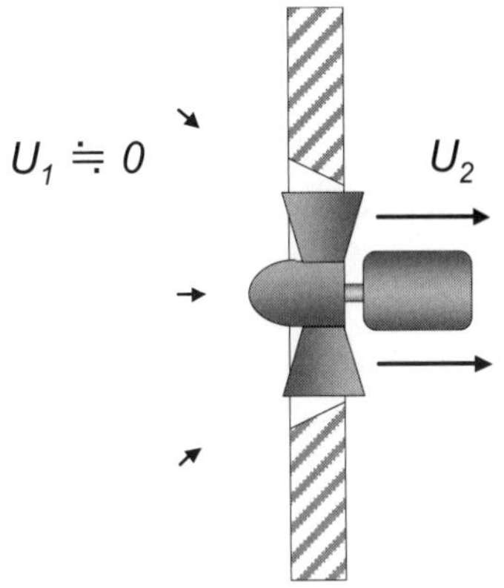

図 4.10　換気扇におけるファンまわりの流れ

【解答】 入り口における点に添字 1，出口の点に添字 2 を付けて区別する．広い空間から空気を取り入れてくるので，取り入れ口における流入する空気の速度は 0 とみなせる．ファンの上流と下流では，ほぼ大気圧とみなせる．したがって，式(4.11)から次のようになる．

$$w_{shaft} - \text{loss} = \frac{U_2^{\,2}}{2} = \frac{22^2}{2} = 242 \ \ \{\text{W/(kg/s)}\}$$

また，ファンを駆動するモーターの動力 L が 0.6 kW なので，

$$w_{shaft} = \frac{L}{\dot{m}} = \frac{L}{\rho A_2 U_2} = \frac{0.6 \times 10^3}{1.23 \times \pi\left(\frac{0.3}{2}\right)^2 \times 22} = 314 \ \ \{\text{W/(kg/s)}\}$$

したがって，ファンの効率 η は次のようになる．

$$\eta = \frac{w_{shaft} - loss}{w_{shaft}} = \frac{242}{314} = 0.77$$

===== 練習問題 ========================

【4・1】直径 0.020m のパイプの中を水が 0.020m/s で流れている．体積流量と質量流量を求めよ．水の密度を 998 kg/m^3 とする．

【4・2】直径 d=0.10m のパイプの先端から水が 0.080m^3/s 出ている．先端から水が吹き出すときの流速を求めよ．

【4・3】直径 0.10m のパイプの中を空気が 0.10m/s で流れている．これにつながっている直径 0.2m のパイプ内を流れる空気の流速を求めよ．

【4・4】入口断面積が 0.280 m^2，出口断面積が 0.140 m^2 の流体機械がある．入口および出口における空気の状態量が以下のように計測された．質量流量が一定であると仮定し，出口流速を求めよ．

状態：　入口断面；　$p_1 = 1.00\text{atm}$，　$T_1 = 223\text{K}$，　$U_1 = 10\text{m/s}$

　　　　出口断面；　$p_2 = 1.00\text{atm}$，　$T_2 = 773\text{K}$，　$U_2 = ?\,\text{m/s}$

【4・5】水平におかれたベンチュリー管に空気が流れている．太い管および細い管の直径がそれぞれ 100 mm，50 mm であり，管内を流れる流量が $0.050\text{m}^3/\text{s}$ であるとき，両管の間に接続された差圧計の読み $p_1 - p_2$ は何 Pa になるか求めよ．ただし，損失はないものとせよ．また，空気の密度を 1.2 kg/m^3 とせよ．

【4・6】直径 1.0m の円筒形タンクに，深さ 0.80m まで水が入っている．このタンクの底に開けた直径 0.040m の穴からこの水を排水するものとする．水位の変化割合とすべて排水されるまでに要する時間を求めよ．ただし，穴からの流量係数は 1.0 とする．

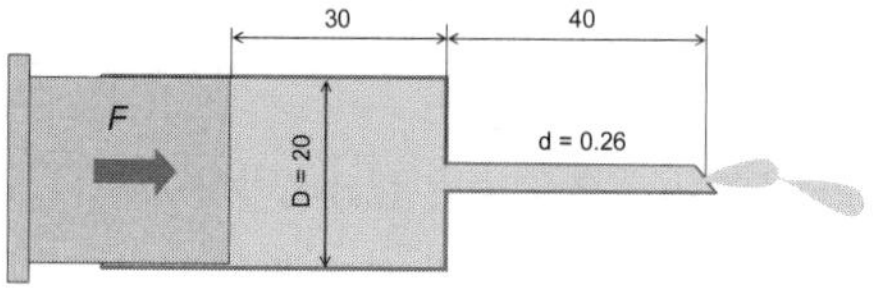

図 4.11 注射器を押す力

【4・7】図 4.11 に示すように，内径 $D = 20\text{mm}$ の注射器に 30mm 水を入れ，これに接続された内径 $d = 0.26\text{mm}$，長さ $L = 40\text{mm}$ の注射針から 1 分間で大気中に吹き出させるものとする．ピストンを一定速度で押すものとするとどれほどの力が必要か求めよ．なお，注射針における圧力損失 p_s は $p_s = f(L/d)\,(\rho U^2/2)$ で与えられ，摩擦係数 f は $f = 64/Re$ で与えられるものとする．水の密度および動粘度をそれぞれ 998　kg/m^3，1.0×10^{-6} m^2/s とせよ．

【4・8】水平におかれた内径 $d_1 = 5.00\text{cm}$ の管が内径 d_2 の管に滑らかに接続されている．内径 d_1 の管内を空気が 4.00m/s の速度で流れている．このとき内径 d_1 側と内径 d_2 側の圧力差は 200Pa であった．内径 d_2 を求めよ．ただし，摩擦による損失を無視する．なお，空気の密度を 1.23　kg/m^3 とする．

【4・9】空気中をボールが回転しないで時速 150 km でまっすぐ飛んでいる．ボール先端部分に作用する圧力は周囲に比べてどの程度上昇するか求めよ．なお，空気の密度を 1.23　kg/m^3 とする．

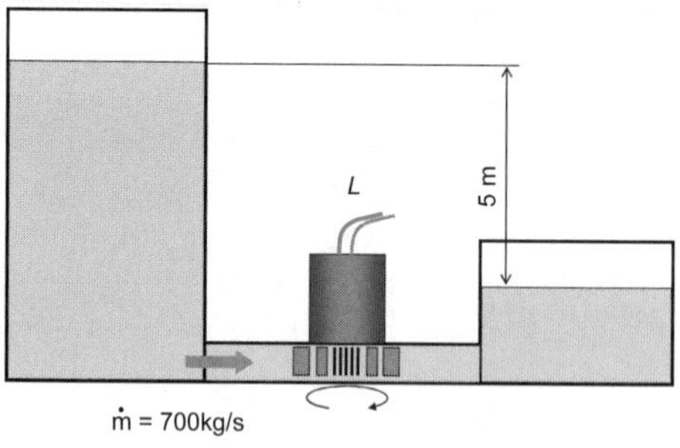

図 4.12 水車で動力を得る

【4・10】重量 290 ton，主翼の面積 485 m^2 のジャンボ旅客機を浮上させるのに必要な離陸速度は時速何 km になるか求めよ．なお，翼下面における速度は上流における速度と等しいものとし，翼上面の速度は上流速度の 1.5 倍に加速され，それぞれ一様な速度分布であると仮定せよ（実際の翼ではこのような分布にはならないが）．また，空気の密度を 1.23 kg/m^3 とせよ．

【4・11】図 4.12 に示すように水面差が 5.0m あるリザーバ（貯水槽）間にある水車に質量流量 700kg/s の水が流れている．これで取り出せる動力を損失がないものとして見積もれ．

【4・12】動力 0.30 kW の軸流ファンが壁に取り付けられ室内の空気を室外に排出している．空気の排出口は直径 0.30m の円形である．このファンの効率 60%とすると，排出口から吹き出す空気の流速を求めよ．空気の密度を 1.2 kg/m³ とせよ．

【4・13】動力 0.50kW のポンプで 0.0020m³/s の水を汲み上げている．このポンプの入り口の直径は 80.0mm，ポンプ出口の直径は 50.0mm である．ポンプ入り口と出口の高低差が 1.0m あるとき，それらの間の圧力差を求めよ．ただし，管内とポンプにおける損失は無視できるものとし，水の密度を 998 kg/m³ とする．

【4・14】流れが断熱で位置エネルギーの変化を無視できるタービンにおいて，蒸気単位質量あたり 50kJ/kg の仕事を取り出している．タービン入口においてエンタルピー100kJ/kg の蒸気が流速 20 m/s で流入し，出口からエンタルピー40kJ/kg の気液混合流れとして流出するとき，出口における流速を求めよ．

【4・15】Water flowing in a horizontal straight pipe with 0.100m in diameter discharges at the rate of 2.00×10^{-3} m³/s. Find the flow velocity in this pipe.

【4・16】Water is ejected from a nozzle. The velocity and gauge pressure in a hose connected to the nozzle are 0.10m/s and 5.0×10^{5} Pa, respectively. Find the ejected velocity at the exit of the nozzle, assuming that all losses are neglected. The density of water is 998 kg/m³.

【4・17】At a certain point in a pipeline the water's speed is 2.00 m/s, and the gauge pressure is 5.00×10^{4} Pa. Find the gauge pressure at a second point in the line, 8.00m lower than the first, assuming that the cross-section area at the second point is twice of that at the first.

【4・18】A circular hole with cross-section area 3.00 cm² is cut at the bottom of a large container having an inflow of 1.50×10^{-3} m³/s. Determine the height of the water in the container when the flow rate of inflow balances with that of outflow as shown in Fig.4.13.

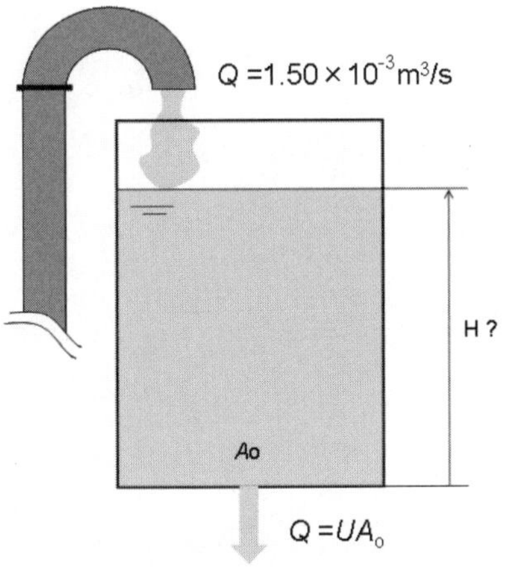

Fig.4.13 The flow rate of inflow balances with that of outflow

【4・19】Air flows steadily through a turbine which produces 500kW. The diameter of an inlet and exit pipes connected to the turbine is 0.200m. The gauge pressure, temperature and velocity at the inlet of the turbine are 6.00×10^{5} Pa, 200℃ and 30.0 m/s, respectively. Find (1) the temperature at the exit of the turbine, and (2) the heat transfer rate per mass flow rate, if the gauge pressure and velocity at the exit are 2.00×10^{5} Pa and 55.8m/s, respectively. The specific heat at constant pressure, c_p, is 1000 J/(kgK), and the gas constant $R = 287$ J/(kgK).

【4・20】A pump delivers water at 2.0×10^{-2} m^3/s from the lower tank to the upper tank which are connected by a pipe with 0.10m in diameter. The difference of water surface between the two tanks is 20.0m. If the pump has 80 percent efficiency and the loss coefficient of the pipe is 10, what power is needed to drive it.

第 5 章

運動量の法則

Momentum Principle

5・1　質量保存則 (conservation of mass)

任意の検査体積(control volume) CV に対する質量保存則は以下の通りである(図 5.1)．時刻 t でこの検査体積(破線)内にあった流体が，時刻 $t+\Delta t$ で二点鎖線に囲まれた領域 FV へ流れたとき，検査体積 CV 内の流体の質量 $m_{CV}(t)$ には次式が成り立つ．

$$\frac{\partial m_{CV}}{\partial t} = \dot{m}_{\text{in}} - \dot{m}_{\text{out}} \quad \text{（非定常，圧縮性／非圧縮性）} \quad (5.1)$$

「検査体積 CV 内に含まれる流体の質量の時間変化率が，検査体積の境界を通って単位時間あたりに流入する流体の質量 $\dot{m}_{\text{in}}$ と流出する流体の質量 $\dot{m}_{\text{out}}$ との差に等しい」ことを示している．これが質量保存則(law of conservation of mass)である．

定常流れでは時間的変化がなく，流入および流出する質量流量(mass flow rate) $\dot{m}$ が等しくなる．

$$\dot{m}_{\text{in}} = \dot{m}_{\text{out}} \quad \text{（定常，圧縮性／非圧縮性）} \quad (5.2)$$

また，非圧縮性流体では密度 ρ が変化せず，質量保存則は体積流量(volume flow rate) $Q = \dot{m}/\rho$ を用いて次のとおり表され，連続の式(continuity equation)と呼ばれる．

$$Q_{\text{in}} = Q_{\text{out}} \quad \text{（定常／非定常，非圧縮性）} \quad (5.3)$$

密度 ρ と速度ベクトル $\boldsymbol{v}$ を用いて，質量保存則の式(5.1)を書き直すと次式となる(図 5.2)．

$$\frac{\partial}{\partial t}\int_{CV} \rho dV = -\int_{CS} \rho \boldsymbol{v} \cdot \boldsymbol{n} dA \quad \text{（非定常，圧縮性／非圧縮性）} \quad (5.4)$$

ここで，$\boldsymbol{n}$ は微小面積要素 dA の外向き単位法線ベクトルである．

以上の質量保存則をまとめて，図 5.2 に示す．

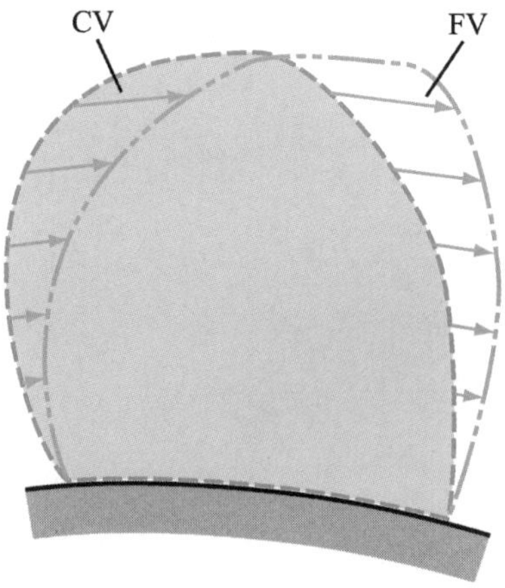

図 5.1　検査体積 CV と流体の塊 FV

$$\frac{\partial m_{CV}}{\partial t} = \dot{m}_{in} - \dot{m}_{out} = -\int_{CS} \rho \boldsymbol{v} \cdot \boldsymbol{n} dA$$

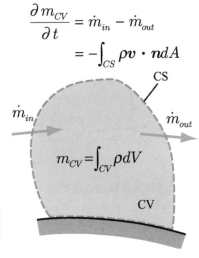

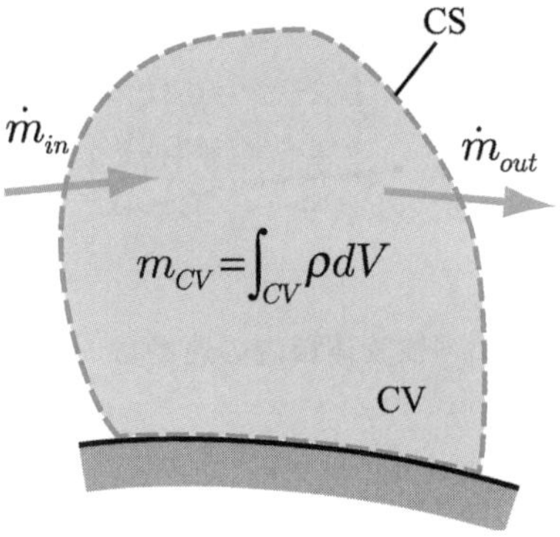

図 5.2　質量保存則

【例題 5・1】　あるタンクにオイルが流出入している．入口部では内径 500mm のパイプ 1 本から平均流速 0.80m/s で流入している．出口部では内径 50mm のパイプ 10 本からそれぞれ均一な流量で流出している．出口側のパイプ内の平均流速を求めよ．

【解答】入口側の内径を d_1，平均流速を v_1，出口側を d_2，v_2 とおき，連続の式(5. 3)は，

$$\frac{\pi d_1^2}{4} v_1 = \frac{\pi d_2^2}{4} v_2 \times 10 \quad \text{よって，} \quad v_2 = \left(\frac{d_1}{d_2}\right)^2 \frac{v_1}{10} = \left(\frac{0.5}{0.05}\right)^2 \frac{0.8}{10} = 8.0\,(\text{m/s})$$

【例題５・２】　あるコンプレッサがまわりの空気を吸い込んで，出口管から圧縮空気を送り出している．入口では空気は大気圧とし，毎分 300ℓ で吸い込まれ，空気密度は 1.20 kg/m^3 である．出口管側では，密度は 5.00 kg/m^3 であり，管内径は 50.0mm である．流れは定常とし，出口管内の空気の平均流速を求めよ．

【解答】入口側の流量を内径を Q_1，密度を ρ_1，出口側の平均流速を d_2，内径を d_2，密度を ρ_2 とおく．質量保存則の式(5.2)は，

$$\rho_1 Q_1 = \rho_2 \frac{\pi d_2^{\,2}}{4} \boldsymbol{v}_2 \quad \text{より，}$$

$$\boldsymbol{v}_2 = \frac{4\rho_1 Q_1}{\rho_2 \pi d_2^{\,2}} = \frac{4\times1.2\times\left(300\times10^{-3}/60\right)}{5\times3.14\times0.05^2} = 0.611(\text{m/s})$$

５・２　運動量方程式 (momentum equation)

質量 m の物体が外力 $\boldsymbol{F}$ を受けて速度 $\boldsymbol{v}$ で動く場合，運動量方程式(momentum equation)は次のように表される．

$$\frac{d}{dt}(m\boldsymbol{v}) = \boldsymbol{F} \qquad (5.5)$$

すなわち，「運動量(momentum) $m\boldsymbol{v}$ の単位時間あたりの変化は物体に作用する外力(external force) $\boldsymbol{F}$ に等しい」ことがわかり，流体もこれに従う．

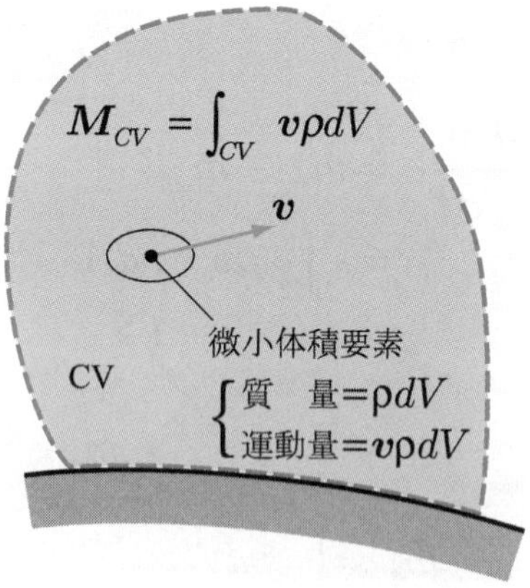

図 5.3　検査体積内の運動量

図 5.3 の破線で囲まれた任意の検査体積 CV 内の流体がもっている運動量を $\boldsymbol{M}_{CV}(t)$，検査体積の境界を通って単位時間あたりに流出および流入する運動量をそれぞれ $\dot{\boldsymbol{M}}_{out}$ および $\dot{\boldsymbol{M}}_{in}$ と表す．運動量の時間変化率は検査体積 CV 内の流体が受けるすべての外力の和 $\boldsymbol{F}$ に等しく，次式が成り立つ．

$$\frac{\partial \boldsymbol{M}_{CV}}{\partial t} + \dot{\boldsymbol{M}}_{\text{out}} - \dot{\boldsymbol{M}}_{\text{in}} = \boldsymbol{F} \qquad \text{(非定常)} \qquad (5.6)$$

この運動量方程式(momentum equation)は，工学上極めて有用である．なお，運動量 $\boldsymbol{M}$ および力 $\boldsymbol{F}$ はベクトル量であるから，それぞれ大きさだけでなく，向きを考えなければならない．

流れが定常である場合，運動量方程式は次式で表される．

$$\dot{\boldsymbol{M}}_{\text{out}} - \dot{\boldsymbol{M}}_{\text{in}} = \boldsymbol{F} \qquad \text{(定常)} \qquad (5.7)$$

上式から，「定常流れでは，検査体積の境界面を通って単位時間あたりに流出する運動量 $\dot{\boldsymbol{M}}_{\text{out}}$ と流入する運動量 $\dot{\boldsymbol{M}}_{\text{in}}$ との差は，検査体積に作用する外力 $\boldsymbol{F}$ と等しい」ことがわかる．

式(5.6)および式(5.7)の右辺 $\boldsymbol{F}$ は，検査体積に作用する外力（外部から受ける力）であり，検査体積 CV の内部に作用する体積力(body force) $\boldsymbol{F}_B$，ならびに検査体積の境界面 CS に作用する表面力(surface force) $\boldsymbol{F}_S$ からなる．

体積力 $\boldsymbol{F}_B$ としては重力や電磁力などがあり，単位質量あたりの体積力を $\boldsymbol{f}_B$ とする．表面力 $\boldsymbol{F}_S$ は，検査体積の境界面上の微小面積要素 dA に垂直に作用する法線応力(normal stress) $\boldsymbol{\sigma}$ および平行に作用するせん断応力(shear stress) $\boldsymbol{\tau}$ から成る．さらに，密度 ρ と速度ベクトル $\boldsymbol{v}$ を用いて，運動量方程式(5.6)を書き直すと次式となる．

$$\frac{\partial}{\partial t}\int_{CV}\boldsymbol{v}\rho dV+\int_{CS}\boldsymbol{v}\rho(\boldsymbol{v}\cdot\boldsymbol{n})dA=\int_{CV}\boldsymbol{f}_B\rho dV+\int_{CS}(\boldsymbol{\sigma}+\boldsymbol{\tau})dA$$

$$（非定常）\qquad(5.8)$$

$$\frac{\partial M_{CV}}{\partial t}+\dot{M}_{out}-\dot{M}_{in}=\boldsymbol{F}_B+\boldsymbol{F}_S$$

$$M_{CV}=\int_{CV}v\rho dV$$

$$\dot{M}_{out}-\dot{M}_{in}=\int_{CS}v\rho\boldsymbol{v}\cdot\boldsymbol{n}dA$$

$$\boldsymbol{F}_B=\int_{CV}\boldsymbol{f}_B\rho dV$$

$$\boldsymbol{F}_S=\int_{CS}(\boldsymbol{\sigma}+\boldsymbol{\tau})dA$$

右辺第 2 項の表面力 $\boldsymbol{F}_S$ を求める際には，検査体積の境界全体にわたって面積分を実行する必要がある．たとえば，図 5.4 中の物体 A のように，物体内部が検査体積 CV に含まれることなく，その周囲を検査体積で囲まれている場合には，その物体表面は境界面として取り扱う．しかし，物体 B のように，物体の一部のみが検査体積に含まれ，その物体が検査体積の境界面 CS で切断されている場合には，物体表面は検査体積の境界面を構成しないが，検査体積の境界による物体の切断面（図 5.4 中の SB）は検査体積の境界面 CS の一部として取り扱う．この切断面 SB にわたる表面力の積分値は，物体 B を支持する力に等しい．

図 5.4　運動量法則

運動量方程式を適用する際には，流れ場ができる限り定常となること，検査体積を流出および流入する運動量の評価が容易であること，検査体積の境界面に作用する表面力の評価が容易であることに留意して，検査体積を設定することが重要である．

【例題 5・3】　水をノズルから噴出させ，壁に垂直に当てている．その後，この噴流は壁に沿って放射状に拡がって流れている（図 5.5）．噴流の流量を0.012m³/s，流速を 7.0m/s として，壁に働く力を求めよ．

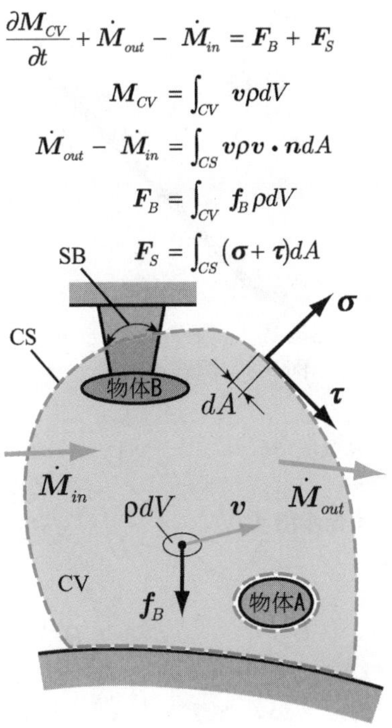

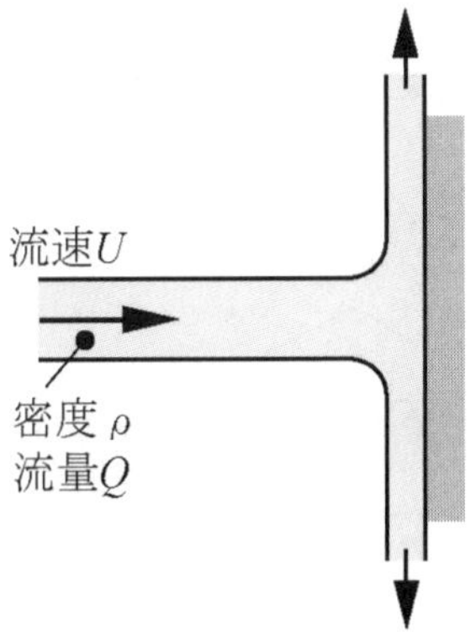

【解答】　噴流の流入側と流出側を含むように検査体積をとり，噴流の方向に x 軸をとる．壁には圧力によって力が働くので，その力の方向は壁に垂直になる．壁から水に働く力を F とおき，x 方向の運動量方程式 (5.7) は，

$$\rho Qv_{out}-\rho Qv_{in}=F$$

ここで，v_{in} は噴流の流速 U ，v_{out} は流出側の x 方向速度なので 0 であり，

$$F=-\rho QU=-1000\times0.012\times7=-84(\mathrm{N})$$

水から壁に働く力は，この反作用であるから噴流の方向に 84N の力となる．

流速 U

密度 ρ
流量 Q

図 5.5　壁に当る噴流

【例題 5・4】　水を流速 U で曲面に当て，角度 θ だけ向きを変えて流出させている（図 5.6）．重力と粘性の影響を無視して，曲面に働く力を求めよ．ただし，噴流の流速は 15.0m/s，流量は 2.0×10^{-2} m³/s，θ は 30° である．

【解答】図 5.7 のように検査体積と座標を設定する．曲面から水に働く力を $\boldsymbol{F}=\left(F_x,F_y\right)$ とおいて，x 方向，y 方向の運動量方程式をそれぞれたてる．

$$\rho QU\cos\theta-\rho QU=F_x$$

$$\rho QU\sin\theta-\rho Q\times0=F_y$$

曲面に働く力を $\boldsymbol{F'}=\left(F_x{}',F_y{}'\right)$ とおくと，作用反作用の関係から $\boldsymbol{F'}=-\boldsymbol{F}$ であり，

$$F_x{}'=-F_x=\rho QU\left(1-\cos\theta\right)$$

$$=1000\times2\times10^{-2}\times15\times\left(1-\frac{\sqrt{3}}{2}\right)=40.2(\mathrm{N})$$

図 5.6　曲面に当たる噴流

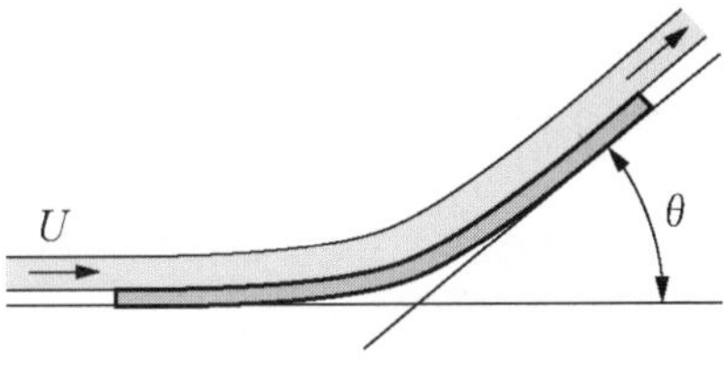

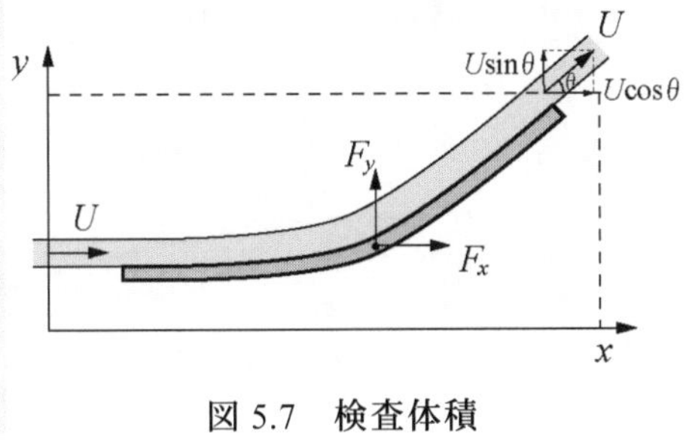

図 5.7　検査体積

$$F_y' = -F_y = -\rho Q U \sin\theta$$

$$= -1000\times 2\times 10^{-2}\times 15\times\frac{1}{2} = -150.0\,(\mathrm{N})$$

さらに，曲面に働く力の大きさと向きを求めると，

大きさ　$|\boldsymbol{F'}| = \sqrt{F_x'^2 + F_y'^2} = \sqrt{40.2^2 + 150^2} = 155\,(\mathrm{N})$

向き　$\tan^{-1}\dfrac{F_y'}{F_x'} = \tan^{-1}\left(\dfrac{-150}{40.2}\right) = -75^\circ$　（ななめ右下に 75°の向き）

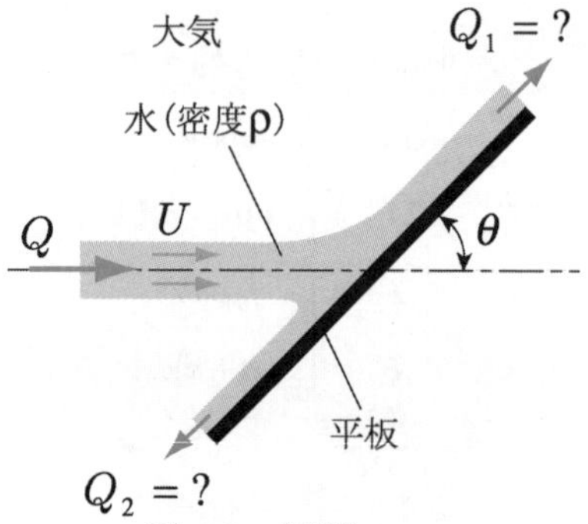

図 5.8　例題 5・5

【例題 5・5】　図 5.8 のように，水が噴流となって平板に当って，2 方向にわかれている．流出側の流量の比が $Q_1 : Q_2 = 3:1$ となるように角度 θ を決定せよ．ただし，重力と粘性の影響を無視する．

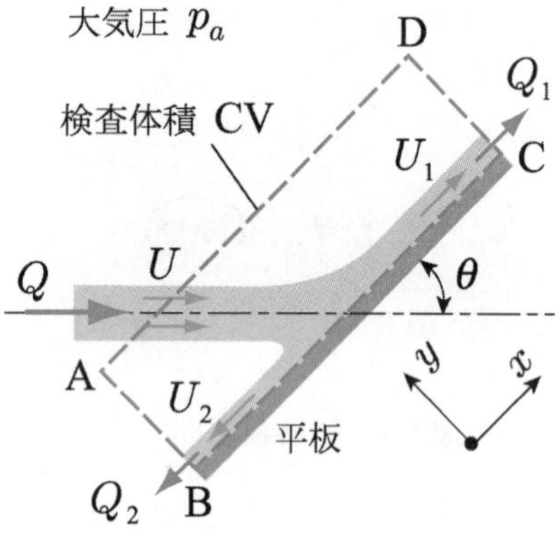

図 5.9　検査体積（例題 5.5）

【解答】図 5.9 のように，検査体積と座標を設定する．粘性の影響を無視するので平板と流体との間で作用する力は圧力によるものだけとなり，図の x 方向の力は 0 となる．x 方向の運動量方程式(5.7)は，

$$\rho Q_1 U - \rho Q_2 U - \rho Q U\cos\theta = 0$$

流量比が $Q_1 : Q_2 = 3:1$ なので，$Q_1 = (3/4)Q$，$Q_2 = (1/4)Q$ となり，これらを運動量方程式に代入し，

$$3 - 1 - 4\cos\theta = 0 \quad よって，\theta = \cos^{-1}\left(\frac{1}{2}\right) = 60^\circ$$

5・3　角運動量方程式 (moment-of-momentum equation)

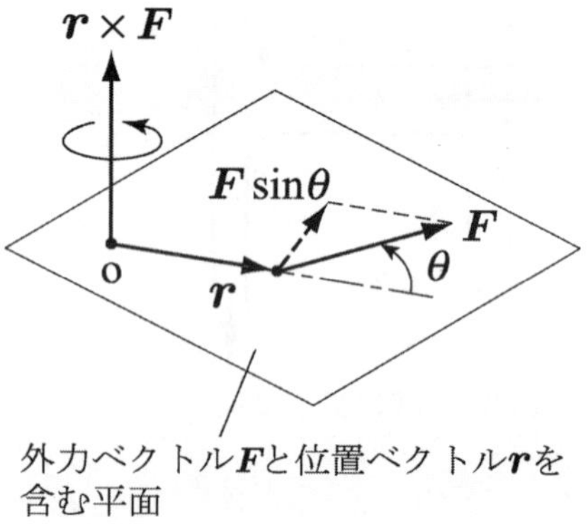

図 5.10　外力のモーメント

質量 m の物体が外力 $\boldsymbol{F}$ を受けて速度 $\boldsymbol{v}$ で動く場合，運動量方程式は式(5.5)であった．原点から測った位置ベクトルを $\boldsymbol{r}$ として，この式の両辺に左から $\boldsymbol{r}$ を外積（ベクトル積）としてかけて整理すると，次式の角運動量方程式(moment-of-momentum equation)が導かれる．

$$\frac{d}{dt}(\boldsymbol{r}\times m\boldsymbol{v}) = \boldsymbol{r}\times\boldsymbol{F} \tag{5.9}$$

ここで，右辺 $\boldsymbol{r}\times\boldsymbol{F}$ は原点 O に関する外力 $\boldsymbol{F}$ による力のモーメント(moment)である．$\boldsymbol{r}\times\boldsymbol{F}$ はベクトル量であり，その大きさは，

$$|\boldsymbol{r}\times\boldsymbol{F}| = |\boldsymbol{r}|\cdot|\boldsymbol{F}|\sin\theta$$

であり，方向がベクトル $\boldsymbol{r}$ および $\boldsymbol{F}$ を含む平面に垂直であり，向きが θ の正方向に右ねじを回したときにねじの進む向きである(図 5.10)

同様にして，左辺中にある外積 $\boldsymbol{r}\times m\boldsymbol{v}$ は，運動量 $m\boldsymbol{v}$ の原点に関するモーメントであり，角運動量(moment of momentum または angular momentum)と呼ばれる．したがって，式(5.9)は，「角運動量の単位時間あたりの変化は物体に作用する力のモーメントに等しい」ことを示している．

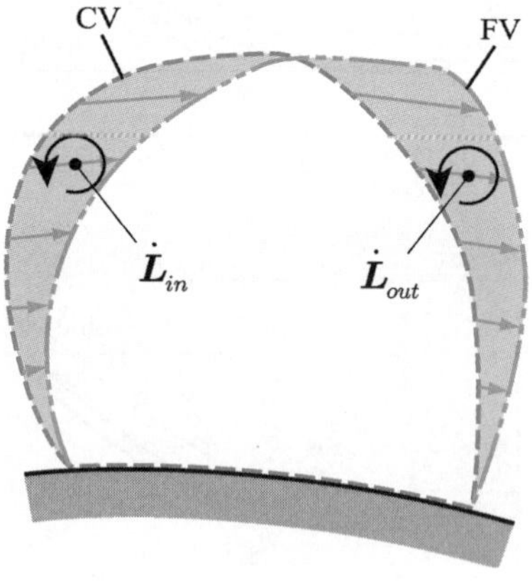

図 5.11　検査体積と角運動量の流入および流出

図 5.11 のような空間に固定された検査体積 CV 内の流体に着目して，その流体のもつ全角運動量を $\boldsymbol{L}\,(=\boldsymbol{r}\times m\boldsymbol{v})$，流体の塊が外部から受けるすべての

力のモーメントを $\boldsymbol{T}\ (=\boldsymbol{r}\times\boldsymbol{F})$ とすると，式(5.9)により角運動量方程式は，

$$\frac{\partial \boldsymbol{L}_{CV}}{\partial t}+\dot{\boldsymbol{L}}_{\mathrm{out}}-\dot{\boldsymbol{L}}_{\mathrm{in}}=\boldsymbol{T} \qquad \text{(非定常)} \qquad (5.10)$$

ここに，$\boldsymbol{L}_{CV}$ は検査体積内の全角運動量を，$\dot{\boldsymbol{L}}_{\mathrm{out}}$ および $\dot{\boldsymbol{L}}_{\mathrm{in}}$ は検査体積の境界面から単位時間あたりにそれぞれ流出および流入する流体のもつ角運動量を表す．また，$\boldsymbol{L}_{CV}$，$\dot{\boldsymbol{L}}_{\mathrm{out}}$，$\dot{\boldsymbol{L}}_{\mathrm{in}}$ および $\boldsymbol{T}$ は，すべてベクトル量である．

現象が定常である場合，上式の左辺第１項は **0** となるから，角運動量方程式は次式で表される．

$$\dot{\boldsymbol{L}}_{\mathrm{out}}-\dot{\boldsymbol{L}}_{\mathrm{in}}=\boldsymbol{T} \qquad \text{(定常)} \qquad (5.11)$$

すなわち，「定常流れでは，検査体積の境界面を通って単位時間あたりに流出する角運動量 $\dot{\boldsymbol{L}}_{\mathrm{out}}$ と流入する角運動量 $\dot{\boldsymbol{L}}_{\mathrm{in}}$ との差は，検査体積に外部から作用する力のモーメントに等しい」ことがわかる．

式(5.11)において，外力によるモーメント（トルク）$\boldsymbol{T}$ は，検査体積 CV の内部に作用する体積力 $\boldsymbol{F}_B$ によるモーメント $\boldsymbol{T}_B$，および検査体積の境界面 CS に作用する表面力 $\boldsymbol{F}_S$ によるモーメント $\boldsymbol{T}_S$ からなる．単位質量あたりの体積力を $\boldsymbol{f}_B$，境界面上に作用する法線応力を $\boldsymbol{\sigma}$，せん断応力を $\boldsymbol{\tau}$ とすると，角運動量方程式(5.10)は次のように記述される．

$$\frac{\partial}{\partial t}\int_{CV}\boldsymbol{r}\times\boldsymbol{v}\rho dV+\int_{CS}(\boldsymbol{r}\times\boldsymbol{v})\rho(\boldsymbol{v}\cdot\boldsymbol{n})dA=\int_{CV}\boldsymbol{r}\times\boldsymbol{f}_B\rho dV+\int_{CS}\boldsymbol{r}\times(\boldsymbol{\sigma}+\boldsymbol{\tau})dA$$

$$\text{(非定常)} \qquad (5.12)$$

以上の角運動量法則を図 5.12 にまとめて示す．この角運動量法則は，前節で述べた運動量方程式と同様に，工学上きわめて有用な法則である．特に，旋回を伴う流れやターボ機械（ポンプや水車などのようにある軸まわりに回転する流体機械）内の流れに対して，適用されることが多い．

$$\frac{\partial \boldsymbol{L}_{CV}}{\partial t}+\dot{\boldsymbol{L}}_{out}-\dot{\boldsymbol{L}}_{in}=\boldsymbol{T}_B+\boldsymbol{T}_S$$

$$\boldsymbol{L}_{CV}=\int_{CV}\boldsymbol{r}\times\boldsymbol{v}\,\rho dV$$

$$\dot{\boldsymbol{L}}_{out}-\dot{\boldsymbol{L}}_{in}=\int_{CS}(\boldsymbol{r}\times\boldsymbol{v})\rho\boldsymbol{v}\cdot\boldsymbol{n}dA$$

$$\boldsymbol{T}_B=\int_{CV}\boldsymbol{r}\times\boldsymbol{f}_B\rho dV$$

$$\boldsymbol{T}_S=\int_{CS}\boldsymbol{r}\times(\boldsymbol{\sigma}+\boldsymbol{\tau})dA$$

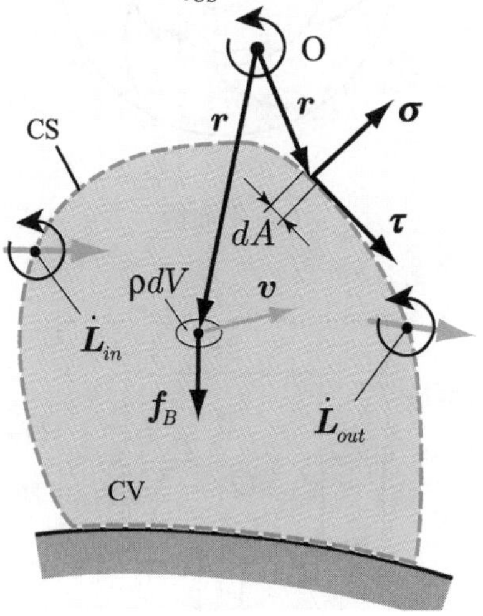

図 5.12　角運動量法則

【例題 5・6】　図 5.13 に示すように，遠心ポンプの羽根車で水を送水している．流量は $Q=0.30\,\mathrm{m^3/min}$，羽根車の内半径は $r_1=50\,\mathrm{mm}$，外半径は $r_2=80\,\mathrm{mm}$，回転数は $n=2880\,\mathrm{rpm}$，入口での絶対流速（静止座標から見た流速）は $v_1=10.0\,\mathrm{m/s}$，角度は $\alpha_1=54^\circ$，出口では $v_2=18.0\,\mathrm{m/s}$，$\alpha_2=20^\circ$，水の密度は $\rho=1000\,\mathrm{kg/m^3}$ である．このとき，羽根車に加えるべきトルク（モーメント）T と水に与えられる動力(仕事率) P を求めよ．

【解答】 図 5.14 に示す破線のように検査体積をとり，角運動量方程式(5.11)をたてる．中心まわりの単位時間あたりの角運動量は，密度 ρ，流量 Q，周速 $v\cos\alpha$，およびうでの長さ r の積で表されるので，

$$T=\rho Q\left(r_2v_2\cos\alpha_2-r_1v_1\cos\alpha_1\right)$$
$$=1000\times(0.3/60)\left\{(0.08\times18\cos20^\circ)-(0.05\times10\cos54^\circ)\right\}$$
$$=5.30\,(\mathrm{N\,m})$$

動力 P はこのトルク T に角速度 $\omega=2\pi n/60=301\,(\mathrm{rad/s})$ をかければよく，

$$P=T\omega=5.30\times301=1595\,(\mathrm{W})=1.60\,(\mathrm{kW})$$

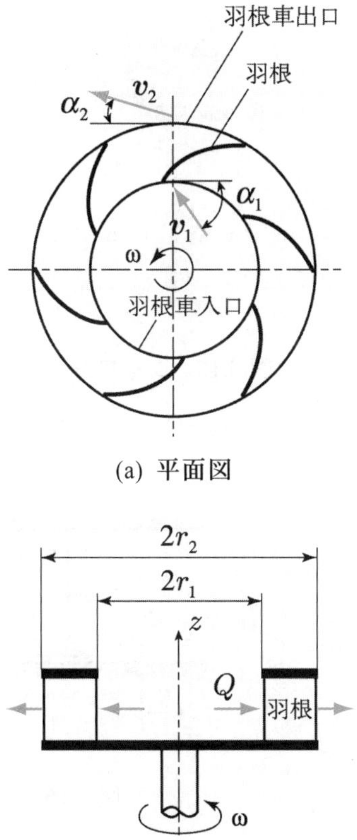

(a) 平面図

(b) 子午断面図

図 5.13　例題 5.6

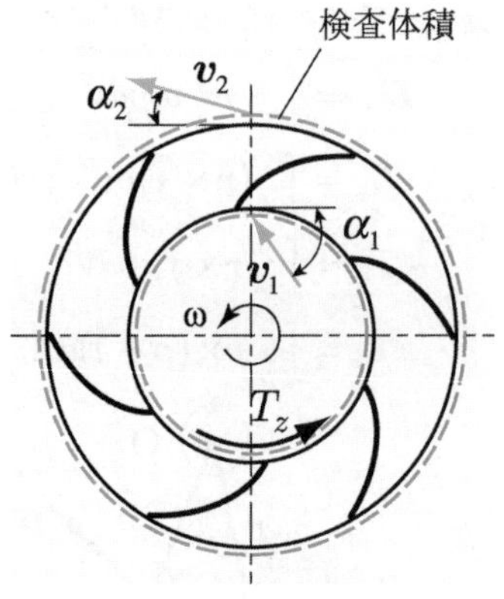

(a) 平面図

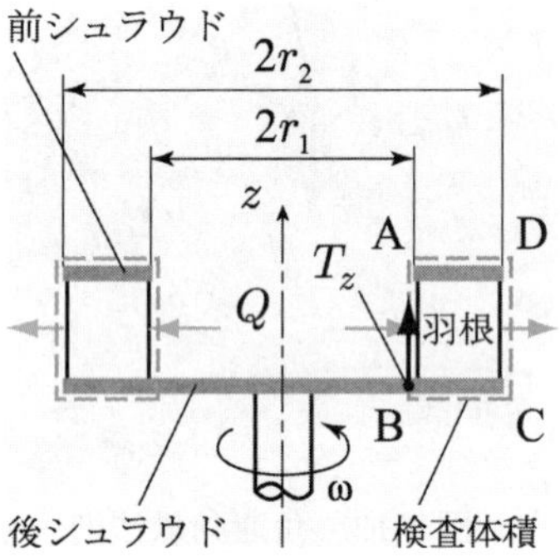

(b) 子午断面図

図 5.14　例題解答 5.6

===== 練習問題 =====================

【5・1】　図 5.15 のようなシャワーヘッドに温水を流す．出口の穴の径は 0.70mm であり，120 個の穴がある．上流側のホースの内径は 15.0mm である．シャワーから出る水の速さを 2.00m/s にするためには，ホース内の水の平均流速をいくらにすればよいか．

【5・2】　ある実験用ジェットエンジンを運転している．エンジン入口において，その面積は 10.0 ft^2，流速は 300 ft/s，空気の比重量は 0.072 $\mathrm{lbf/ft}^3$ である．出口において，その面積は 6.0 ft^2，燃焼ガスの比重量は 0.045 $\mathrm{lbf/ft}^3$ である．供給される燃料の質量流量は流入空気の 2％である．出口側の燃焼ガスの流速を求めよ（流速は一様とする）．

【5・3】　図 5.16 のように，水槽から円管（内半径 r_0）を使って液体を送っている．水槽から円管に入った直後は流速 U の一様流であった（図中①）が，ある程度下流に進んだところでは粘性の影響を受けて，管壁上で流速 0，管中心軸上で最大流速 u_{max} の回転放物面形の速度分布になった（図中②）．このとき，u_{max}/U の値を求めよ．

【5・4】　A water jet from a nozzle strikes a vertical wall(Fig.5.17). The water leaves the nozzle at 20.0m/s, and the nozzle diameter is 60.0mm. Assume that the water is directed normal to the wall. Calculate the horizontal force on the wall.

【5・5】　水をノズルから噴出させ，壁に当てている．この噴流は壁とのなす角 60° で壁に当たり，その後，壁に沿って放射状に拡がって流れている．噴流の流速を 13.0m/s，ノズル出口の直径を 80mm として，壁に働く力を求めよ．

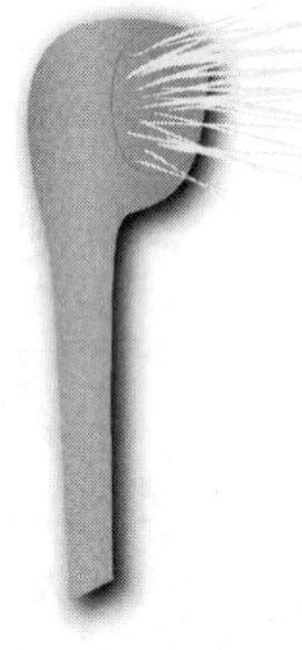

図 5.15　シャワー

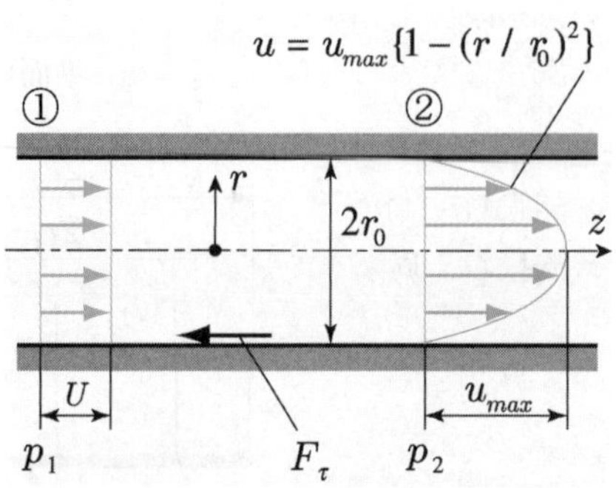

図 5.16　円管内の流れ

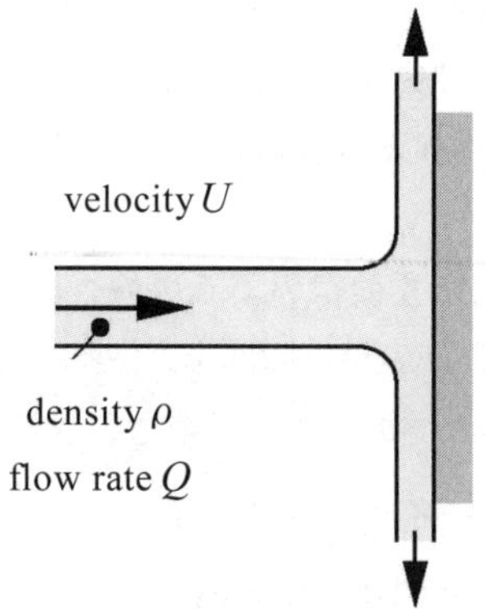

図 5.17　water jet

【5・6】　A water jet from a nozzle flows on to a curved wall which turns it through an angle θ (Fig.5.18). The velocity of the jet is 10.0m/s, the flow rate is 0.012 m^3/s and $\theta = 20^\circ$. Neglecting gravity effects and friction, calculate the horizontal force F_x and the vertical force F_y on the wall.

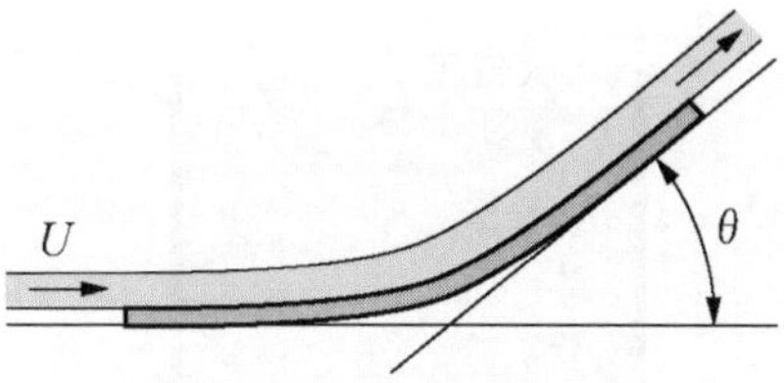

図 5.18　jet along a curved wall

【5・7】In the problem【5・6】, the velocity of initial jet is 10.0m/s, and the velocity of water leaving the wall is 8.5m/s by the friction effect. Calculate the horizontal force F_x and the vertical force F_y on the wall.

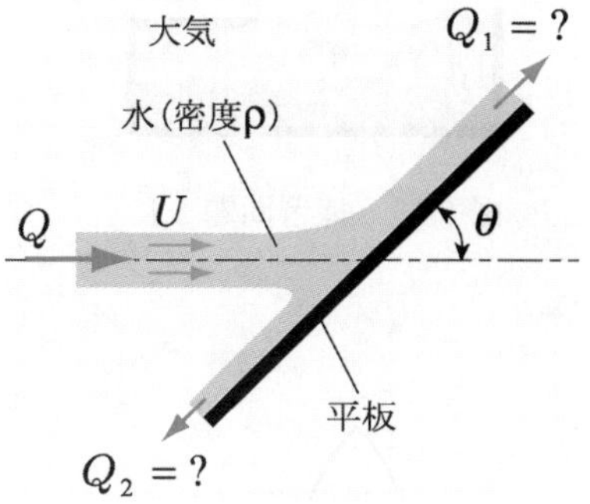

図 5.19　練習問題 5・8

【5・8】　図 5.19 のように，水が噴流となって平板に当って，2 方向に分かれている．噴流の速さは 7.0m/s，流量は $4.0\times10^{-3}m^3/s$，$\theta=45^\circ$ である．重力と粘性の影響を無視して，平板に働く力を求めよ．

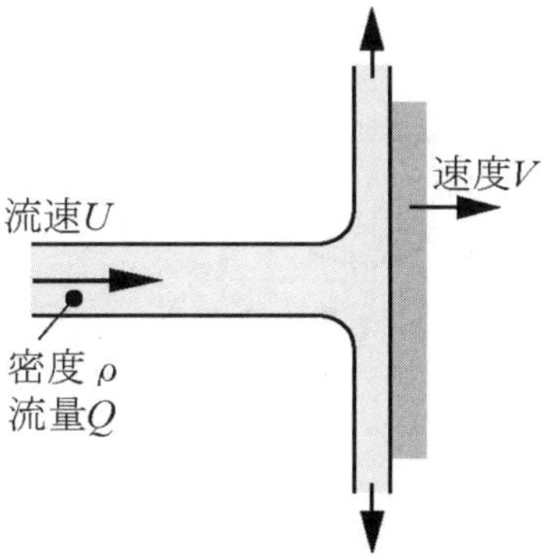

図 5.20　運動平板

【5・9】 図 5.20 のように，密度 ρ の流体が流速 U，流量 Q で噴流となって，速度 V で運動する平板に当っている．平板から見た相対座標系では，流体は平板に沿って流出する．重力と粘性の影響を無視する．

(1) 平板に作用する力の大きさを求めよ．

(2) 平板の速度 V を調節して，平板が流体からなされる仕事を最大にするためには，V/U をいくらにすればよいか．

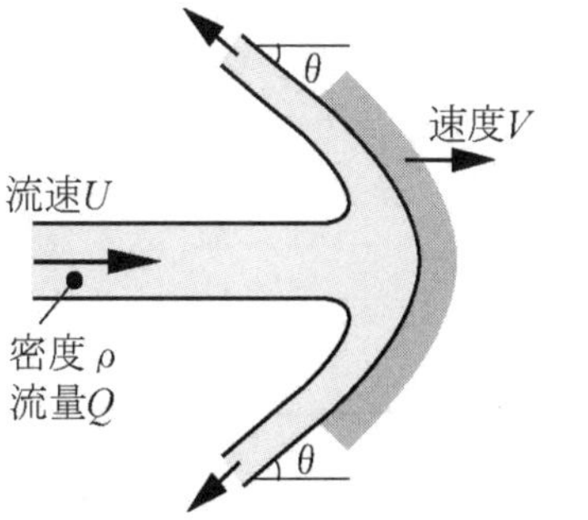

図 5.21　噴流

【5・10】　図 5.21 のように，密度 ρ の流体が流速 U，流量 Q で噴流となって，　速度 V で運動する曲面に当っている．流出側では流体の相対速度は曲面に沿っている．重力と粘性の影響を無視する．

(1) 曲面に作用する力の大きさを求めよ．

(2) 曲面の速度 V を調節して，曲面が流体からなされる仕事が最大にするためには，V/U をいくらにすればよいか．

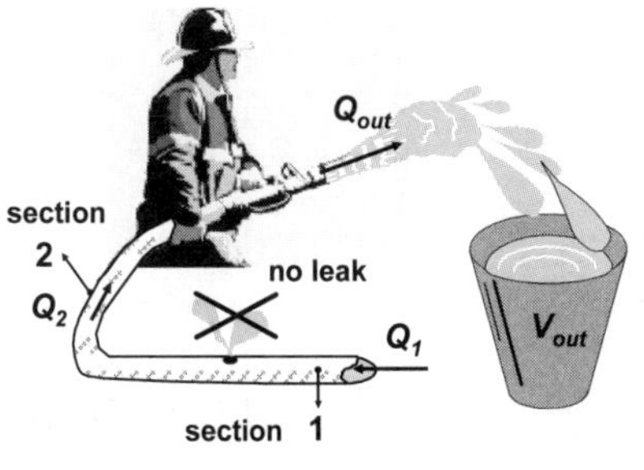

Fig.5.22　Firefighting

【5・11】Water discharges through a nozzle as shown in Fig.5.22. Flow rate is $0.80ft^3/s$, the diameter at the nozzle outlet is 1.5in, and the density of water is $1.94slug/ft^3$. Neglecting gravity effects, calculate the force to hold the nozzle.

(1slug=14.59kg, 1slug・ft/s^2=1lbf=4.448N)

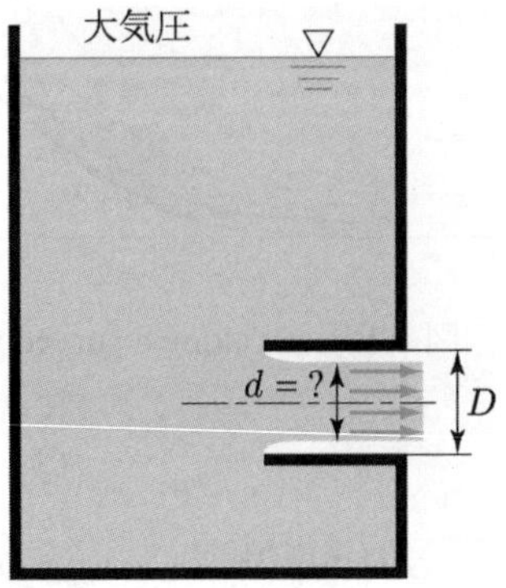

図 5.23　練習問題 5.12

【5・12】 図 5.23 のようなボルダの口金を考える．水槽の側壁に内径 $D = 150\,\mathrm{mm}$ の円管が水平に取り付けられており，この円管から中の液体が，円管の内壁に接触することなく，縮流を起こして，大気中へ水平に噴出している．このとき，噴流の直径 d を求めよ．ただし，粘性は無視でき，また噴流の断面内で流速は一様であり，さらに円管の肉厚は十分に薄いものとする．

【5・13】 前問【5・12】において円管を付けずに側面に直径 D の穴を開けただけにした場合，$d = D/\sqrt{2}$ という結論は成り立たない．なぜ，そうなのかを説明せよ．

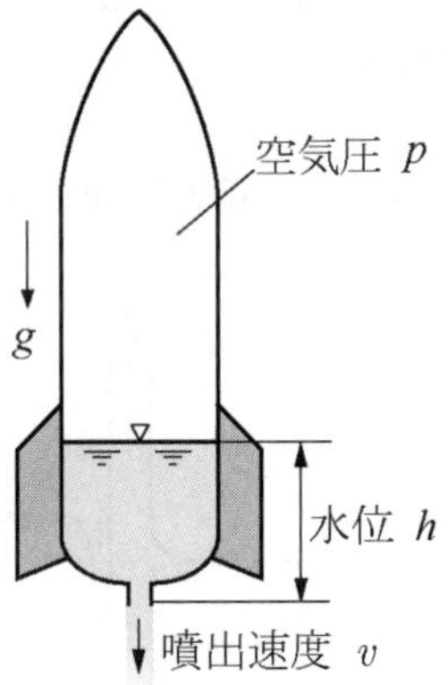

図 5.24　ペットボトルロケット

【5・14】 図 5.24 のようなペットボトルロケットにおいて，内部の空気圧を p(ゲージ圧力)，水の密度 ρ を，水位を h，噴出口の内径を d として，推力 F の大きさを求めよ．ただし，ロケットの加速による圧力変化の影響は無視できるものとする．

【5・15】 図 5.25 のように，軸流ファンが壁に取り付けられ室内の空気を室外に排出している．空気の排出口は直径 300 mm の円形断面であり，空気が排出口から一様な風速 22.0 m/s で吹き出している．壁にかかる力の大きさを求めよ．ただし，空気の密度を 1.20 kg/m^3 とし，上流側の流速は流出側に比べて十分小さいものとする．

【5・16】 Water flows through a 180 degrees converging pipe bend as illustrated in Fig.5.26. The centerline of the bend is in the horizontal plane. The flow cross-sectional diameter is 10 in at the bend inlet and 5 in at the bend outlet. The volume flow rate of the water is 6.0 ft^3/s and the gauge pressure at the center of the bend inlet is 20.0 psi. The density of water is 1.94 slug/ft^3. Neglecting the viscous force in the bend, calculate the x direction anchoring forces required to hold the bend in place. (1slug=14.59kg, 1slug･ft/s^2=1lbf=4.448N, 1psi=1lbf/in^2)

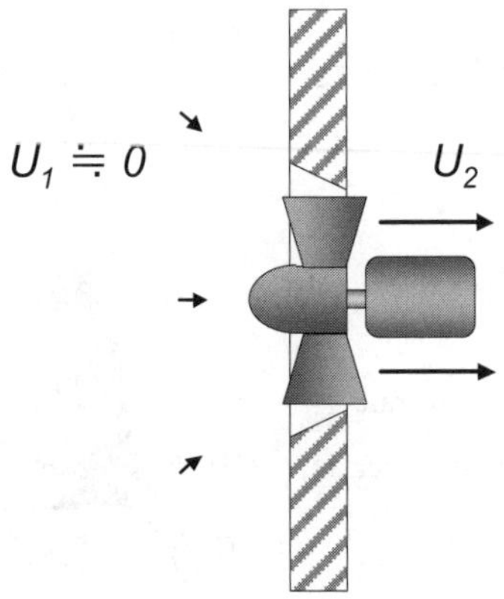

図 5.25　換気扇におけるファンまわりの流れ

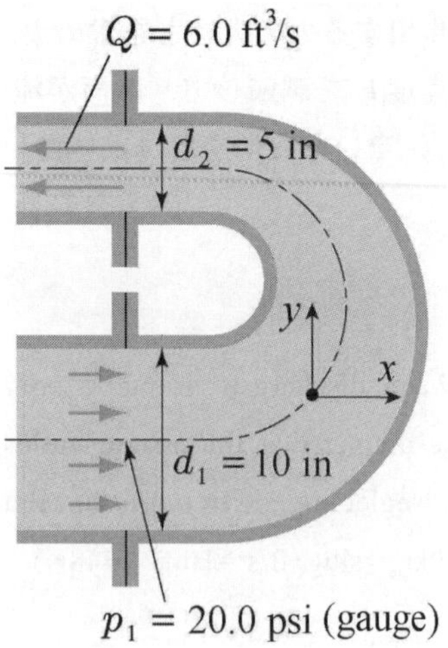

Fig.5.26 Problem 5.17

【5・17】 図 5.27 のように，ノズルから空気を吹き出している．断面①では内径 $d_1 = 1.00\,\mathrm{m}$ の円形断面であり，圧力は $p_1 = 650\,\mathrm{Pa}$ (ゲージ圧力)，回転放物面形の速度分布でダクト中央で最大流速 $u_{max} = 10.0\,\mathrm{m/s}$ である．出口②で内径 $d_2 = 0.40\,\mathrm{m}$ であり，一様な速度で大気中に吹き出している．空気の密度を $\rho = 1.20\,\mathrm{kg/m^3}$ とする．

(1) 出口における流速を求めよ．

(2) 断面①において，フランジ(断面①の接続部分)を締結させる力はいくら以上であればよいか．

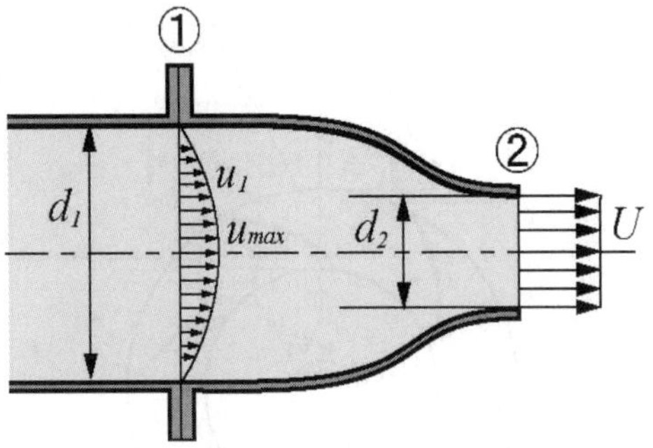

図 5.27　ノズル

【5・18】 図 5.28 に示すように，大気中で流速 U の一様流があり，その中に 2 次元物体が置かれている．一様流の方向に x 軸，それに垂直な方向に y 軸をとる．物体後流の速度分布が $\boldsymbol{u}(y)$ で与えられているとき，物体に働く空気抵抗 F_D はどのような式で求められるか．ただし，紙面と垂直な方向の長さ 1 の部分に働く空気抵抗を F_D とする(単位厚さあたり)．空気の密度を ρ とし，図において十分大きな領域 ABCD を検査体積とする．

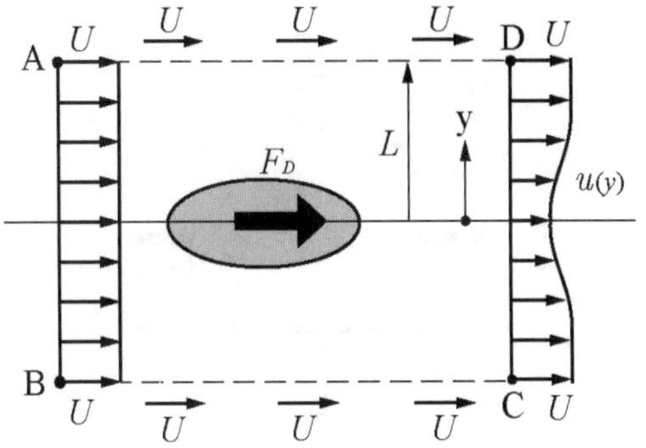

図 5.28　物体後流

【5・19】 図 5.29 に示すように，鉛直円管の上部にノズルが取り付けられており，水を 45° だけ曲げて大気中に放出している．ノズルと円管の接続部の断面積は $0.020\mathrm{m}^2$，ノズル出口の断面積は $0.008\mathrm{m}^2$，ノズルの重量は 150N，流量は $0.1\mathrm{m}^3/\mathrm{s}$，ノズル内の水の体積は $0.010\ \mathrm{m}^3$，ノズル接続部のゲージ圧力は 50kPa である．ノズル接続部および出口では一様な速度分布であるものとする．フランジを介してノズルを支えるための力の鉛直方向成分を求めよ．

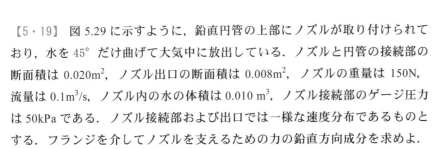

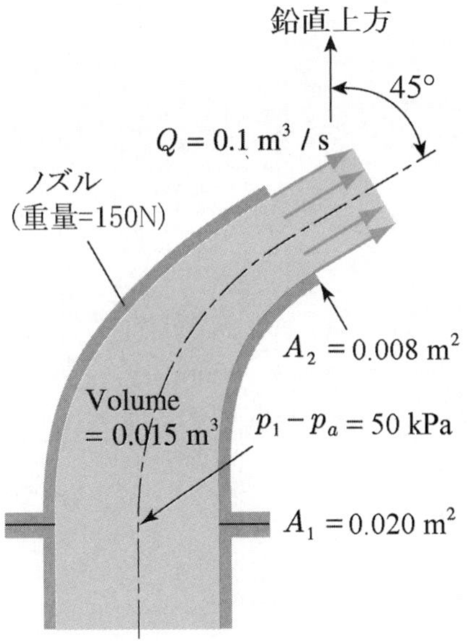

図 5.29　練習問題 5.19

【5・20】 図 5.30 に示すように，【例題 5・6】の羽根車に外周側から強制的に水を押し込み内周側へと流出させ，水車として利用した．つまり，羽根車は時計まわりに回転し，水の動力を軸の動力に変換して発電等を行うことができる．流量は $Q = 0.20\,\mathrm{m^3/min}$，羽根車の内半径は $r_1 = 50\,\mathrm{mm}$，外半径は $r_2 = 80\,\mathrm{mm}$，回転数は $n = 1000\,\mathrm{rpm}$，外周側(入口)での絶対流速は $v_2 = 14.0\,\mathrm{m/s}$，角度は $\alpha_2 = 25^\circ$，出口では $v_1 = 8.0\,\mathrm{m/s}$，$\alpha_1 = 60^\circ$，水の密度は $\rho = 1000\,\mathrm{kg/m^3}$ である．このとき，羽根車に水から加わるトルク(モーメント) T と軸に伝えられる動力(仕事率) P を求めよ．

【5・21】図 5.31 のように，水平面内で回転するスプリンクラーから，水が流量 0.014m^3/min で散布されている．スプリンクラー先端の 2 つのノズル出口は，5 mm の内径をもち，回転軸から 0.1 m の半径に位置している．また，ノズルの中心軸は周方向に対して 30 ° 傾いている．水は回転軸上に沿って鉛直方向から供給され，ノズル出口では水平面内の速度成分のみをもって流出する．スプリンクラーにはベアリング部の摩擦によるトルク 0.090 N・m が回転方向とは逆に作用している．スプリンクラーの回転角速度 ω を求めよ．

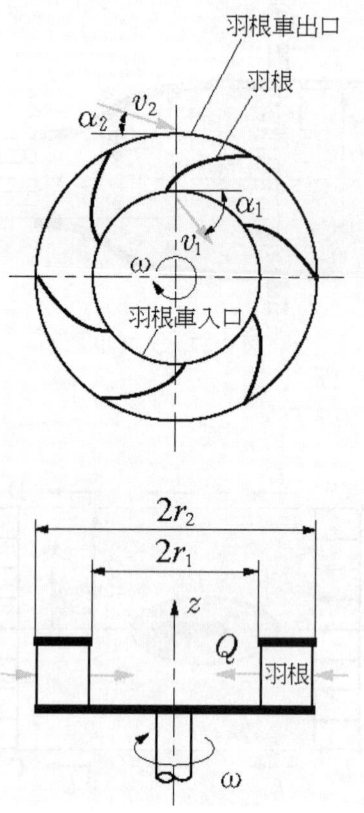

図 5.30　羽根車(水車)

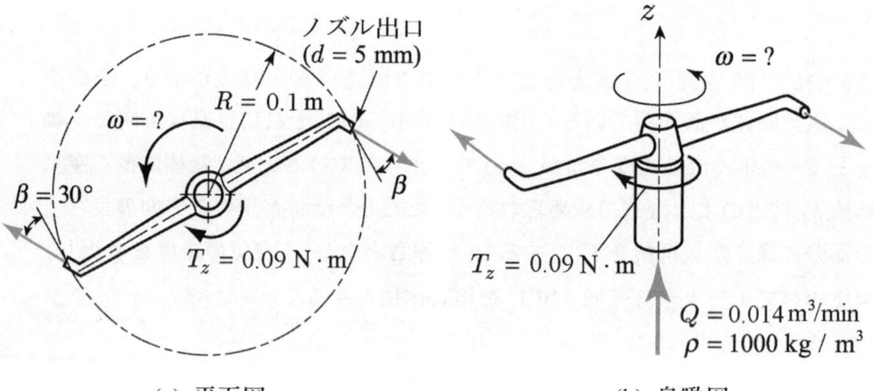

(a) 平面図　　(b) 鳥瞰図

図 5.31　練習問題 5・21

第 6 章

管内の流れ

Pipe Flows

6・1　管摩擦損失 (friction loss of pipe flows)

6・1・1 流体の粘性 (viscosity of fluid)

流体の粘性は流れと逆方向に流体に作用する摩擦力(friction force)を生じさせる．x 方向の 2 次元せん断流(図 6.1)では，せん断応力(shear stress) τ は流体の粘度 μ と速度こう配(velocity gradient) du/dy に比例し，ニュートンの粘性法則（式(1.4)）が成り立つ．

$$\tau = \mu \frac{du}{dy} \tag{6.1}$$

物体表面($y=0$)でのせん断応力は，壁面せん断応力(wall shear stress) τ_w と呼ばれる．

$$\tau_w = \mu \left. \frac{du}{dy} \right|_{y=0} \tag{6.2}$$

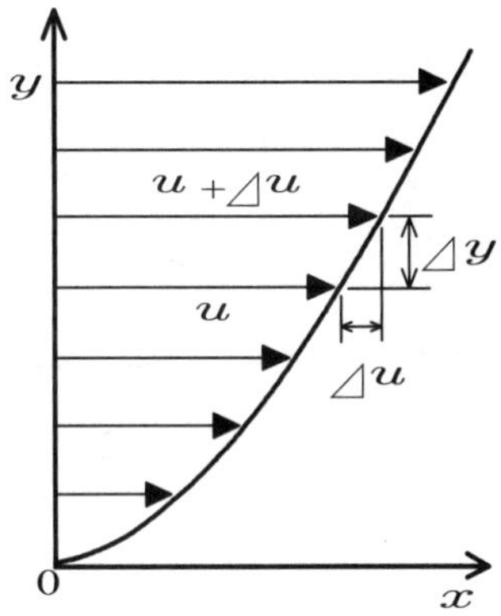

図 6.1　ニュートンの粘性法則

6・1・2 管摩擦損失 (friction loss of pipe flow)

管内の流れでは，粘性によって管摩擦損失(friction loss of pipe flow)を生じる．水槽から水平な円管内へ流体が流れる場合(図 6.2)，圧力は下流へ向かって低下する．この圧力降下を圧力損失(pressure loss)といい，Δp で表す．また，損失ヘッド(head loss) Δh を次のように定義する．

$$\Delta h = \frac{\Delta p}{\rho g} \tag{6.3}$$

ここで，ρ は流体の密度，g は重力加速度の大きさである．Δh を用いると，式(4.10)の損失のない流れに対するベルヌーイの式は次のように拡張できる．

$$\frac{p_1}{\rho g} + \frac{v_1^2}{2g} + z_1 = \frac{p_2}{\rho g} + \frac{v_2^2}{2g} + z_2 + \Delta h \quad \text{(損失あり)} \tag{6.4}$$

ここで，p は圧力，v は断面平均流速，z は高さである(図 6.3)．

管内流れの場合，この損失ヘッド Δh は次のダルシー-ワイスバッハの式(Darcy-Weisbach's formula)で与えられる．

$$\Delta h = \frac{\Delta p}{\rho g} = \lambda \frac{l}{d} \frac{v^2}{2g} \tag{6.5}$$

ここで，l は管の長さ，d は管内径，λ は管摩擦係数(pipe friction coefficient)である．管摩擦係数 λ は，流れが層流(laminar flow)の場合にはレイノルズ数(Reynolds number) Re によって，乱流(turbulent flow)の場合にはレイノルズ数と管壁の表面粗さ(surface roughness)によって定まる．

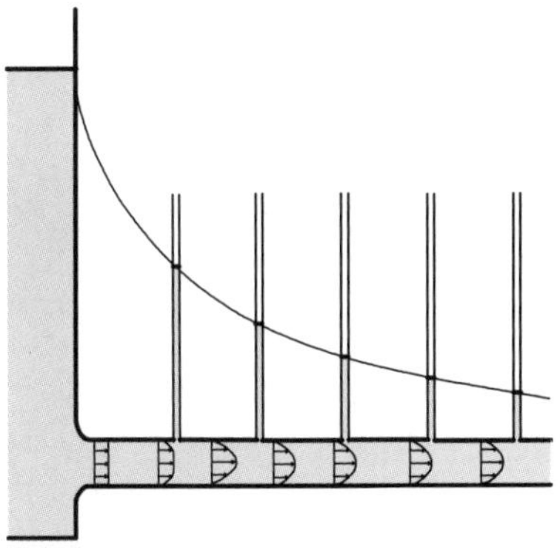

図 6.2　流れのエネルギー損失

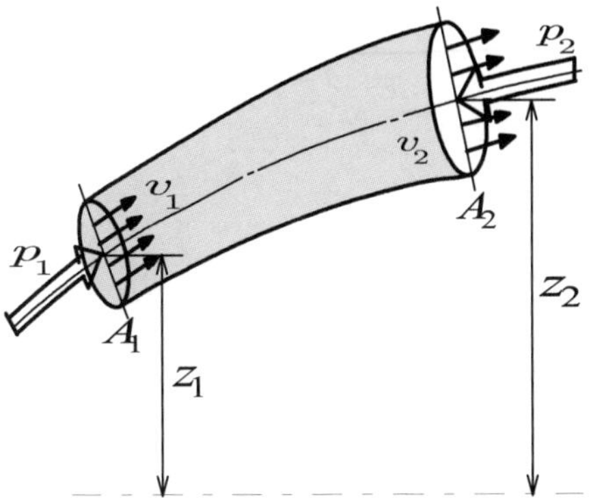

図 6.3　1 つの流線に沿った流れ

【例題 6・1】　内径 50.0 mm で水平な円管に密度 850 kg/m³ の液体が流れている．流量は 15.0 ℓ/min，距離 10.0 m 隔てた 2 点間の圧力差が 30.0 Pa であるとき，断面平均流速と管摩擦係数を求めよ．

【解答】流量を断面積で割ると断面平均流速が求まり，

$$\boldsymbol{v}=\frac{4Q}{\pi d^2}=\frac{4\times\left(15\times10^{-3}/60\right)}{3.14\times0.05^2}=0.1273=0.127\,(\mathrm{m/s})$$

式(6. 5)より，$\lambda=\dfrac{2d\,\Delta p}{\rho l\boldsymbol{v}^2}=\dfrac{2\times0.05\times30}{850\times10\times0.127^2}=0.02177=0.0218$

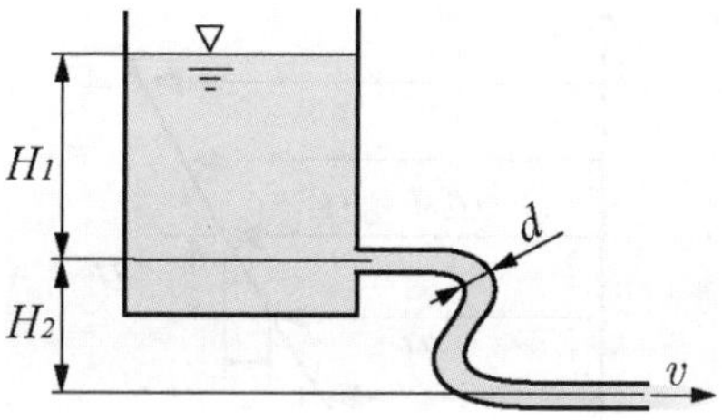

図 6.4　水槽からの排水

【例題 6・2】　図 6. 4 のように，十分に大きな水槽の水をホースで排水している．損失は管摩擦損失のみを考慮するものとし，ホースの内径は $d=20.0\,\mathrm{mm}$，長さは $l=15.0\,\mathrm{m}$，管摩擦係数は $\lambda=0.040$，高さ $H_1=5.00\,\mathrm{m}$，$H_2=3.00\,\mathrm{m}$ である．

(1) 出口における平均速度 $\boldsymbol{v}$ を求めよ．

(2) ホース内の流量 Q を求めよ．

【解答】(1)水面を 1，ホース出口を 2 として式(6.4)をたて式(6.5)を代入する．

$$\frac{p_1}{\rho g}+\frac{\boldsymbol{v}_1^{\,2}}{2g}+z_1=\frac{p_2}{\rho g}+\frac{\boldsymbol{v}_2^{\,2}}{2g}+z_2+\Delta h$$

$$0+0+H_1+H_2=0+\frac{\boldsymbol{v}^2}{2g}+0+\lambda\frac{l}{d}\frac{\boldsymbol{v}^2}{2g}$$

$$\boldsymbol{v}=\sqrt{\frac{2g\left(H_1+H_2\right)}{1+\left(\lambda l/d\right)}}=\sqrt{\frac{2\times9.81\left(5.00+3.00\right)}{1+\left(0.040\times15.0/0.020\right)}}=2.25(\mathrm{m/s})$$

(2) 流量は断面積と平均流速の積であるから，

$$Q=\frac{\pi d^2}{4}\boldsymbol{v}=\frac{3.14\times0.020^2}{4}\times2.25=7.07\times10^{-4}(\mathrm{m^3/s})$$

【例題 6・3】　あるダムの有効落差(利用できるヘッド)が 75 m である．ダムの水を 3.0 km 下流の発電所まで 2 本の管路を導いて 10000 kW の発電を行う計画をたてた．水車，管路系および発電機の全効率(流体のエネルギーに対する発電量の割合)を 78% とするとき，次の値を求めよ．

(1) 毎秒あたりの水流量

(2) 管路の摩擦損失を有効落差の 1% 以下にするための管内径を求めよ．ただし，管摩擦係数は $\lambda=0.0060$ とする．

【解答】(1)流量を $Q\left[\mathrm{m^3/s}\right]$，有効落差を $H[\mathrm{m}]$，発電量を $L[\mathrm{W}]$，全効率を η とすれば，$L=\eta\rho gQH$ となり，

$$Q=\frac{L}{\eta\rho gH}=\frac{10000}{0.78\times1000\times9.81\times75}=17.4(\mathrm{m^3/s})$$

(2) 管路の損失が有効落差の 1% とすると，損失ヘッドは $\Delta h=0.75\,\mathrm{m}$．よって，管内径を d とすれば，管 1 本の流量が $Q'=8.7\,\mathrm{m^3/s}$ となるので，式(6. 5)

$$\Delta h=\lambda\frac{l}{d}\frac{\boldsymbol{v}^2}{2g}=\lambda\frac{l}{d}\frac{1}{2g}\left(\frac{4Q'}{\pi d^2}\right)^2 \quad \text{より，} \quad d=\left(\frac{8\lambda lQ'^2}{\pi^2 g\,\Delta h}\right)^{\frac{1}{5}}=2.72=2.7\,(\mathrm{m})$$

よって，管内径は 2.7 m 以上にすればよい．

6・2　直円管内の流れ (straight pipe flow)

6・2・1 助走区間内の流れ (inlet flow)

水槽から流体が円管内へ流入すると，下流に進むにつれて圧力は降下し，流れの速度分布(velocity distribution)も徐々に変化する(図 6.5)．一定区間進むと，それ以降の速度分布は変化せず，この状態を完全に発達した流れ(fully developed flow)という．管入口から発達した流れに達するまでの区間を助走区間(inlet region)または入口区間(entrance region)といい，その長さ L を助走距離(inlet length)または入口長さ(entrance length)という．

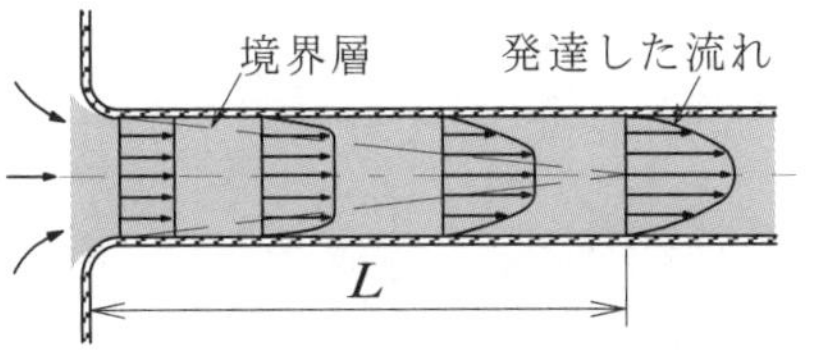

図 6.5　助走区間の流れ

層流の場合　$L=(0.06\sim0.065)Re\cdot d$　(6.6a)

乱流の場合　$L=(25\sim40)d$　(6.6b)

ここで，Re はレイノルズ数($=vd/\nu$)，v は断面平均流速，d は管内径，ν は流体の動粘度である．

入口部で発生する損失を入口損失(inlet loss)といい，その損失ヘッドは，

$$\Delta h=\zeta\frac{v^2}{2g}$$

で表される．ζ を入口損失係数という．

【例題 6・4】　図 6.6 のように，水槽に接続された円管内の液体の流量を測定したい．測定する流量は，$Q=0.50\sim2.00\,\ell/\mathrm{s}$ の範囲であり，内径は $d=30.0\,\mathrm{mm}$，液体の動粘度は $\nu=1.00\times10^{-6}\,\mathrm{m^2/s}$ である．流量計は水槽からどれくらいの距離 L に設置したらよいか．その考え方を述べよ．

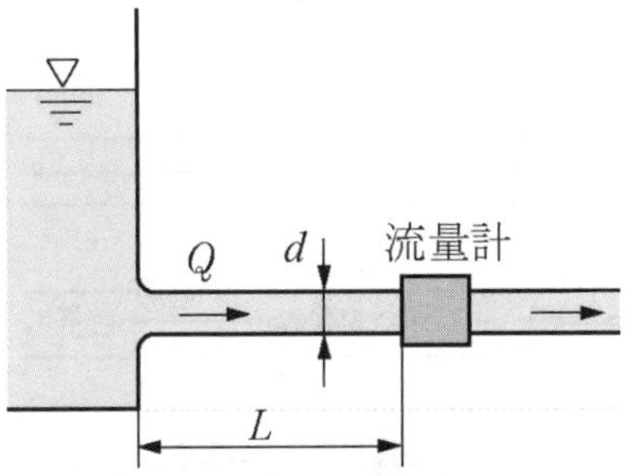

図 6.6　流量測定

【解答】断面平均流速の範囲は，

$$v=\frac{4Q}{\pi d^2}=\frac{4\times(0.50\sim2.00)\times10^{-3}}{3.14\times0.03^2}=0.71\sim2.83\,(\mathrm{m/s})$$

レイノルズ数の範囲は，

$$Re=\frac{vd}{\nu}=\frac{(0.71\sim2.83)\times0.03}{1\times10^{-6}}=2.12\times10^4\sim8.49\times10^4$$

この値は臨界レイノルズ数の 2300 をはるかに上回っているので(2・2・4 層流と乱流を参照)，乱流であると考えられる．設置する流量計の方式にもよるが，助走区間の影響を避けてそれよりも下流域に設置することが望ましい．式(6.6b)より，

$$L=(25\sim40)d=(25\sim40)\times30=750\sim1200\,(\mathrm{mm})$$

設置位置はこの値よりも下流にすることが望ましい．

6・2・2 円管内の層流 (laminar pipe flow)

円管内流れではレイノルズ数 $Re\,(=vd/\nu)$ がおよそ 2300 以下のときに層流(laminar flow)となる．この流れをハーゲン-ポアズイユ流れ(Hagen-Poiseuille flow)といい，速度分布は軸対称な回転放物面で表され，以下の関係が成り立つ(図 6.7)．

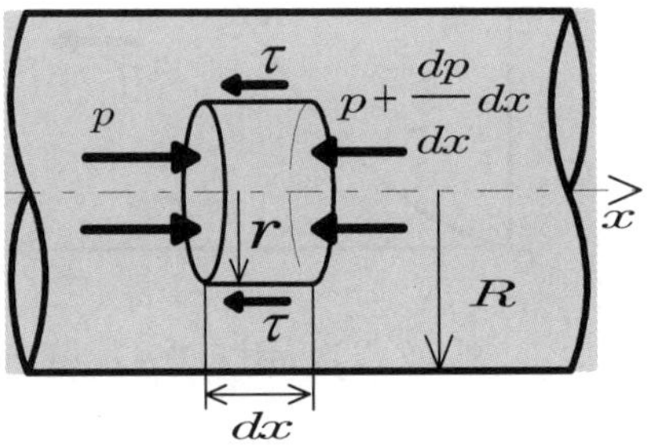

図 6.7　円管内の層流

速度　$u=\dfrac{R^2}{4\mu}\left(-\dfrac{dp}{dx}\right)\left\{1-\left(\dfrac{r}{R}\right)^2\right\}$　(層流)　(6.7)

最大速度　$u_0=\dfrac{R^2}{4\mu}\left(-\dfrac{dp}{dx}\right)$　(6.8)

流量　$$Q = \frac{\pi R^4}{8\mu}\left(-\frac{dp}{dx}\right) = \frac{\pi R^4}{8\mu}\frac{\Delta p}{l} \tag{6.9}$$

断面平均流速(average velocity)　$$\boldsymbol{v} = \frac{Q}{\pi R^2} = \frac{R^2}{8\mu}\left(-\frac{dp}{dx}\right) = \frac{\boldsymbol{u}_0}{2} \tag{6.10}$$

管摩擦係数　$$\lambda = \frac{64}{Re} \quad \text{（層流）} \tag{6.11}$$

レイノルズ数　$$Re = \frac{\rho \boldsymbol{v} d}{\mu} = \frac{\boldsymbol{v} d}{\nu} \tag{6.12}$$

ここで，x は流れ方向の座標，p は圧力，R は管内半径，μ は流体の粘度，dp/dx は圧力こう配(pressure gradient)，Δp は管長 l 間の圧力降下である．流れが必ず層流となるレイノルズ数の境界値を臨界レイノルズ数(critical Reynolds number) Re_C といい，円管内の流れでは約 2300 となる．

【例題 6・5】　内半径 R の円管内を流体が層流状態で流れている．管中央における流速を $\boldsymbol{u}_0$ とする．

(1) 流量 Q を求めよ．

(2) 断面平均流速 $\boldsymbol{v}$ を求め，式(6. 10)が成り立つことを示せ．

【解答】　管中心からの半径を r，断面積を $A(=\pi R^2)$ とする．

$$Q = \int_A \boldsymbol{u}\,dA = \int_0^R \left\{1-\left(\frac{r}{R}\right)^2\right\}\boldsymbol{u}_0 \cdot 2\pi r\,dr = 2\pi \boldsymbol{u}_0 \int_0^R \left\{1-\left(\frac{r}{R}\right)^2\right\} r\,dr$$

$$= 2\pi \boldsymbol{u}_0 \left[\frac{1}{2}r^2 - \frac{1}{4R^2}r^4\right]_0^R = 2\pi \boldsymbol{u}_0 \cdot \frac{1}{4}R^2 = \frac{1}{2}\pi R^2 \boldsymbol{u}_0$$

(2)　$$\boldsymbol{v} = \frac{Q}{\pi R^2} = \frac{1}{2}\boldsymbol{u}_0$$

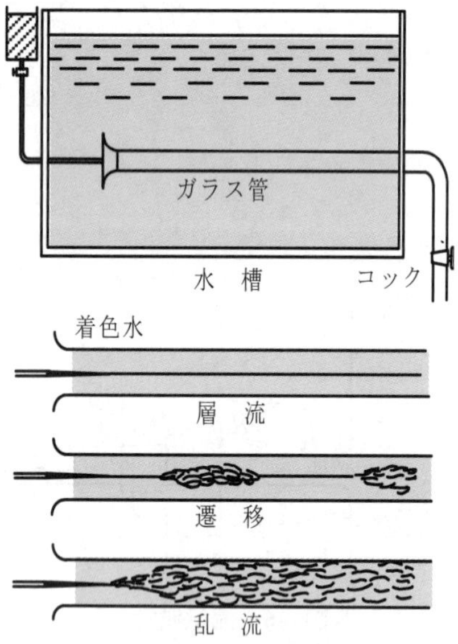

図 6.8　レイノルズの実験

6・2・3　円管内の乱流 (turbulent pipe flow)

レイノルズ数 Re が大きい場合，速度変動(velocity fluctuation)が発生し，流れは乱流(turbulent flow)になる(図 6.8)．層流から乱流への移行を遷移(transition) といい，そのときのレイノルズ数を臨界レイノルズ数(critical Reynolds number) Re_C という．通常，円管内の流れでは $Re_C \fallingdotseq 2300$ である．

a．レイノルズ応力 (Reynolds stress)

乱流では速度や圧力を時間平均値(time mean)とそれからの変動値の和として表す．時間平均値を $^{-}$，変動値を ' という記号で表すと，2 次元流れの速度成分 $(\boldsymbol{u}, \boldsymbol{v})$ は次のようになる．

$$x \text{ 方向：} \boldsymbol{u} = \overline{\boldsymbol{u}} + \boldsymbol{u}', \quad y \text{ 方向：} \boldsymbol{v} = \overline{\boldsymbol{v}} + \boldsymbol{v}' \tag{6.13}$$

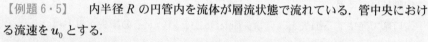

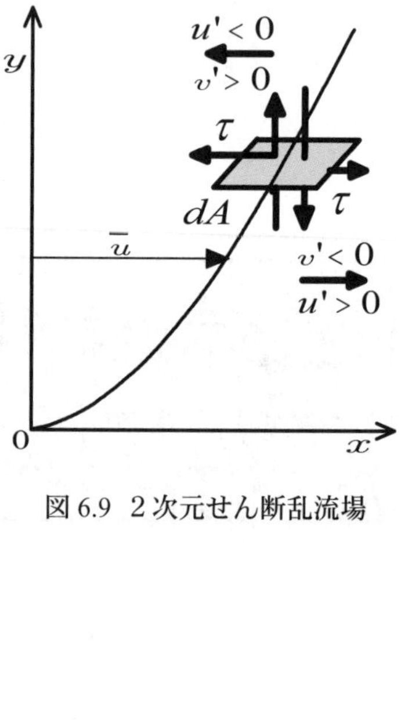

図 6.9　2 次元せん断乱流場

図 6.9 に示すような速度こう配 $d\overline{\boldsymbol{u}}/dy$ の 2 次元乱流場では，速度変動による運動量変化をレイノルズ応力(Reynolds stress)といい，$-\rho\overline{\boldsymbol{u}'\boldsymbol{v}'}$ で表される．

乱流では，流体の持つ運動量が混合距離あるいは混合長(mixing length) l 移動した後，周囲の流体と混合すると考え，レイノルズ応力を次式で表す．

$$-\rho\overline{\boldsymbol{u}'\boldsymbol{v}'} = \rho l^2 \left|\frac{d\overline{\boldsymbol{u}}}{dy}\right| \frac{d\overline{\boldsymbol{u}}}{dy} = \mu_t \frac{d\overline{\boldsymbol{u}}}{dy} \tag{6.14}$$

$\mu_t\,(=\rho l^2\left|d\overline{u}/dy\right|)$は乱流粘度(eddy viscosity または turbulence viscosity)と呼ばれ，乱れの強さ(turbulence intensity)や速度こう配によって変化する．

乱流のせん断応力τは，レイノルズ応力のほかに流体の粘性によって粘性せん断応力も作用するので，両者を合計して次式となる．

$$\tau=\mu\frac{d\overline{u}}{dy}+\left(-\rho\overline{u'v'}\right)=(\mu+\mu_t)\frac{d\overline{u}}{dy}\qquad(\text{乱流})\qquad(6.15)$$

完全な乱流では通常$\mu_t\gg\mu$であり，摩擦抵抗はレイノルズ応力で増大する．

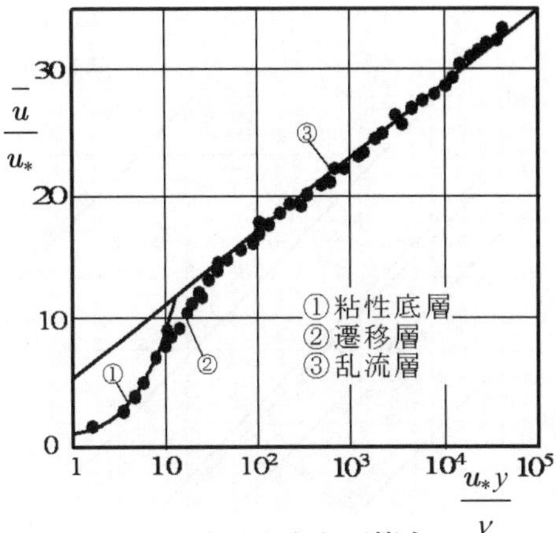

図 6.10　なめらかな円管内の乱流速度分布

b．対数法則 (logarithmic law)

乱流の速度分布の近似に対数法則がある．管壁近くの乱流では混合長lは壁からの距離$y=R-r$に近似的に比例する．摩擦速度(friction velocity) $u_*\,(=\sqrt{\tau_w/\rho}$，$\tau_w$は壁面せん断応力，$\rho$は密度)を用い，

$$\frac{\overline{u}}{u_*}=5.75\log\frac{u_*y}{\nu}+5.5\qquad(\text{乱流，対数法則})\qquad(6.16)$$

この速度分布式(6.16)を対数法則(logarithmic law)といい，この法則が成り立つ領域を乱流層(turbulent layer)という(図 6.10)．

実際の乱流では壁面近傍に粘性底層(viscous sublayer)が存在する(図 6.11)．粘性底層の厚さはきわめて薄く，粘性底層内では乱れによるレイノルズ応力$-\rho\overline{u'v'}$は粘性せん断応力$\mu\,d\overline{u}/dy$に比べてはるかに小さく，速度分布は次式で表される．

$$\frac{\overline{u}}{u_*}=\frac{u_*y}{\nu}\qquad(\text{粘性底層})\qquad(6.17)$$

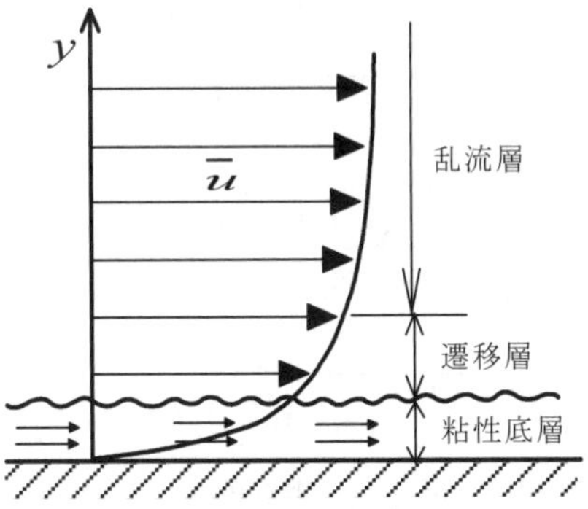

図 6.11　管内乱流のモデル

円管内乱流の速度分布はu_*y/νで次の３つの領域に分類できる．

(ⅰ) $0<u_*y/\nu<5$ ：粘性底層(viscous sublayer)，式(6.17)
(ⅱ) $5<u_*y/\nu\lesssim70$ ：遷移層(transition layer)
(ⅲ) $70\lesssim u_*y/\nu$ ：乱流層(turbulent layer)，式(6.16)

このような乱流速度分布はレイノルズ数Reに関係なく成立し，壁近傍の流れに着目して導かれたので壁法則(wall law)とも呼ばれている．

c．乱流管摩擦係数 (turbulent friction coefficient)

対数法則に基づくと管摩擦係数λは次式となる．

$$\frac{1}{\sqrt{\lambda}}=2.0\log\left(Re\sqrt{\lambda}\right)-0.8\qquad(\text{乱流}, Re=3\times10^3\sim3\times10^6)\qquad(6.18)$$

この式は，広範囲のレイノルズ数$Re=3\times10^3\sim3\times10^6$にわたって実験結果とよく一致し，プラントルの式(Prandtl's formula)と呼ばれている．

ほかにもいくつかの実験式が提示されている(図 6.12)．たとえば，ブラジウス(Blasius)の式は$Re=3\times10^3\sim8\times10^4$の範囲で

$$\lambda=0.3164Re^{-\frac{1}{4}}\qquad(\text{乱流}, Re=3\times10^3\sim8\times10^4)\qquad(6.19)$$

またニクラッゼ(Nikuradse)の式は$Re=10^5\sim3\times10^6$の範囲で

$$\lambda=0.0032+0.221Re^{-0.237}\qquad(6.20)$$

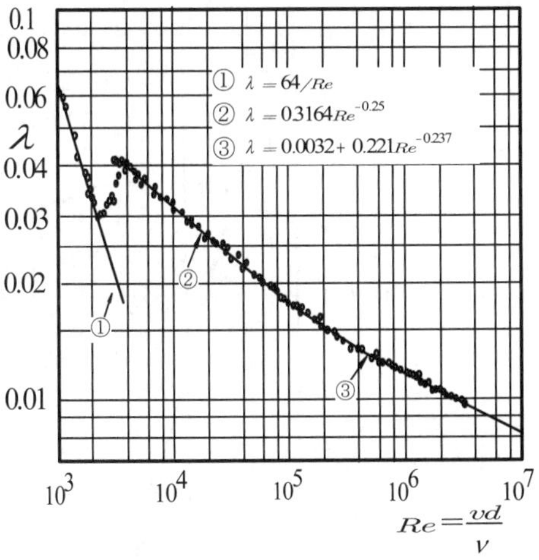

図 6.12　なめらかな円管の管摩擦係数

d．指数法則 (power law)

乱流の速度分布には次の１/７乗則(one-seventh law)もある．

$$\frac{\overline{u}}{u_0}=\left(\frac{y}{R}\right)^{\frac{1}{7}}\qquad(\text{乱流，}1/7\text{乗則})\qquad(6.21)$$

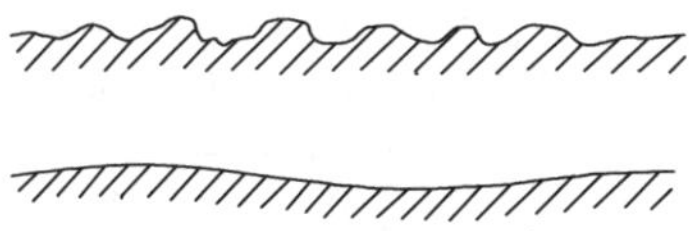

図 6.13　粗い壁面

ここで，$\bar{u}$ は時間平均速度，u_0 は管中心における速度，y は壁からの距離，R は管内半径である．

ニクラッゼは $Re = 4\times10^3 \sim 3\times10^6$ の範囲で，速度分布を次の 1 /n 乗則(1/n power law)あるいは指数法則(power law)で近似した(指数 n は，$n = 3.45Re^{0.07}$)．

$$\frac{\bar{u}}{u_0} = \left(\frac{y}{R}\right)^{\frac{1}{n}} \tag{6.22}$$

e．粗い管 (rough pipe)

円管内の乱流はレイノルズ数 Re と壁面粗さ(wall roughness)の影響を大きく受ける(図 6.13)．図 6.14 に各種素材による相対粗さを示す．壁面に存在する凹凸の突起高さ(壁面粗さ)を k_s として，乱流は次のように分類できる．

(ⅰ) $u_* k_s/\nu<5$ ： 粗さは粘性底層に含まれ，速度分布や管摩擦係数はなめらかな円管内の乱流と一致し，流体力学的になめらか(hydraulically smooth)と呼ばれる．

(ⅱ) $5<u_* k_s/\nu<70$ ： 円管内の乱流は相対粗さ k_s/d と Re 数の両者の影響を受ける．コールブルック(Colebrook)は次の実験式を提示している．

$$\frac{1}{\sqrt{\lambda}} = -2.0\log\left(\frac{k_s}{d} + \frac{9.34}{Re\sqrt{\lambda}}\right) + 1.14 \tag{6.23}$$

(ⅲ) $70<u_* k_s/\nu$ ： 完全に粗い(fully rough)と呼ばれ，流れは Re 数によらず粗さ k_s のみに影響される．ニクラッゼは次式を提示している．

$$\frac{1}{\sqrt{\lambda}} = -2.0\log\frac{k_s}{d} + 1.14 \tag{6.24}$$

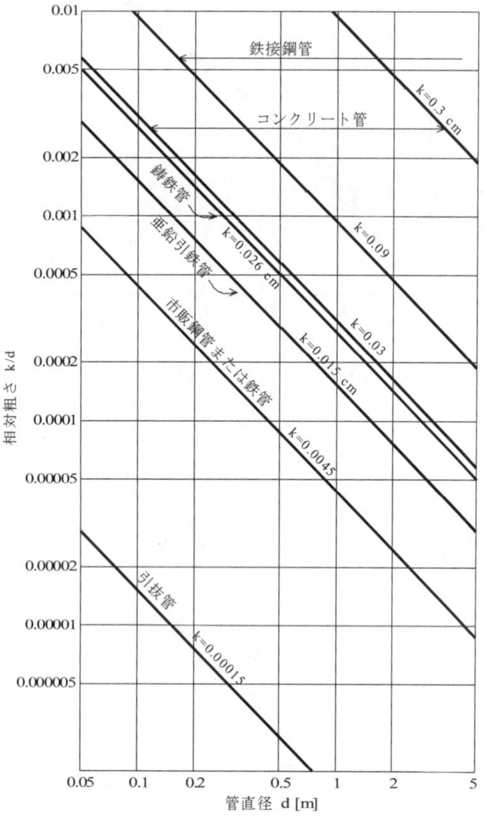

図 6.14　相対粗さ

図 6.15 のムーディ線図 (Moody diagram) を使用すると，レイノルズ数 Re と相対粗さ k_s/d から管摩擦係数 λ を読みとることができる．

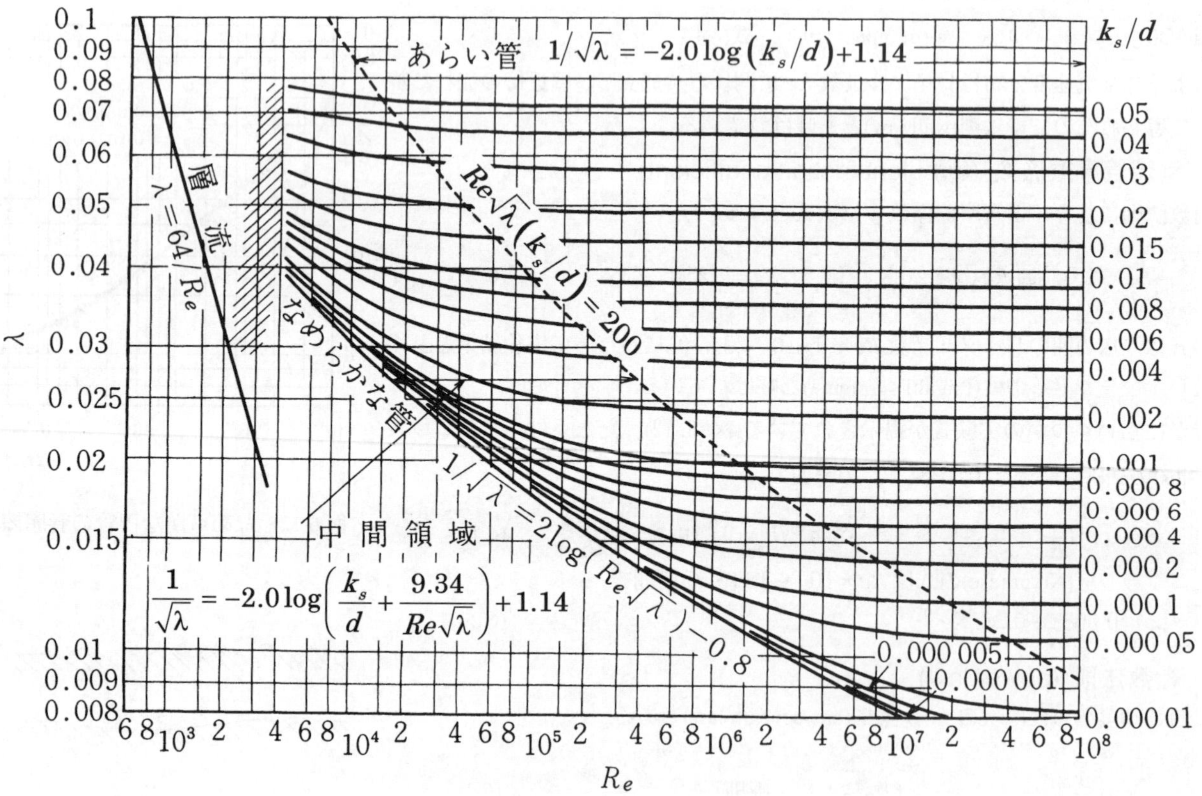

図 6.15　ムーディ線図

【例題 6・6】　内半径 R の円管内を流体が乱流状態で流れている．速度分布を 1/7 乗則で近似し，管中央における流速を u_{max} とする．

(1) 流量 Q を求めよ．

(2) 断面平均流速 v を求めよ．

【解答】 (1) 図 6.16 のように記号を決める．

$$Q=\int_A u\,dA=\int_0^R u\cdot 2\pi r\,dr=\int_R^0\left(\frac{y}{R}\right)^{\frac{1}{7}}u_{\max}\cdot 2\pi(R-y)(-dy)$$

$$=\frac{2\pi u_{\max}}{R^{\frac{1}{7}}}\int_0^R\left(Ry^{\frac{1}{7}}-y^{\frac{8}{7}}\right)dy=\frac{2\pi u_{\max}}{R^{\frac{1}{7}}}\left[\frac{7}{8}Ry^{\frac{8}{7}}-\frac{7}{15}y^{\frac{15}{7}}\right]_0^R$$

$$=\frac{2\pi u_{\max}}{R^{\frac{1}{7}}}\cdot\frac{49}{120}R^{\frac{15}{7}}=\frac{49}{60}\pi R^2 u_{\max}$$

(2) $v=\dfrac{Q}{\pi R^2}=\dfrac{49}{60}u_{\max}$

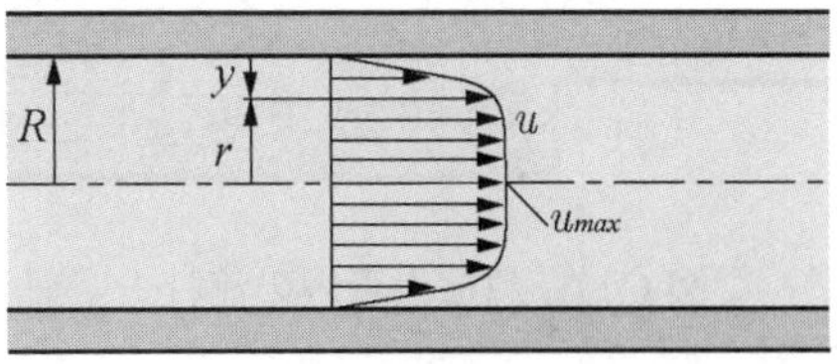

図 6.16　円管内の乱流

【例題 6・7】　2 つの貯水池の水位差が 60 m ある．これらの貯水池を管径 $d=400\,\mathrm{mm}$，長さ 3000 m，絶対粗さ $k_s=0.04\,\mathrm{mm}$ の鋼管で結ぶとき，流量はいくらか．ただし，水温は 20 ℃，出入口でのエネルギー損失を無視する．

【解答】相対粗さは $k_s/d=0.04/400=0.0001$．流量が未知のため Re が求まらないので，λ を図 6.15 より直接求めることができない．そこで，まず十分大きい Re における λ の値を近似値とする．図 6.15 より $k_s/d=0.0001$ の場合，$\lambda=0.012$ であり，式(6.5)より，

$60=\lambda\dfrac{l}{d}\dfrac{v^2}{2g}=0.012\times\dfrac{3000}{0.4}\times\dfrac{v^2}{2g}$　ゆえに，$v=3.61\,\mathrm{m/s}$ となり，$Re=1.44\times10^6$．

このRe と $k_s/d=0.0001$ に対する λ の値は図 6.15 より $\lambda=0.013$ となるので，これを用いて再び式(6.5)より v を求めると，$v=3.47\,\mathrm{m/s}$，$Re=1.39\times10^6$．さらにこの Re の値で λ を求めると $\lambda=0.013$ となり，さきに用いた値と一致しする．したがって，$v=3.47\,\mathrm{m/s}$ が求める流速であり，流量は

$$Q=\frac{\pi d^2}{4}v=0.436(\mathrm{m^3/s})$$

6・3　拡大･縮小管内の流れ (divergent and convergent pipe flows)

6・3・1 管路の諸損失 (losses in piping system)

実際の管路は複雑な場合が多く，管断面積の変化，流れの方向変化，合流や分岐，あるいは弁などがあり，それらを組み合わせたものを管路系(piping system)と呼び，摩擦損失のほか種々の損失を生ずる．まっすぐな管内流れの摩擦損失には式(6. 5)の管摩擦係数 λ を用いて表したが，それ以外の種々の損失ヘッド Δh には次式で定義する損失係数(loss coefficient) ζ を用いる．

$$\Delta h=\frac{\Delta p}{\rho g}=\zeta\frac{v^2}{2g} \tag{6.25}$$

ここで，v は断面平均流速である．損失を生ずる場所の前後で流速が異なる場合には大きい方の流速を用いることが多い．

6・3・2 管断面積が急激に変化する場合 (pipes with abrupt area change)

a．急拡大管 (abrupt expansion pipe)

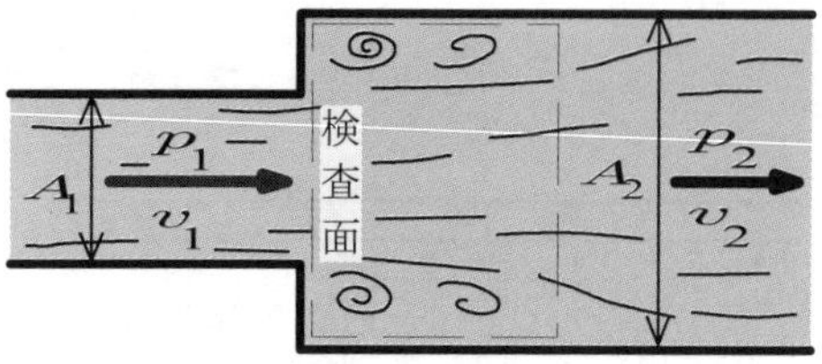

図 6.17　急拡大管内の流れ

図 6.17 に示すような急拡大管内の流れでは，流れのはく離(separation)が起こり損失を生ずる．拡大前の断面積 A_1 における圧力と平均流速を p_1, v_1，拡大後の断面積 A_2 における圧力と平均流速を p_2, v_2 とし，急拡大による損失ヘッドを Δh，損失係数を ζ とすれば，次のように表される．

$$\Delta h = \frac{(v_1 - v_2)^2}{2g} = \zeta \frac{v_1^2}{2g} \tag{6.26a}$$

$$\zeta = \left(1 - \frac{A_1}{A_2}\right)^2 \tag{6.26b}$$

この式をボルダ-カルノーの式(Borda-Carnot's formula)という．

特に，図 6.17 で拡大後の断面積 A_2 が十分に大きい場合には $v_2 \approx 0$，つまり損失係数は $\zeta \approx 1$ であって，噴出前の運動エネルギーはすべて損失となり，

$$\Delta h = \frac{v_1^2}{2g}$$ 　結局，$p_1 \approx p_2$ とみなせることになる．

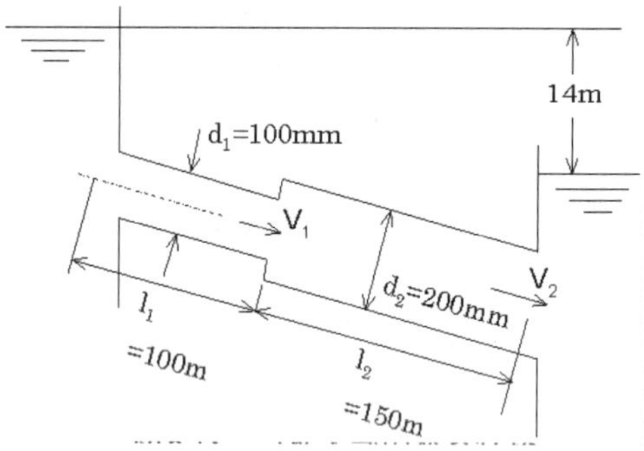

図 6.18　急拡大部のある管路

【例題 6・8】　図 6.18 に示す 2 つの貯水池を結ぶ管路がある．管には途中に急拡部がある．入口損失係数を $\zeta_1 = 0.50$，管の相対粗さを前後ともに $k_s/d = 0.0002$ とするとき，管内の流量を求めよ．水の温度は 20℃であり，2 つの貯水池水面の高度差は $H = 14\,\mathrm{m}$ とする．

【解答】式(6.4)より，高度差が損失ヘッドの和に等しく．

$$H = \left(\zeta_1 + \lambda_1 \frac{l_1}{d_1}\right)\frac{v_1^2}{2g} + \left(\lambda_2 \frac{l_2}{d_2} + 1\right)\frac{v_2^2}{2g} + \frac{(v_1 - v_2)^2}{2g}$$

ムーディ線図 6.15 より Re が十分大きいときの λ の値（$\lambda = 0.014$）を仮に用いて，流速を求めると第 1 次近似として，$v_1 = 4.17\,\mathrm{m/s}$，$v_2 = 1.04\,\mathrm{m/s}$．次にこれらの値より $Re_1 = 4.17\times10^5$，$Re_2 = 2.09\times10^5$ となり，ムーディ線図より $\lambda_1 = 0.016$，$\lambda_2 = 0.018$ が求まる．再度同じ計算を繰り返すと求める値に収束する．$v_1 = 3.91\,\mathrm{m/s}$，$v_2 = 0.98\,\mathrm{m/s}$ となり，流量は $Q = 0.031\,\mathrm{m^3/s}$ なる．

b．急縮小管 (abrupt contraction pipe)

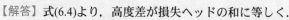

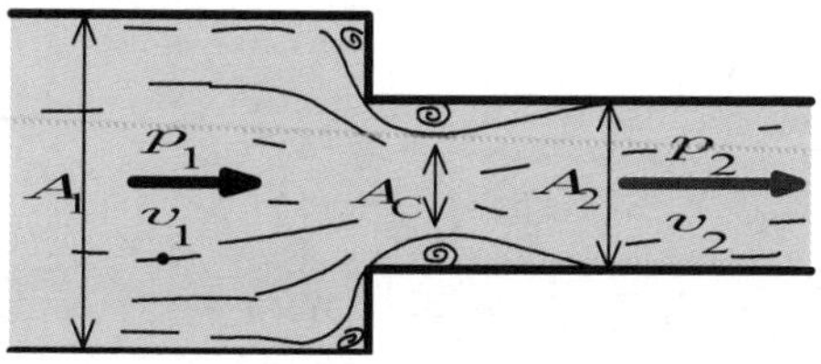

図 6.19　急縮小管内の流れ

断面積が A_1 から A_2 まで急に縮小する管でもはく離(seperation)が起こり損失を生ずる(図 6.19)．この場合，流れは一度 A_1 から A_c まで収縮した後，A_2 へ拡大する．この現象を縮流(contraction)という．損失ヘッド Δh と損失係数 ζ は，

$$\Delta h = \zeta \frac{v_2^2}{2g} \tag{6.27a}$$

$$\zeta = 0.04 + \left(1 - \frac{A_2}{A_c}\right)^2 \tag{6.27b}$$

ここで，面積比 A_c/A_2 は次の実験式で与えられている．

$$\frac{A_c}{A_2} = 0.582 + \frac{0.0418}{1.1 - \sqrt{A_2/A_1}} \tag{6.28}$$

ただし，コーナー部の形状が丸味のある場合には損失は減少する．

6・3・3 管断面積がゆるやかに変化する場合 (pipes with gradual area change)

a．広がり管 (divergent pipe)

管断面積がゆるやかに広がる場合(図 6.20)，損失ヘッド Δh を

$$\Delta h = \zeta \frac{v_1^2}{2g} \tag{6.29}$$

と表す．拡大後の圧力を p_2，損失を無視した場合の拡大後の圧力を p_2^* とすれば，実際の圧力 p_2 は p_2^* より低くなることがわかる．そこで，広がり管の圧力回復率(pressure recovery factor) η を次式で定義する．

$$\eta = \frac{p_2 - p_1}{p_2^* - p_1} \tag{6.30}$$

この η を用いると損失係数 ζ は次のように表される．

$$\zeta = (1-\eta)\left\{1-\left(\frac{A_1}{A_2}\right)^2\right\} \tag{6.31}$$

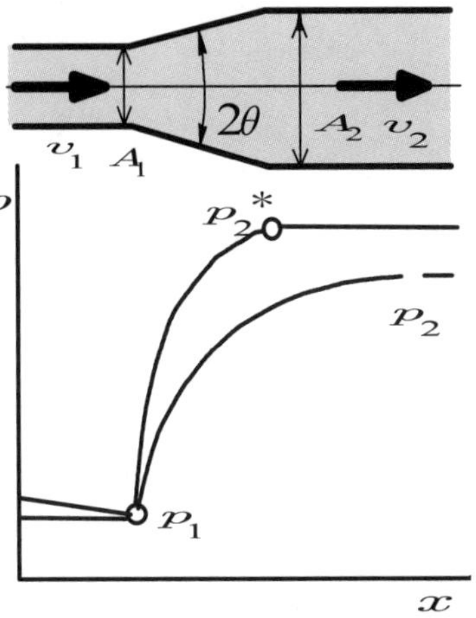

図 6.20　広がり管内の流れ

図 6.21 は円すい管の圧力回復率 η と広がり角度 θ の関係を示している．広がり管には速度エネルギーを圧力エネルギーへ変換する機能があり，ターボ機械(turbo-machinery)のディフューザ(diffuser)としてよく使用されている．

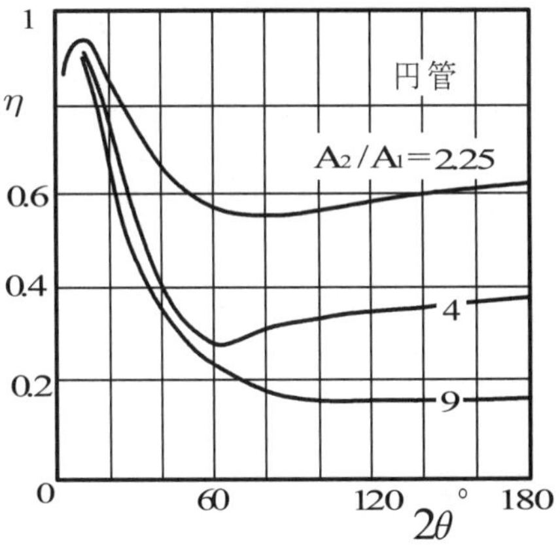

図 6.21　円すい管の圧力回復率

【例題 6・9】　図 6.22 のように，それぞれ内圧（ゲージ圧力とする）が p_1 と p_2 の 2 つのタンクに気体(密度 $\rho = 1.20\,\mathrm{kg/m^3}$)が入っており，パイプで接続されている．上流側パイプの内径 $d_1 = 50.0\,\mathrm{mm}$，長さ $L_1 = 2.00\,\mathrm{m}$，管摩擦係数 $\lambda_1 = 0.025$，下流側では $d_2 = 150.0\,\mathrm{mm}$， $L_2 = 5.00\,\mathrm{m}$， $\lambda_2 = 0.022$， 下流側タンク内圧は $p_2 = 0\,\mathrm{Pa}$，拡大損失係数は $\zeta = 0.60$，パイプ内の流量は $Q = 2000\,\ell/\mathrm{min}$ である．損失は，管摩擦損失と拡大損失を考慮せよ．

(1) パイプ内の上流側，下流側のそれぞれの流速 v_1 と v_2 を求めよ．

(2) 上流側タンクの内圧 p_1 を求めよ．

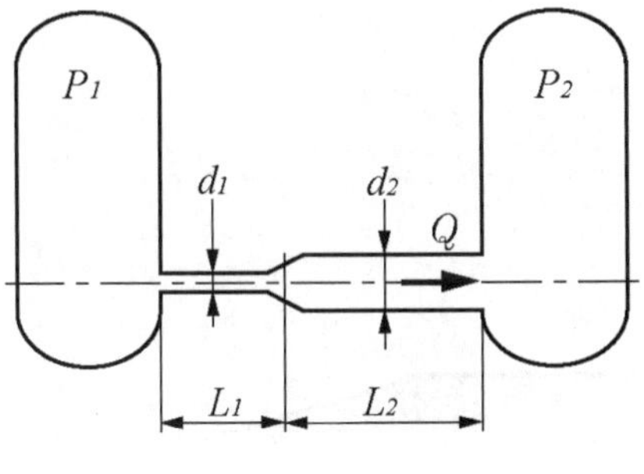

図 6.22　異径管

【解答】(1) $Q = (\pi d^2/4)v$ より，

$$v_1 = \frac{4Q}{\pi d_1^2} = \frac{4\times(2000\times10^{-3}/60)}{3.14\times0.05^2} = 16.98 = 17.0\,(\mathrm{m/s})$$

$$v_2 = \frac{4Q}{\pi d_2^2} = \frac{4\times(2000\times10^{-3}/60)}{3.14\times0.15^2} = 1.887 = 1.89\,(\mathrm{m/s})$$

(2) 式(6.4)より，

$$\frac{p_1}{\rho g} + \frac{v_1^2}{2g} + z_1 = \frac{p_2}{\rho g} + \frac{v_2^2}{2g} + z_2 + \Delta h$$

$$\frac{p_1}{\rho g} + 0 + 0 = 0 + \frac{v_2^2}{2g} + 0 + \lambda_1\frac{L_1}{d_1}\frac{v_1^2}{2g} + \lambda_2\frac{L_2}{d_2}\frac{v_2^2}{2g} + \zeta\frac{v_1^2}{2g}$$

$$p_1 = \left(\frac{\lambda_1 L_1}{d_1} + \zeta\right)\frac{\rho v_1^2}{2} + \left(1 + \frac{\lambda_2 L_2}{d_2}\right)\frac{\rho v_2^2}{2}$$

$$= \left(\frac{0.025\times2}{0.05} + 0.6\right)\frac{1.2\times16.98^2}{2} + \left(1 + \frac{0.022\times5}{0.15}\right)\frac{1.2\times1.887^2}{2}$$

$$= 276.7 + 3.70 = 280.4 = 280\,(\mathrm{Pa})$$

(途中の計算から管内径の小さな上流側の損失が支配的であることがわかる．)

【例題 6・10】 入口と出口の断面積がそれぞれ A_1，A_2 のディフューザがある．

(1) 損失係数 ζ と圧力係数 C_p の間の関係を求めよ．ただし，圧力係数の定義は次の通りである．

$$C_p = \frac{p_2 - p_1}{\left(\rho v_1^2/2\right)} \qquad (\rho \text{ は密度，} v_1 \text{ は入口の平均流速})$$

(2) 損失係数 ζ と圧力回復率 η との関係式(6.31)を求めよ．

【解答】(1) 式(6. 29)の損失ヘッドを考慮して，損失を含むベルヌーイの式(6.4)は，

$$\frac{p_1}{\rho g} + \frac{v_1^2}{2g} = \frac{p_2}{\rho g} + \frac{v_2^2}{2g} + \zeta \frac{v_1^2}{2g}$$

$$p_1 + \frac{\rho v_1^2}{2} = p_2 + \frac{\rho v_2^2}{2} + \zeta \frac{\rho v_1^2}{2}$$

連続の式，$A_1 v_1 = A_2 v_2$ を考慮して変形すると，

$$\zeta \frac{\rho v_1^2}{2} = -\left(p_2 - p_1\right) + \frac{\rho v_1^2}{2} - \frac{\rho}{2}\left(\frac{A_1}{A_2} v_1\right)^2 \qquad \text{(A)}$$

両辺を $\rho v_1^2/2$ で割り，

$$\zeta = -C_p + 1 - \left(\frac{A_1}{A_2}\right)^2$$

(2) 前述の式(A)を変形すると，

$$p_2 - p_1 = \left\{1 - \left(\frac{A_1}{A_2}\right)^2\right\}\frac{\rho v_1^2}{2} - \zeta \frac{\rho v_1^2}{2} \qquad \text{(B)}$$

損失のない場合には，

$$p_2^* - p_1 = \left\{1 - \left(\frac{A_1}{A_2}\right)^2\right\}\frac{\rho v_1^2}{2} \qquad \text{(C)}$$

式(B)を式(C)で割ると左辺は圧力回復率 η となり，式を変形して式(6.31)が導かれる．

$$\zeta = \left(1 - \eta\right)\left\{1 - \left(\frac{A_1}{A_2}\right)^2\right\}$$

b．細まり管 (convergent pipe)

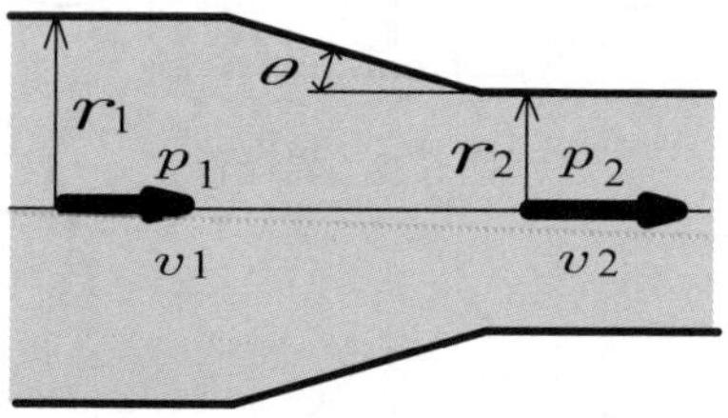

図 6.23　細まり管内の流れ

断面積がゆるやかに小さくなる細まり管では(図 6.23)，流れ方向へ圧力降下するので縮流やはく離は起こらない．損失は管摩擦損失のみと考え，直円管の管摩擦係数 λ を用いれば，損失ヘッド Δh と損失係数 ζ は，

$$\Delta h = \zeta \frac{v_2^2}{2g} \qquad \text{(6.32a)}$$

$$\zeta = \frac{\lambda}{8 \tan \theta}\left\{1 - \left(\frac{A_2}{A_1}\right)^2\right\} \qquad \text{(6.32b)}$$

ここで流体の圧力エネルギーを速度エネルギーに変換する機能をもつ先細まり管をノズル(nozzle)といい，この逆のディフューザに比べて損失は少ない．

【例題 6・11】　図 6.24 のようなノズル，測定部，ディフューザ，循環流路および送風機で構成される風洞がある．測定部の直径は 3.0 m，上流の直径は 6.0 m である．ノズルの速度係数(損失がないときの流速に対する実際の流速の比)を $C_V = 0.98$，ノズル以外の全流路において生じる摩擦損失ヘッドは測定部の速度ヘッドの 20% とする．測定部入口の流速が $v = 70.0$ m/s のとき，次の値を求めよ．ただし，空気は非圧縮性とし，空気の密度は $\rho = 1.25$ kg/m^3 とする．

(1)　ノズルを通るときに生じる圧力低下 Δp

(2)　送風機の効率を 85% とするとき送風機の所要軸動力

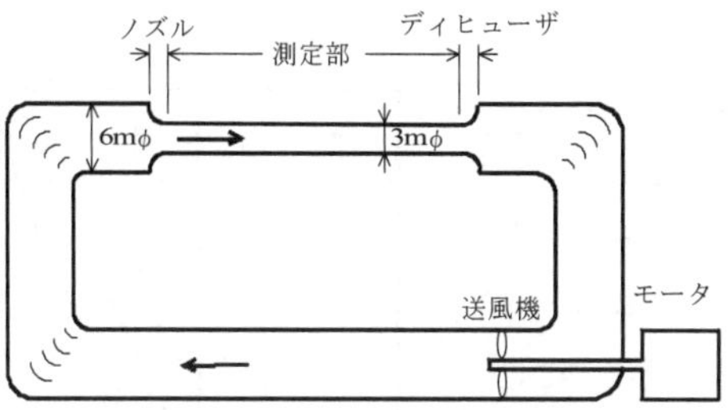

図 6.24　風洞

【解答】(1) ノズル入口と出口に添字 $_1$，$_2$ を用いると，損失がないときの出口の流速 v_2 は，

$$v_2 = \sqrt{\frac{2(p_1 - p_2)}{\rho\left\{1-(d_2/d_1)^4\right\}}}$$

実際の流速は $v_2' = C_V v_2$ であるから，$70 = C_V v_2$ であり，

$$\Delta p = p_1 - p_2 = 2990 = 2.99\,(\mathrm{kPa})$$

(2) ノズル部の損失ヘッドを Δh_1 とすると

$$\frac{p_1}{\rho g} + \frac{v_1^2}{2g} + z_1 = \frac{p_2}{\rho g} + \frac{v_2^2}{2g} + z_2 + \Delta h_1 \quad より，\quad \Delta h_1 = 9.7\,\mathrm{m}$$

その他の損失ヘッドは，$\Delta h_2 = \dfrac{v_2^2}{2g} \times 0.2 = 49.9\,(\mathrm{m})$

よって，全損失ヘッドは，$\Delta h = \Delta h_1 + \Delta h_2 = 59.6\,(\mathrm{m})$

流量は $Q = 495$ m^3/s であり，必要な動力 L は，

$$L = \frac{\rho g Q \Delta h}{\eta} = 4.26 \times 10^5\,(\mathrm{W}) = 426\,(\mathrm{kW})$$

6・3・4 管路に絞りがある場合 (pipes with throat)

図 6.25 のベンチュリ管(Venturi tube, Venturi meter)，オリフィス(orifice)やフローノズル(flow nozzle)は，いずれも管断面積を絞り，絞り前後の圧力差から流量を測定する装置である．これらの流量計(flow meter)内の流れでは縮流やはく離によって損失を生じ，損失係数 ζ は広がり管の式(6.29)と細まり管の式(6.32)の和で表されると考えてよい．

また，流量を調節する弁(valve)には種々の形式が用いられる．弁を通過する流れも絞りやのど部(throat)のある管内流れとなり，縮流やはく離による損失を生ずる．弁の損失係数 ζ は，表 6.1 のような資料を用いると便利である．

表 6.1　弁の損失係数

開度	止め弁	仕切弁
全開	9	0.13
3/4	13	0.80
2/4	35	3.80
1/4	110	15.0

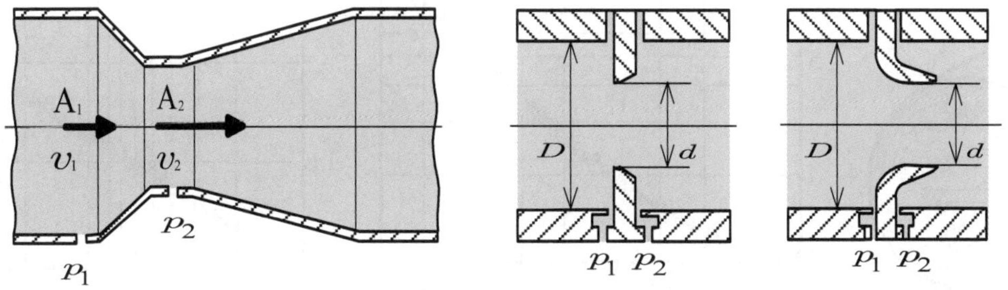

(a)ベンチュリ管　　(b)オリフィス　　(c)フローノズル

図 6.25　各種流量計

6・4　曲がる管内の流れ (curved pipe flow)

6・4・1 エルボとベンド (elbow and bend)

急な方向変化のある管路をエルボ(elbow)といい，損失ヘッドは，

$$\Delta h=\frac{\Delta p}{\rho g}=\zeta\frac{v^2}{2g} \tag{6.33}$$

漸次曲がる管路をベンド(bend)といい、二次流れ (secondary flow)が発生する．

これらの損失係数 ζ は，曲がり角度 θ や管断面の形状によって変化する(図 6.26)．図の各曲線はA:長方形断面，B:円形断面，C:曲がり部に案内羽根(guide vane)を並べたものである．ベンドの損失ヘッド Δh は，損失係数 ζ による損失とベンドの管軸長さ l と同じ長さの直管の管摩擦損失の和で表される．

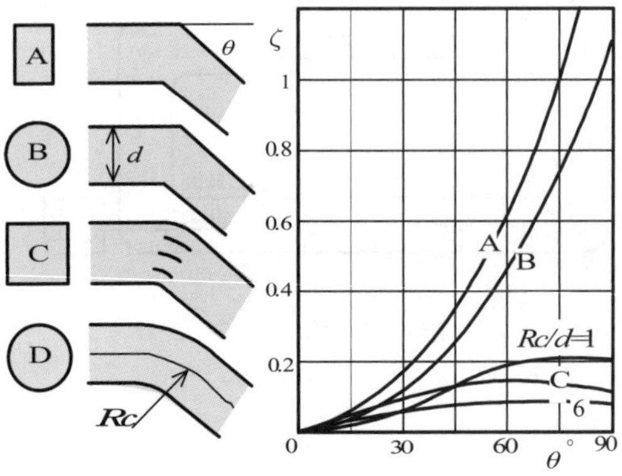

図 6.26　エルボの損失係数

$$\Delta h=\left(\zeta+\lambda\frac{l}{d}\right)\frac{v^2}{2g} \tag{6.34}$$

損失係数 ζ は壁面粗さ，管路の曲率半径 R_C，断面形状で変化する(図 6.27, 図 6.28)．

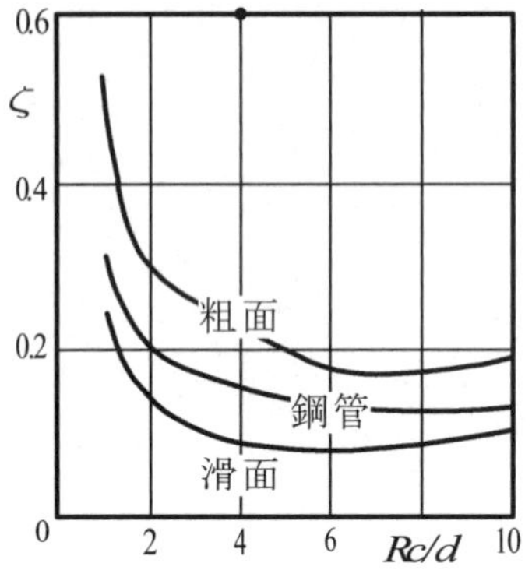

図 6.27　ベンド円管の損失係数

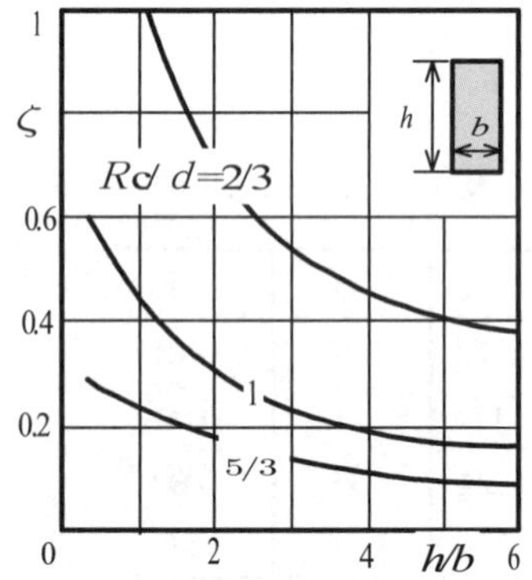

図 6.28　ベンド長方形管の損失係数

6・4・2 曲がり管(curved pipe)

連続して曲がる管を曲がり管といい，図 6.29 のように主流の偏りや二次流れの渦が形成される．管摩擦係数については，伊藤(Ito)が次の半実験式を提示している．曲がり円管の管摩擦係数を λ_C，直円管のそれを λ_S とし，両者の比 λ_C/λ_S をつくると，層流の場合 λ_S に式(6.11)を用いて

$$\frac{\lambda_C}{\lambda_S}=0.1008De^{\frac{1}{2}}(1+3.945De^{-\frac{1}{2}}+7.782De^{-1}+9.097De^{-\frac{3}{2}}+5.608De^{-2}) \tag{6.35}$$

となる．ここで De はディーン数(Dean number)であり，レイノルズ数 Re，管路の曲率半径 R_C と管直径 d で定義される．

$$De=Re\sqrt{\frac{d}{2R_C}} \tag{6.36}$$

なめらかな曲がり円管の乱流管摩擦係数 λ_C は λ_S にブラジウスの式(6.19)を用いて

$$\frac{\lambda_C}{\lambda_S}=\left\{Re\left(\frac{d}{2R_C}\right)^2\right\}^{0.05} \tag{6.37}$$

と表される．図 6.30 の層流管摩擦係数と図 6.31 の乱流管摩擦係数に実験値を示す．層流から乱流へ遷移する臨界レイノルズ数 Re_C は次の実験式で表される．

$$Re_C=2\times10^4\times\left(\frac{d}{2R_C}\right)^{0.32} \tag{6.38}$$

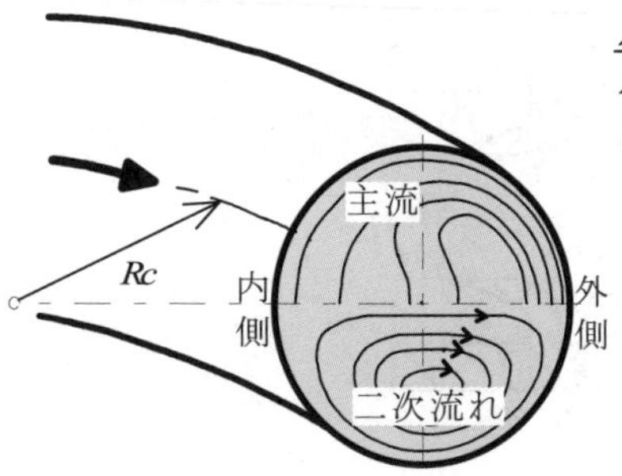

図 6.29　曲がり円管内の流れ

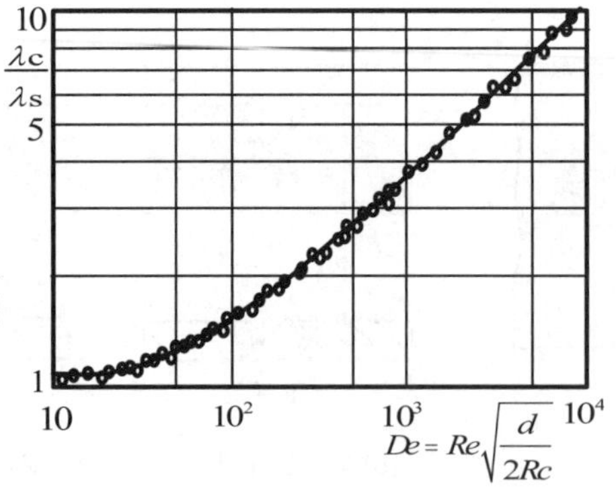

図 6.30　なめらかな曲がり円管の層流管摩擦係数

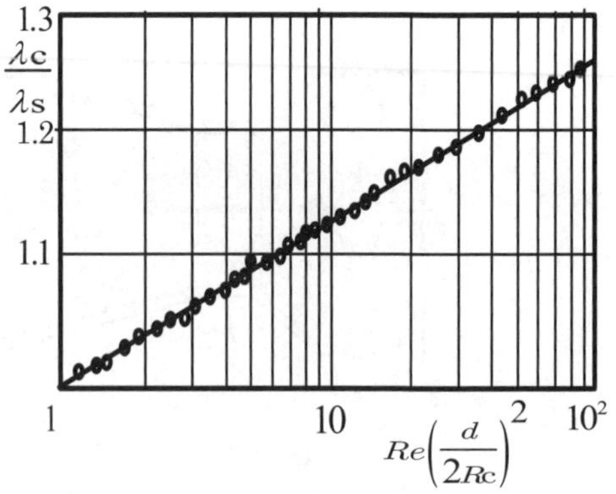

図 6.31　なめらかな曲がり円管の乱流管摩擦係数

【例題 6・12】　図 6.32 のように，ポンプによりビルの屋上にある受水タンクに水を送る．送水管の内径 $d = 150\,\mathrm{mm}$，$H_1 = 1.0\,\mathrm{m}$，$H_2 = 15.0\,\mathrm{m}$，$L_1 = 4.0\,\mathrm{m}$，$L_2 = 1.0\,\mathrm{m}$，管摩擦係数 $\lambda = 0.035$，弁の損失係数 $\zeta_V = 2.0$，3 箇所あるベンドの損失係数は 1 箇所あたり $\zeta_B = 0.20$ とする．これ以外の損失は無視できるものとする．流量 Q を $0.20\,\mathrm{m^3/s}$ とするためにはポンプ出口の圧力をいくらにすればよいか．

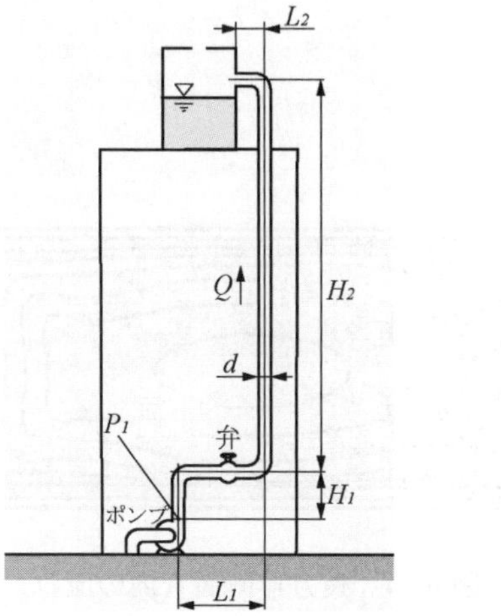

図 6.32　ビルの給水

【解答】ポンプ出口を 1，送水管出口を 2 として式(6.4)をたてる．

$$\frac{p_1}{\rho g}+\frac{v_1^2}{2g}+z_1=\frac{p_2}{\rho g}+\frac{v_2^2}{2g}+z_2+\Delta h$$

$$\frac{p_1}{\rho g}+\frac{v^2}{2g}+0=0+\frac{v^2}{2g}+H_1+H_2+\lambda\frac{H_1+H_2+L_1+L_2}{d}\frac{v^2}{2g}+\left(\zeta_V+3\zeta_B\right)\frac{v^2}{2g}$$

$$p_1=\rho g\left(H_1+H_2\right)+\left\{\frac{\lambda\left(H_1+H_2+L_1+L_2\right)}{d}+\zeta_V+3\zeta_B\right\}\frac{\rho v^2}{2}$$

$$=\rho g\left(H_1+H_2\right)+\left\{\frac{\lambda\left(H_1+H_2+L_1+L_2\right)}{d}+\zeta_V+3\zeta_B\right\}\frac{\rho}{2}\left(\frac{4Q}{\pi d^2}\right)^2$$

$$=1000\times 9.81\times 16+\left(\frac{0.035\times 21}{0.15}+2+3\times 0.2\right)\frac{1000}{2}\left(\frac{4\times 0.2}{3.14\times 0.15^2}\right)^2$$

$$=156960+480824=6.38\times 10^5\,(\mathrm{Pa})=640\,(\mathrm{kPa})$$

6・4・3 分岐管(branch pipe)

ネットワーク状の複雑な管路系では分岐管によって流れを分流あるいは合流する場合がある．図 6.33 に分流・合流における損失係数 ζ の例を示す．

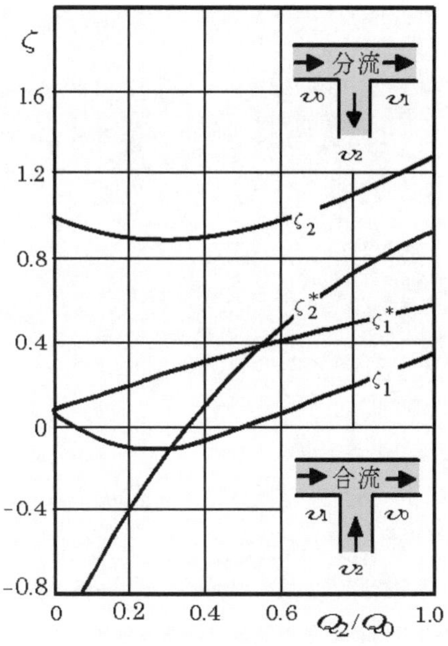

図 6.33　分岐管の損失係数

分流の場合，分流前の管路において圧力，速度，流量，管長，管直径，管摩擦係数をそれぞれ添字 0 を付けて p_0, v_0, Q_0, l_0, d_0, λ_0 とし，分流後の 2 本の管路にはそれぞれ添字 1,2 を付けると，損失を含むベルヌーイの式は

$$p_0+\frac{\rho v_0^2}{2}=p_1+\frac{\rho v_1^2}{2}+\left(\lambda_0\frac{l_0}{d_0}+\zeta_1\right)\frac{\rho v_0^2}{2}+\lambda_1\frac{l_1}{d_1}\frac{\rho v_1^2}{2} \tag{6.39a}$$

$$p_0+\frac{\rho v_0^2}{2}=p_2+\frac{\rho v_2^2}{2}+\left(\lambda_0\frac{l_0}{d_0}+\zeta_2\right)\frac{\rho v_0^2}{2}+\lambda_2\frac{l_2}{d_2}\frac{\rho v_2^2}{2} \tag{6.39b}$$

と表される．ここで ζ_1, ζ_2 は管路 0 から管路 1, 2 への分流損失係数である．

同様に，合流の場合は合流後を添字 0 で表し，

$$p_1+\frac{\rho v_1^2}{2}=p_0+\frac{\rho v_0^2}{2}+\lambda_1\frac{l_1}{d_1}\frac{\rho v_1^2}{2}+\left(\lambda_0\frac{l_0}{d_0}+\zeta_1^*\right)\frac{\rho v_0^2}{2} \tag{6.40a}$$

$$p_2+\frac{\rho v_2^2}{2}=p_0+\frac{\rho v_0^2}{2}+\lambda_2\frac{l_2}{d_2}\frac{\rho v_2^2}{2}+\left(\lambda_0\frac{l_0}{d_0}+\zeta_2^*\right)\frac{\rho v_0^2}{2} \tag{6.40b}$$

連続の式は，分流・合流ともに $Q_0 = Q_1 + Q_2$ である．

6・5　矩形管内の流れ (rectangular duct flow)

長方形断面管と正方形断面管をあわせて矩形管(rectangular duct)という．矩形管内乱流では，管路の曲がりがなくても，4コーナーへ向かう二次流れ(secondary flow)が存在する(図 6.34)．

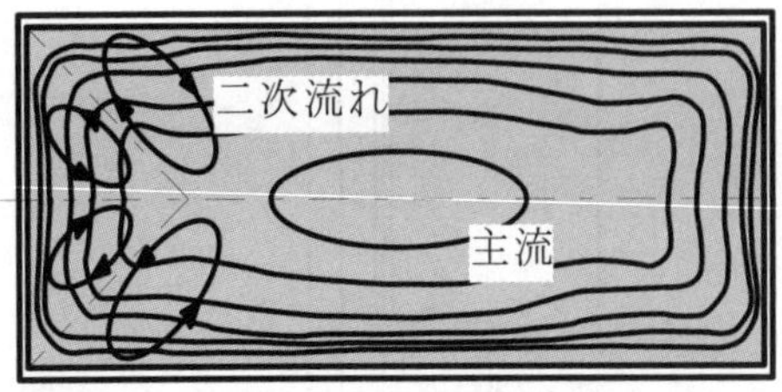

図 6.34　長方形断面管内の流れ

矩形管内流れでは，管長 l についての圧力降下 Δp，管断面積 A，ぬれ縁長さ(wetted perimeter, 断面において流体と接する周囲の長さ) L を用い，$m = A/L$ （m を水力半径あるいは流体平均深さという）とおくと

$$\Delta p = \lambda \frac{l}{d_h} \frac{\rho v^2}{2} \tag{6.41}$$

ここで，d_h は円管の直径に相当することから等価直径(equivalent diameter)あるいは水力直径(hydraulic diameter)と呼ばれる．

$$d_h = \frac{4A}{L} = 4m \tag{6.42}$$

式(6.41)で定義される矩形管の乱流管摩擦係数 λ は，レイノルズ数

$$Re = \frac{v d_h}{\nu} \tag{6.43}$$

と相対粗さ k_S / d_h の関数として近似的に円管の管摩擦係数を用いる．この方法は矩形管だけでなく種々の断面形状をした管路内の流れに利用されている．

【例題 6・13】　1辺 200 mm の正方形断面をもつ内壁のなめらかな流路がある．内部を平均流速 4.0 m/s で 20 ℃の水（$\nu = 1.0\times10^{-6}$ m²/s）が流れるとき，管路長さ 100 m の損失ヘッドを求めよ．

【解答】式(6.42)より，流路断面の水力半径は $m = A/L = 0.0500$(m)，等価直径は $d_h = 4m = 0.200$(m)，レイノルズ数は $Re = vd_h/\nu = 8.0\times10^5$ となる．ニクラゼの式(6.20)を用いると $\lambda = 0.012$ となる．したがって，損失ヘッドは式(6.41)より，

$$\Delta h = \frac{\Delta p}{\rho g} = \lambda \frac{l}{d_h}\frac{v^2}{2g} = 0.012\times\frac{100}{0.2}\times\frac{4^2}{2\times9.81} = 4.9\,(\mathrm{m})$$

===== 練習問題 =======================

【6・1】内径 100 mm の水平な円管内を水が流れている．距離 5.00 m だけ離れている2点間の圧力の差が 100 kPa，管摩擦係数が 4.00×10^{-2} であるとき，

(1) 長さ 5.00 m の管における摩擦ヘッド(管摩擦による損失ヘッド)を求めよ．

(2) 管内平均流速を求めよ．

【6・2】水槽の側面に内径 10.0 mm，長さ 10.0 m の円管が水平に接続され，中の水が管出口から大気中に流出している．円管は水面から深さ 2.00 m の高さにある．損失は管摩擦損失だけを考慮し，管摩擦係数が 3.00×10^{-2} のとき，

(1) 管内平均流速を求めよ．

(2) 流出流量を求めよ．

第6章　練習問題

【6・3】 The flow rate of water through a cast iron pipe is 5000 gallons(US) per minute. The diameter of the pipe is 1.0 foot, and the coefficient of friction is λ=0.0173. What is the pressure drop over a 100 foot length of the pipe?

(A) 21.1 $\mathrm{lbf/ft^2}$　(B) 23.8 $\mathrm{lbf/ft^2}$　(C) 337.4 $\mathrm{lbf/ft^2}$　(D) 1.09×10^4 $\mathrm{lbf/ft^2}$

【6・4】内径50.0mmの鉛直な円管内を水が上から下へ平均流速2.00m/sで流れている．高さ10.0m離れた2点間の圧力差（下の圧力から上の圧力を引いた値）が90.0kPaである．

(1) 2点間の損失ヘッドを求めよ．

(2) 管摩擦係数λを求めよ．

【6・5】 図6.35のように，2つの水槽を円管（内径$d=100.0\,\mathrm{mm}$，長さ$L=8.00\,\mathrm{m}$，管摩擦係数$\lambda=0.030$）でつなぎ，中のオイルを流している．$H_1=4.00\,\mathrm{m}$，$H_2=3.00\,\mathrm{m}$のとき，円管内の流量Qを求めよ．ただし，損失は管摩擦損失だけを考慮するものとする．

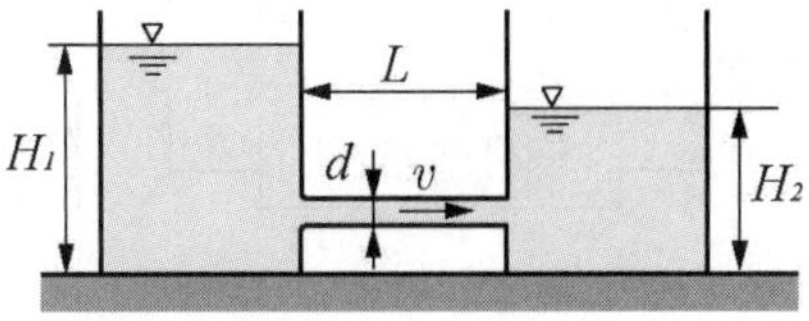

図6.35　タンク間の輸送

【6・6】 Which of the following ratios is correct in providing a physical meaning for the Reynolds number, Re?

(A) $Re=\dfrac{\text{buoyant forces}}{\text{inertial forces}}$　(B) $Re=\dfrac{\text{viscous forces}}{\text{inertial forces}}$

(C) $Re=\dfrac{\text{drag forces}}{\text{viscous forces}}$　(D) $Re=\dfrac{\text{inertial forces}}{\text{viscous forces}}$

【6・7】 The Reynolds number of an air flow through a pipe is 1.0×10^4. If the inner diameter of pipe is $2.0\,\mathrm{in}$, what is its velocity?

($\rho_{\mathrm{air}}=0.00234\,\mathrm{slug/ft^3}$，$\mu_{\mathrm{air}}=3.8\times10^{-7}\,\mathrm{lbf\cdot s/ft^2}$)

(A) 0.30ft/s　(B) 0.61ft/s　(C) 4.87ft/s　(D) 9.74ft/s

【6・8】内径10.0mmの円管内を動粘度$1.60\times10^{-6}\,\mathrm{m^2/s}$の液体を輸送する場合，層流状態を保てる最大流量$Q$を求めよ．

【6・9】直径$d=300\,\mathrm{mm}$の円管内を20℃の水が毎秒$0.225\,\mathrm{m^3}$で流れている．管中心での流速が3.70m/sであるとき，この管の摩擦係数λを求めよ．また，管中心から50mm，75mm，100mmの半径位置での速度も求めよ．

【6・10】上流の水槽とのヘッド差が20mあり，このヘッド差を利用して距離が200m離れた水槽に20℃の水を毎秒$0.080\,\mathrm{m^3}$送る計画をたてた．入口と出口の損失を無視するとき，使用する亜鉛引鉄管(管の粗さを$k_s=0.15\,\mathrm{mm}$とする)の内径を求めよ．

【6・11】比重0.96，粘度$\mu=7.78\,\mathrm{cP}$ (センチポアズ)の油が内径150mmのなめらかな管内を平均速度$v=1.8\,\mathrm{m/s}$で流れるとき，管長1500mにおける圧力損失を求めよ．

【6・12】 For fully developed laminar flow of fluids through pipes, the average velocity is what fraction of the maximum velocity in the pipe?

(A) $\dfrac{1}{8}$　　(B) $\dfrac{1}{4}$　　(C) $\dfrac{1}{2}$　　(D) $\dfrac{3}{4}$

【6・13】乱流の管内の速度分布が次式で与えられるとき，管内の平均流速 V を求めよ．ただし，U_0 は管中心の速度である．

$$\frac{u}{U_0} = \left(1 - \frac{r}{r_0}\right)^{1/n}$$

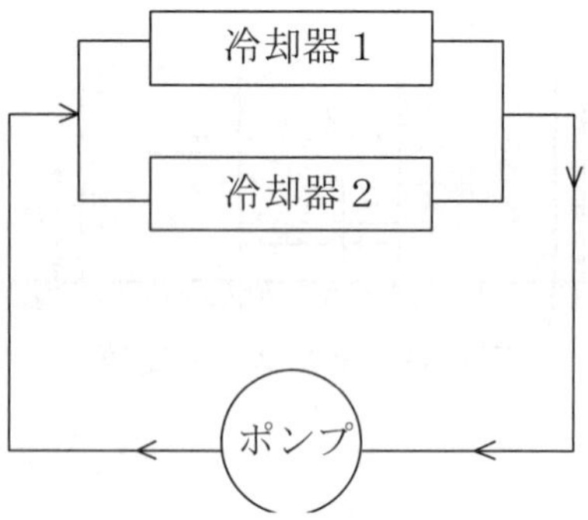

図 6.36　冷却器

【6・14】図 6.36 のように並列におかれた 2 つの冷却器に冷却水が送られる．冷却器の内部は管群から構成されており，水はそれらの管内を流れる．いま，冷却器 1 は管内径 $d_1 = 2.5\,\mathrm{mm}$，管長 $l_1 = 1.5\,\mathrm{m}$ の管 $n_1 = 20$ 本から，また冷却器 2 は $d_2 = 4.0\,\mathrm{mm}$，$l_2 = 2.4\,\mathrm{m}$，$n_2 = 30$ 本からつくられている．管の相対粗さは両方の冷却器とも $k_s/d = 0.01$ とする．ポンプから 20℃の水（$\nu = 0.010\,\mathrm{cm^2/s}$，$\rho = 1000\,\mathrm{kg/m^3}$）が $Q = 50.0\,\ell/\mathrm{s}$ で送られるとき，それぞれの冷却器の流量 Q_1，Q_1 を求めよ．ただし，冷却器内で生じる損失は管の摩擦損失のみであるとする．

【6・15】管径 $d = 100\,\mathrm{mm}$ の管内を流量 $Q = 0.025\,\mathrm{m^3/s}$ で 20℃の水が流れるとき，管の材質が次の場合，管長 $100\,\mathrm{m}$ あたりの損失ヘッドを求めよ．

(1) 黄銅管（なめらかな管とみなす場合）

(2) 相対粗さ $k_s/d = 0.001$ の鉄管

(3) コンクリート管（$k_s = 1\,\mathrm{mm}$ の場合）

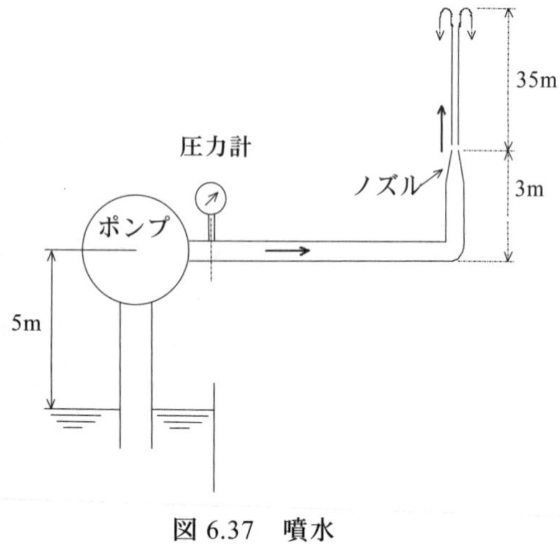

図 6.37　噴水

【6・16】内径 $2.0\,\mathrm{m}$ の管内を $v = 4.0\,\mathrm{m/s}$ で水が流れている．いまこの管を以下の方法で内径 $4.0\,\mathrm{m}$ に拡大するとき，拡大に伴う損失ヘッドを求めよ．

(1) 広がり角度 $2\theta = 20^\circ$ で広げる場合

(2) 途中に内径 $3.0\,\mathrm{m}$ の管を接続し，2 回に分けて急拡大を行う場合

(3) 一度に急拡大を行う場合

【6・17】図 6.37 のように内径 $75.0\,\mathrm{mm}$，長さ $450\,\mathrm{m}$ の管路の先端にノズルを取りつけ，高さ $35.0\,\mathrm{m}$ まで上昇する噴水をつくる．このノズルの先端の直径を求めよ．ノズルの高さはポンプ出口より $3.0\,\mathrm{m}$ 高く，管路入口(ポンプ出口)の静圧は $1.4\times10^3\,\mathrm{kPa}$，管の摩擦係数を $\lambda = 0.010$，ノズルの速度係数を $C_V = 0.95$ とし，その他の損失を無視する．また，水を管路より $5.0\,\mathrm{m}$ 下の水槽からポンプ（効率 70%）でくみあげるときの必要な軸動力を求めよ．

【6・18】図 6.38 に示す分岐管で $\alpha = 90^\circ$ の T 字形管において，次の場合の圧力ヘッドの変化量をそれぞれ求めよ．ただし，3 つの管はともに内径が等しく，それぞれの管の管摩擦損失を無視するものとする．分岐管の損失係数は図 6. 33 より求めよ．

(1) $v_1 = 4.0\,\mathrm{m/s}$，$v_2 = v_3 = 2.0\,\mathrm{m/s}$

(2) $v_1 = 4.0\,\mathrm{m/s}$，$v_2 = 1.0\,\mathrm{m/s}$，$v_3 = 3.0\,\mathrm{m/s}$

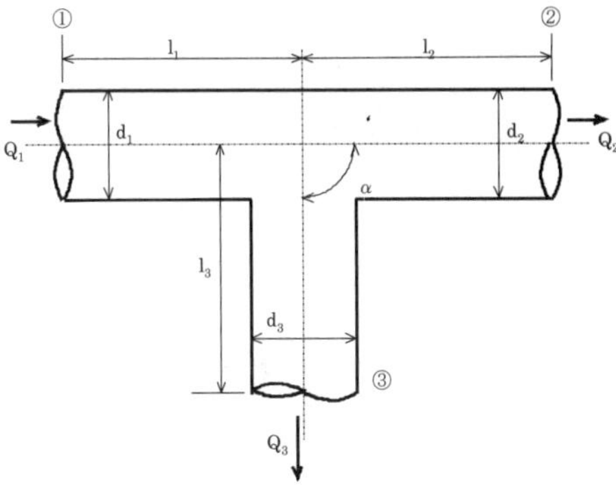

図 6.38　T 字形管

【6・19】図 6.39 に示すような管路によって流量 $Q_1 = 10.0\,\ell/\mathrm{s}$ の水が水槽 A から水槽 B に送られる．管途中の C で $Q_2 = 4.0\,\ell/\mathrm{s}$ の水が合流するときポンプの実揚程(ポンプで昇圧する圧力をヘッドで表したもの)および軸動力(ポンプの軸に加える仕事率)を求めよ．水槽 A からの入口損失係数を $\zeta_1 = 0.50$，合流部の損失係数を $\zeta_C = 0.30$，弁およびベンドの損失係数をそれぞれ $\zeta_2 = 0.20$ および $\zeta_3 = 0.30$ とする．また管の摩擦係数はいずれの管とも $\lambda = 0.020$，ポンプの効率 η を 70% とする．

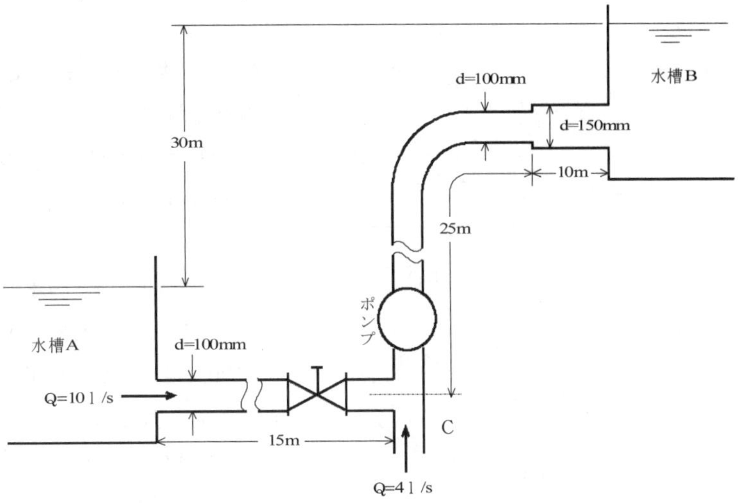

図 6.39　揚水管路系

【6・20】図 6.40 に示す A，B，2 つの貯水池がある．各貯水池からの水は C で合流したのち出口 D で放出される．各管にはそれぞれ弁が取りつけられている．これらの弁は，全開のときは損失係数はいずれも $\zeta_V = 0.20$ であり，弁を閉じていくとその値は増加する．管 1，2，3 の寸法がそれぞれ $l_1 = 80\,\mathrm{m}$，$l_2 = 40\,\mathrm{m}$，$l_3 = 100\,\mathrm{m}$，$d_1 = 0.400\,\mathrm{m}$，$d_2 = 0.250\,\mathrm{m}$，$d_3 = 0.500\,\mathrm{m}$，管摩擦係数がいずれも $\lambda = 0.030$ とするとき，D での流出量を求めよ．ただし，合流部や入口の損失を無視する．

(1) 弁 1 と 3 が全開，弁 2 が全閉のとき

(2) 弁 2 と 3 が全開，弁 1 が全閉のとき

(3) 3 つの弁が全開のとき

(4) 弁 1，2 を全開し，弁 3 を徐々に閉じていくとき，枝管 2 の流れが逆流しはじめるとき

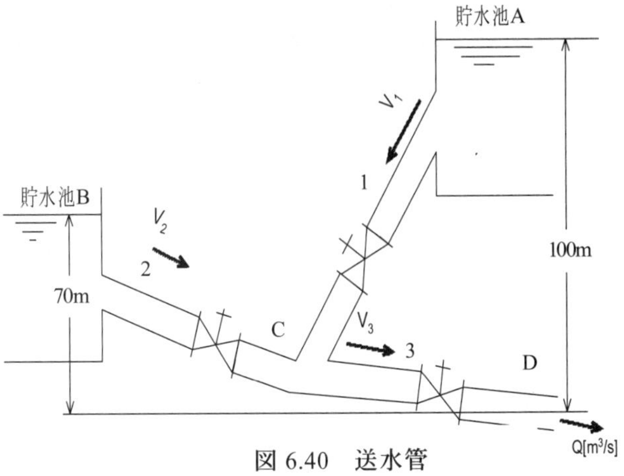

図 6.40　送水管

【6・21】 図 6.41 に示すような断面をもつ流路の水力半径と等価直径を求めよ．

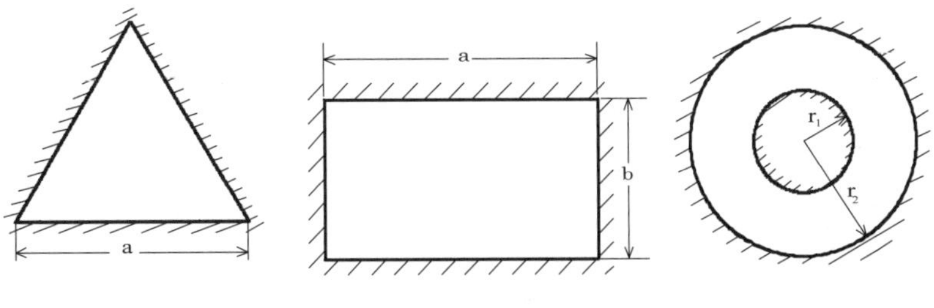

(a) 正三角形　　(b) 長方形　　(c) 2 重円

図. 6.41　さまざまな断面形状の管

【6・22】 A cast iron pipe of equilateral triangular cross section (vertex up) with side length of 20.75 inches has water flowing through it. The flow rate is 6000 gallons(US) per minute, and the friction factor for the pipe is λ=0.017. What is the pressure drop in a 100 foot section?

(A) 24.3 lbf/ft^2　(B) 48.7 lbf/ft^2　(C) 176 lbf/ft^2　(D) 5649 lbf/ft^2

【6・23】1 辺 50 mm の壁面のなめらかな正方形断面の流路内を 20℃の水が平均流速 $v = 3.0$ m/s で流れている．管は水平面に対して 50° 傾いており，水は下から上へ流れて出口では大気中に放出されている．この管の出口から 30 m 上流における静圧を求めよ．

【6・24】大気圧のもとで 20℃の空気が毎秒 0.45 m^3 の割合で 100 m の長さの管内を流れている．管の形状が次の場合にそれぞれの圧力損失を求めよ．

(1) 2 辺がそれぞれ 300 mm，100 mm のなめらかな長方形管

(2) 上記(1)と同一の面積の円管

【6・25】 図 6.42 のように矩形断面の送水溝を角度 $\theta = 5.0°$ だけ傾斜させ，水を流している．断面 AA において水の流れている部分は幅 $b = 600$ mm，縦 $a = 100$ mm，管摩擦係数 $\lambda = 0.020$ である．また，長さ L の区間において a の値は一定であるものとする．

(1) 等価直径 d_h を求めよ．

(2) 流量 Q を求めよ．

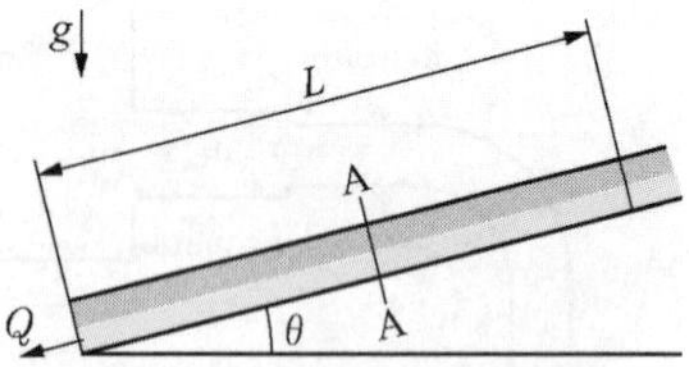

(a) 傾斜した送水溝

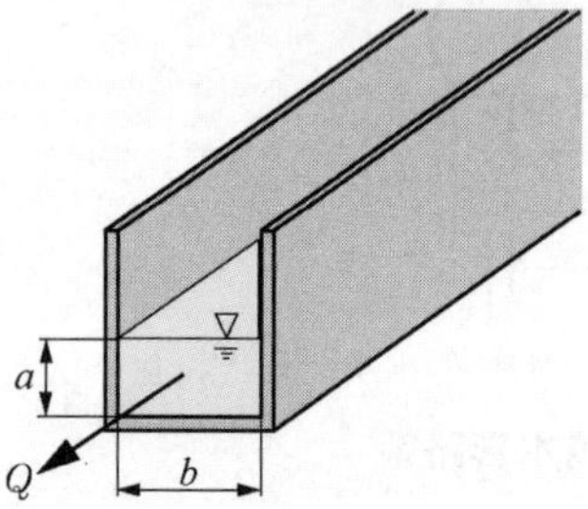

(b) 断面 AA

図 6.42　送水溝

第７章

物体まわりの流れ

Flow around a Body

7・1　抗力と揚力 (drag and lift)

7・1・1　抗力 (drag)

流体中にある物体と流体との間に相対速度があるとき，その物体には流体から力が作用する．図 7.1 に示すように，この力のうち，相対速度に平行な方向の成分を抗力（drag）という．

抗力 D は，抗力係数（drag coefficient）C_D を用いて，

$$D=\frac{1}{2}C_D\rho U^2 S \tag{7.1}$$

と表現される．ここで，ρ は流体の密度，U は物体と流体との相対速度，S は物体の基準面積である．物体の基準面積 S としては，流れに対する物体の前面投影面積が一般に用いられる．表 7.1 に種々の物体に対する抗力係数の例を示しておく．いずれの場合も，流れは物体正面に左から右方向へ流れているものとする．

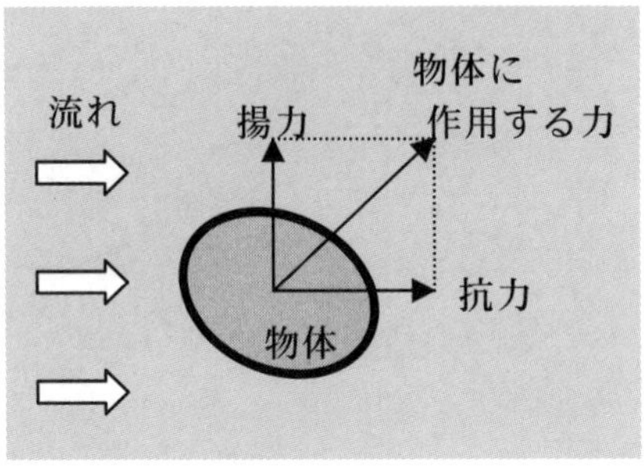

図 7.1　物体に作用する力と抗力

【例題 7・1】　一辺の長さ L の立方体が流速 V，密度 ρ の一様流中に置かれており，抗力 D を受けている．この立方体の抗力係数を求めよ．

表 7.1　種々の物体の抗力係数

物体（流れの方向：⇨　）	形状	基準面積 S	抗力係数 C_D
円柱 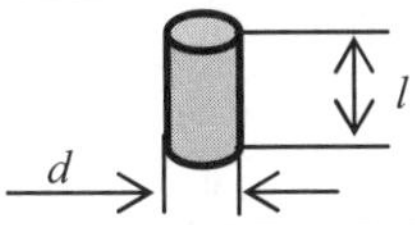	$l/d=1$ 5 10 ∞	dl	0.63 0.74 0.82 1.20
平板 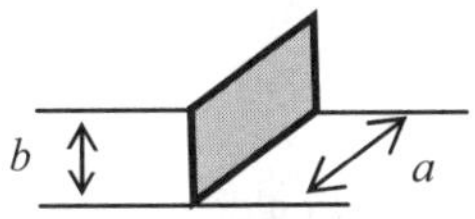	$a/b=1$ 5 10 ∞	ab	1.12 1.19 1.29 2.01
円板 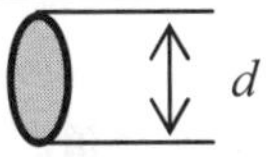		$\frac{\pi}{4}d^2$	1.20
立方体 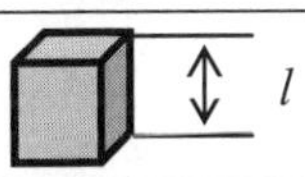		l^2	1.05
球 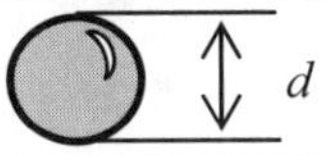		$\frac{\pi}{4}d^2$	0.47
流線形物体 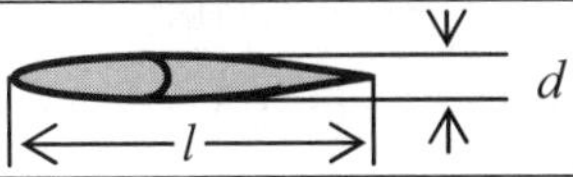	$l/d=2.5$	$\frac{\pi}{4}d^2$	0.04

【解答】式(7.1)を C_D について整理し，$U=V$，$S=L^2$ を代入する．

$$C_D=\frac{2D}{\rho U^2 S}=\frac{2D}{\rho V^2 L^2}$$

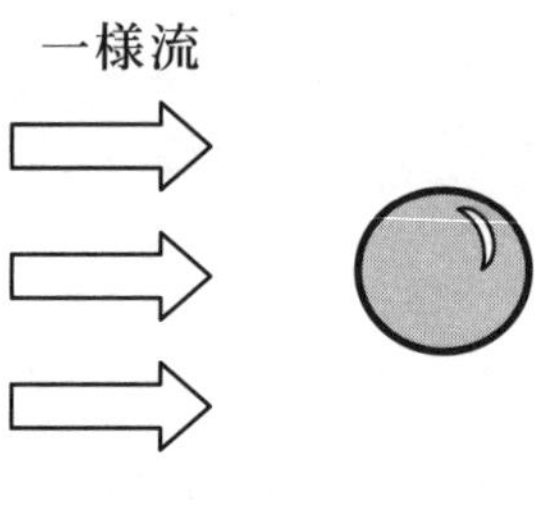

図 7.2　一様流中の球

【例題 7・2】　直径 10cm の球が一様な空気流中に置かれている．この球の受ける抗力の大きさと方向を求めよ．ただし，一様流の流速を 30m/s，空気の密度を 1.2kg/m^3 とし，抗力係数と基準面積は表 7.1 の値を用いよ．

【解答】表 7.1 より抗力係数は 0.47．式(7.1)より，抗力は

$$D=\frac{1}{2}\times 0.47\times 1.2\times(30.0)^2\times\frac{\pi}{4}\times(0.1)^2=2.0\ \text{(N)}$$

と求められる．抗力の作用する向きは流れと同じ向きである．

【例題 7・3】　抗力係数 C_D が 0.30 の乗用車がある．この乗用車が時速 80km で走行しているときの抗力を求めよ．ただし，空気の密度を 1.2kg/m^3，乗用車の前面投影面積を 3.0m^2 とする．

【解答】式(7.1)より，

$$D=\frac{1}{2}\times 0.3\times 1.2\times(\frac{80\times 1000}{3600})^2\times 3.0=2.7\times 10^2\ \text{(N)}$$

図 7.3　自動車に働く力

【例題 7・4】　出力 100kW（136PS）のエンジンを搭載した自動車の最高速度を求めよ．ただし，抗力係数 C_D を 0.35，前面投影面積を 2.5m^2，空気の密度を 1.2kg/m^3 とし，最高速度での走行時の流体抵抗（空力抵抗）は全抵抗の 90％を占めると仮定する．

【解答】最高速度を V とすると，自動車の受ける抗力は，

$$D=\frac{1}{2}C_D\rho U^2 S=0.35\times\frac{1}{2}\times 1.2\times V^2\times 2.5=0.525V^2\ \text{(N)}$$

動力 W は力×速度で与えられるため，

$$W=\frac{D}{0.9}\times V=\frac{0.525V^2}{0.9}\times V=0.583V^3=100\times 10^3\ \text{(W)}$$

$$V=\left(\frac{100\times 10^3}{0.583}\right)^{\frac{1}{3}}=55.56\ \text{(m/s)}=200.0\ \text{(km/h)}$$

抗力は，その発生原因に応じて，摩擦抗力（friction drag），形状抗力（form drag）あるいは圧力抗力（pressure drag），誘導抗力（induced drag），造波抗力（wave drag），干渉抗力（interference drag）の 5 種類に分類できる．

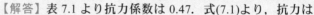

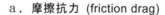

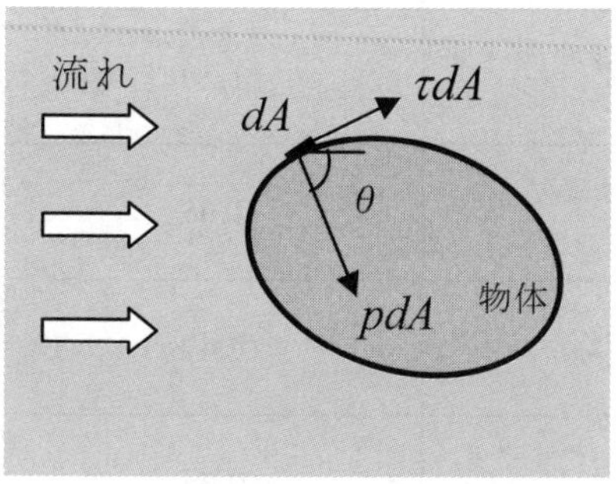

図 7.4　物体表面に作用する力

a．摩擦抗力 (friction drag)

物体表面に作用する摩擦力を物体の全表面にわたって積分したものを摩擦抗力という．図 7.4 のように，物体表面の微小部分 dA に着目し，この部分に接線方向に作用する摩擦力を τdA（τ は壁面せん断応力），dA の法線方向と流れとのなす角度を θ とすると，摩擦抗力 D_f は次式のように定義される．

$$D_f=\int_A \tau\sin\theta\, dA \qquad (7.2)$$

【例題 7・5】　図 7.5 のように，厚さの無視できる正方形の平板が，一様流の中に流れと平行に置かれている．平板の一辺が 0.50 m，平板表面の平均せん断応力が 4.0Pa のとき，この平板全体に作用する摩擦抗力を求めよ．

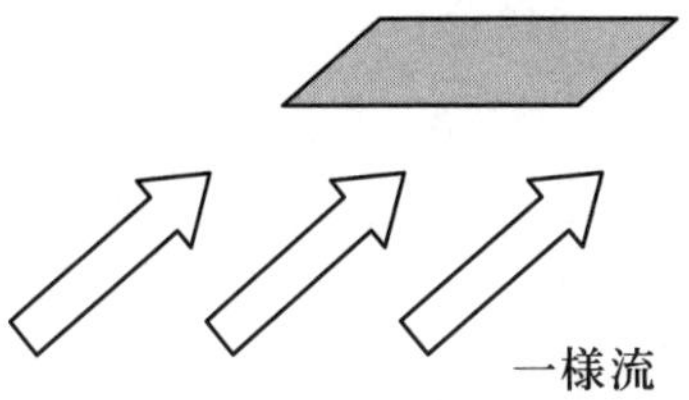

図 7.5　一様流中の平板

【解答】摩擦抗力の定義式(7.2)と平板の両面に摩擦力が作用することを考慮し，平板全体に作用する摩擦抗力は，次のように求められる．

$$D_f = 2\tau_{mean} A = 2\times 4.0\times (0.5)^2 = 2.0 \text{ (N)}$$

b．形状抗力 (form drag)（あるいは圧力抗力 (pressure drag)）

物体の全表面にわたって圧力を積分したときに得られる抗力を，形状抗力あるいは圧力抗力と呼ぶ．一般に，鈍頭物体まわりの高レイノルズ数流れでは形状抗力が支配的となっている．図 7.4 の微小要素 dA 上の圧力を p とすると，圧力の特性から p は dA に垂直に作用し，形状抗力 D_p は

$$D_p = \int_A p\cos\theta\, dA \tag{7.3}$$

と定義される．

【例題 7・6】　図 7.6 のように，厚さの無視できる直径 10cm の円板を一様流中に流れに垂直に置いた．円板前面の平均ゲージ圧が 40Pa，背面の平均ゲージ圧が 10Pa のとき，この円板の形状抗力を求めよ．

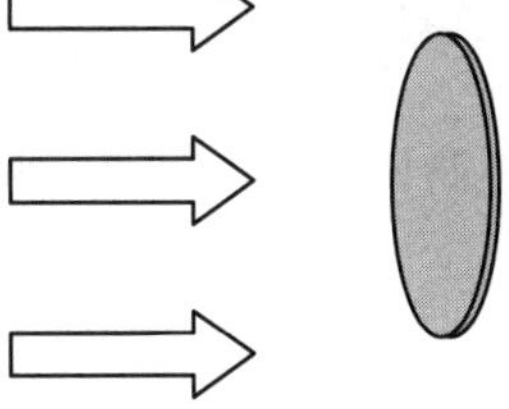

図 7.6　一様流中の円板

【解答】円板の前面に作用する力は，$D_F = 40\times\dfrac{\pi}{4}(0.1)^2 = 0.314$ (N)

背面に作用する力は，$D_B = 10\times\dfrac{\pi}{4}(0.1)^2 = 0.079$ (N)

円板まわりに圧力を積分して求められる形状抗力は，これら 2 つの力の差となるため，

$$D_p = D_F - D_B = 0.314 - 0.079 = 0.235 \text{ (N)}$$

c．誘導抗力 (induced drag)

3 次元物体まわりに発生する縦渦（渦軸が主流と平行な渦）による抗力を誘導抗力という．

d．造波抗力 (wave drag)

高速な流体中における衝撃波の形成や，船の進行に伴う水面波の形成によって発生する抗力を造波抗力という．

e．干渉抗力 (interference drag)

流れの中に物体 1, 2 をそれぞれ単独で置いた場合の抗力を D_1，D_2 とする．この 2 つの物体を近接させて同時に置いた場合の抗力 D_{12} は，D_1 と D_2 の和よりも大きくなるのが普通である．両者の差

$$D_I = D_{12} - (D_1 + D_2) \tag{7.4}$$

は，2 つの物体の相互作用によって生じた抗力であり，干渉抗力と呼ぶ．

【例題７・７】　ドアミラーの空力影響を調べるため，ドアミラー単独，ドアミラーを付けない自動車本体，についての実験を別々に行った．計測された抗力がそれぞれ 15，230N であるとき，ドアミラーを付けた実際の自動車の抗力を求めよ．ただし，ドアミラーと自動車本体との干渉抗力は，実際の自動車の抗力の 10%であるとする．

【解答】干渉抵抗の定義式(7.4)より，

$$D_{12} = D_I + \left(D_1 + D_2\right) = 0.1D_{12} + D_1 + D_2$$

$$D_{12} = \frac{D_1 + D_2}{0.9} = \frac{15 + 230}{0.9} = 272 \text{ (N)}$$

７・１・２　揚力 (lift)

流体中の物体に作用する力のうち，相対速度に垂直な方向の成分を揚力（lift）と呼ぶ（図 7.7）．揚力 L は，揚力係数（lift coefficient）C_L を用いて，

$$L = \frac{1}{2} C_L \rho U^2 S \tag{7.5}$$

と表現される．記号の意味は式(7.1)と同様であり，揚力係数 C_L は，物体の形状，寸法，表面粗さ，流体と物体との相対速度，流体の粘性，密度，乱れなどによって影響を受けることが知られている．

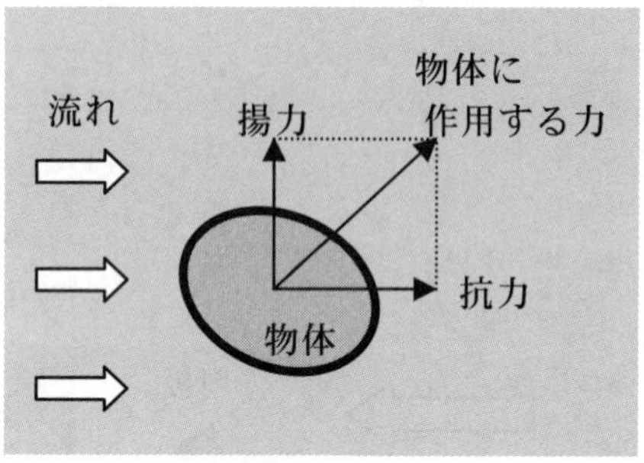

図 7.7　物体に作用する力と揚力

【例題７・８】　流速 10m/s の一様流の中に，前面投影面積が 2.0m^2 の物体を置いて揚力を計測したところ 30kN という結果が得られた．この物体の揚力係数を求めよ．ただし，流体の密度を 1000kg/m^3 とする．

【解答】揚力の定義式(7.5)より，

$$C_L = \frac{L}{\frac{1}{2}\rho U^2 S} = \frac{30 \times 10^3}{\frac{1}{2} \times 1000 \times 10^2 \times 2} = 0.30$$

揚力が重要なパラメータとなる機械要素に翼（airfoil, blade）がある．飛行機の羽根をイメージしてもらえればよいであろう．翼の流体力学的な性能は，以下のような無次元係数によって評価される．

揚力係数　$$C_L = \frac{L}{\frac{1}{2}\rho U^2 S} \tag{7.6}$$

抗力係数　$$C_D = \frac{D}{\frac{1}{2}\rho U^2 S} \tag{7.7}$$

揚抗比　$$\frac{L}{D} = \frac{C_L}{C_D} \tag{7.8}$$

圧力係数　$$C_p = \frac{p - p_\infty}{\frac{1}{2}\rho U^2} \tag{7.9}$$

ここで，L は揚力，D は抗力，p は圧力，p_∞ は翼遠方の圧力，ρ は流体密度，S は翼面積である．

【例題 7・9】　翼面積 20m²，自重 300kgf のグライダーが等速度で水平飛行している(図 7.8)．翼の揚力係数が 1.2 であるとき，このグライダーの飛行速度を求めよ．ただし，空気の密度を 1.2kg/m³，揚力の作用点が機体の重心に一致しているものとし，機体や尾翼の揚力は無視できるものとする．

図 7.8　グライダー

【解答】飛行速度を U で表すと，揚力の大きさは，

$$L=\frac{1}{2}C_L\rho U^2S=\frac{1}{2}\times1.2\times1.2\times U^2\times20=14.4U^2\ \text{(N)}$$

水平飛行しているので，揚力と自重はつり合っている．したがって，

$$\frac{14.4U^2}{9.8}=300$$

$$U=\sqrt{\frac{300\times9.8}{14.4}}=14.3\ \text{(m/s)}\ =51.5\ \text{(km/h)}$$

【例題 7・10】　揚抗比 15 の翼を用いた飛行機を設計する．エンジン出力が 2MW（1470PS）のとき，時速 500km の一定速度で水平飛行できる機体重量を求めよ. ただし, 推進に使われる動力以外の損失は無視できるものとする．

【解答】一定速度で飛行するためには, 抗力×速度とエンジン出力が等しく，揚力が機体重量とつり合わなければならない．したがって，

$$P_o=\frac{1}{2}C_D\rho U^3S\ ,\ Mg=\frac{1}{2}C_L\rho U^2S$$

が成り立つ．ただし，P_0 は出力，M は機体質量，g は重力加速度である．両式から，機体重量が以下のように求まる．

$$\frac{Mg}{P_o}=\frac{C_L\rho U^2S/2}{C_D\rho U^3S/2}=\frac{C_L}{C_DU}$$

$$Mg=\frac{C_LP_o}{C_DU}=\frac{15\times2\times10^6}{500\times10^3/3600}=2.16\times10^5\ \text{(N)}\ =2.20\times10^4\ \text{(kgf)}$$

翼の流体力学的性能は翼弦(前縁と後縁を結ぶ線分)と流れとのなす角度 α によって大きく変化し，この角度 α を迎角（attack angle）という．一般に，図 7.9 のような揚力・抗力特性をもつことが実験的に明らかとなっている（ただし，細かい点は翼形状ごとに異なることに注意）．図中で揚力が迎角 20° 付近において急減し抗力が急増しているのは，翼上面において流れがはく離するためであり，この状態を失速（stall）と呼んでいる．

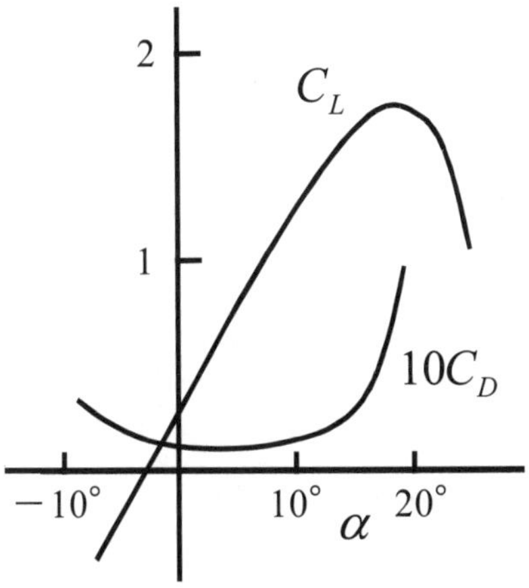

図 7.9　翼の揚力・抗力特性

【例題 7・11】　図 7.9 に示された揚力・抗力特性を持つ翼が迎角 10° で流れの中に置かれている．この状態での揚抗比を求めよ．

【解答】図より，迎角 10° での揚力係数は約 1.2，抗力係数は約 0.02 と読み取れる．したがって，この状態での揚抗比は，

$$\frac{C_L}{C_D}=\frac{1.2}{0.02}=60$$

7・2　円柱まわりの流れ (flow around a cylinder)

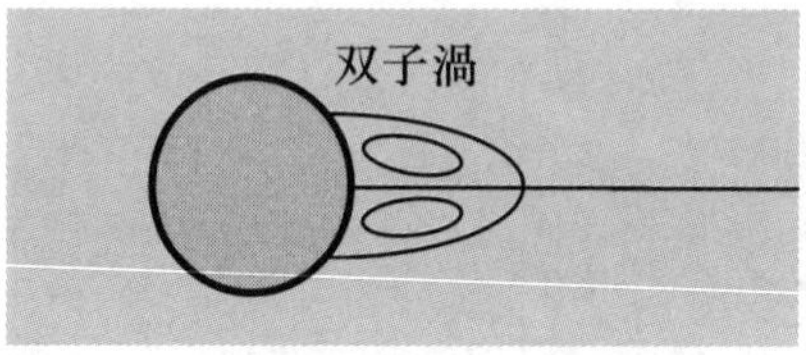

(a) $6 < Re < 40$

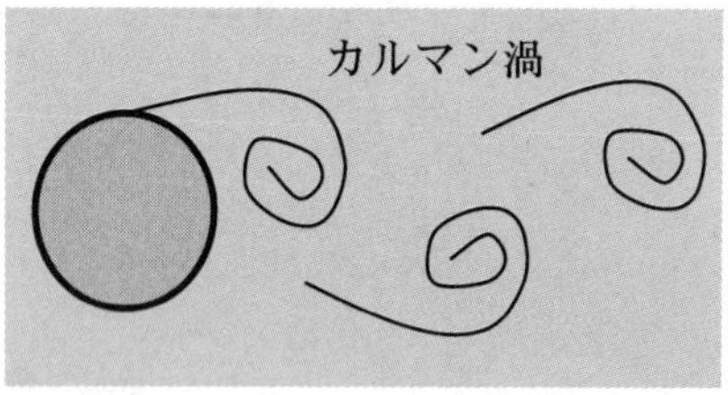

(b) $Re > 40$

図 7.10　レイノルズ数による円柱まわりの流れのパターン変化（流れの向き：⇨）

一様流中に置かれた円柱まわりの流れについて考える．この流れでは，一様流速U，円柱直径d，流体の動粘度νで定義されるレイノルズ数（Reynolds number）

$$Re = \frac{Ud}{\nu} \tag{7.10}$$

が重要なパラメータであり，レイノルズ数に応じて流れ場の様子が大きく異なることが知られている．

レイノルズ数が 6 以下の場合，流れは円柱に付着して流れる．レイノルズ数が 6 以上 40 以下の場合には，流れは円柱側面ではく離し，円柱背後に一対の定常な渦を形成する（図 7.10 (a)）．この渦を双子渦（twin vortex）と呼ぶ．

レイノルズ数が 40 以上になると，双子渦は交互に円柱から剥がれて振動流が発生する（図 7.10 (b)）．円柱から剥がれた渦は，円柱下流で千鳥状の列を形成する．この渦の列をカルマン渦（Karman vortex）と呼ぶ．円柱から見たカルマン渦の振動数fは，円柱直径d，一様流流速Uから定義されるストローハル数（Strouhal number）

$$S_t = \frac{fd}{U} \tag{7.11}$$

によって，レイノルズ数の関数として整理できることが知られている．レイノルズ数が 5×10^2 から 2×10^5 のとき，ストローハル数は約 0.2 である．

【例題 7・12】　自動車のルーフに直径 5.0mm で円形断面の無線用アンテナが鉛直に設置されている．この自動車が時速 60km で走行するとき，アンテナから放出されるカルマン渦の周波数を求めよ．ただし，空気の動粘度は $\nu = 1.5\times10^{-5}\text{m}^2/\text{s}$ であるとする．

【解答】　式(7.10)よりアンテナのレイノルズ数を求めると，

$$Re = \frac{Ud}{\nu} = \frac{60\times10^3 / 3600 \times 5\times10^{-3}}{1.5\times10^{-3}} = 5.6\times10^3$$

このレイノルズ数のときのストローハル数は 0.2 であるから，式(7.11)を用いてカルマン渦の放出周波数は，

$$f = \frac{S_t U}{d} = \frac{0.2\times60\times10^3/3600}{5\times10^{-3}} = 6.7\times10^2 \ \text{(Hz)}$$

【例題 7・13】　一様な水流の中に直径 1.0cm の円柱を置き，その後流をレーザーで測定したところ，流れが 300Hz で振動していることがわかった．このとき，一様流の流速を求めよ．ただし，水の動粘度を $1.0\times10^{-6}\text{m}^2/\text{s}$ とする．

【解答】まず，ストローハル数を 0.2 と仮定する．式(7.11)より，

$$U = \frac{fd}{S_t} = \frac{300\times0.01}{0.2} = 15.0 \ \text{(m/s)}$$

しかし，この流速を直ちに解とするのは早計である．すなわち，この流速に対してレイノルズ数が $5\times10^2 < Re < 2\times10^5$ の範囲に入っていれば，ストロー

ハル数を 0.2 とした仮定が妥当なものとなり，この流速も解として妥当と考えられる．レイノルズ数を求めてみると，

$$Re=\frac{Ud}{\nu}=\frac{15\times0.01}{1\times10^{-6}}=1.5\times10^5$$

となり，$5\times10^2< Re <2\times10^5$ の範囲に含まれていることがわかる．したがって，15m/s という流速が妥当な解であることが確かめられた．

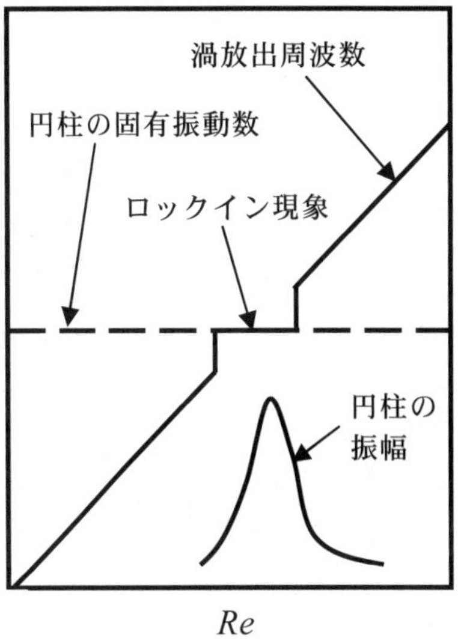

図 7.11　円柱のロックイン現象

円柱の固有振動数とストローハル数から計算される渦放出周波数が接近したとき，円柱の振動が励起され，固有振動数に同期して渦が放出される現象をロックイン現象（lock-in phenomenon）と呼ぶ．渦放出周波数および円柱の振動振幅とレイノルズ数との関係を図 7.11 に示す．

円柱の固有振動数がカルマン渦の周波数に近い場合には，カルマン渦の放出に伴って，円柱は流れと垂直方向に振動を生じることになる．この現象をクロスライン振動（cross-line oscillation）と呼んでいる．

また，円柱の固有振動数がカルマン渦の周波数の約 2 倍で，さらに円柱の構造減衰力が弱い場合には，流れ方向に平行な振動と渦の放出が干渉を生じ，流体中に置かれた円柱は流れと平行な自励振動を生じる．このとき円柱から放出される渦は，図 7.12 に示すように，対称な一対の渦対として下流へ流れて行く．この現象をインライン振動（in-line oscillation）と呼ぶ．

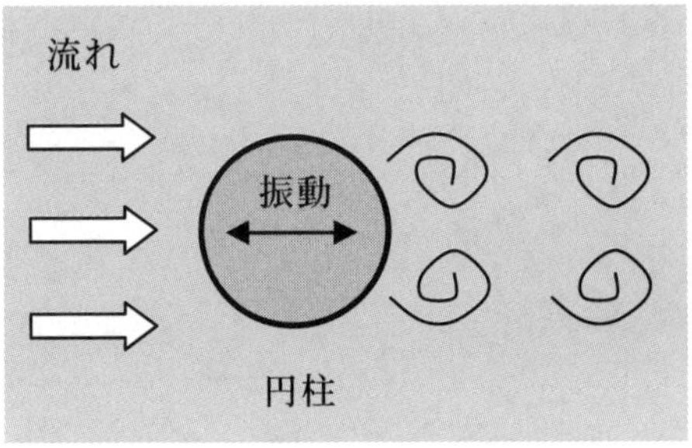

図 7.12　円柱のインライン振動

ロックイン現象が発生すると，円柱の振動が励起されて疲労破壊の原因となるため，円柱の固有振動数をカルマン渦周波数の 1 倍（クロスライン振動）および 2 倍（インライン振動）から離す，構造減衰を大きくする，渦放出が周期性をもたないように円柱にワイヤを巻くなどの対策が必要となる．

【例題 7・14】　流速が 3.0m/s の一様流中に直径 4.0cm の円柱を置いたところ，インライン振動が観察された．この振動数を求めよ．ただし，流体の動粘度を $1.0\times10^{-6}\mathrm{m^2/s}$ とする．

【解答】まず，レイノルズ数を計算する．

$$Re=\frac{Ud}{\nu}=\frac{3\times0.04}{1\times10^{-6}}=1.2\times10^5$$

このレイノルズ数におけるストローハル数は 0.2 である．ストローハル数からカルマン渦の周波数を求めると，

$$f_K=\frac{S_tU}{d}=\frac{0.2\times3}{0.04}=15\ \mathrm{(Hz)}$$

インライン振動の周波数は，カルマン渦の周波数の 2 倍であることより，

$$f_I=2f_K=2\times15=30\mathrm{(Hz)}$$

===== 練習問題 ====================

【7・1】流速 4.0m/s の一様な空気流中に直径 10cm，長さ 50cm の円柱を軸が流れと直角になるように置いている．この円柱に作用する抗力を求めよ．ただし，空気の密度は $1.2\mathrm{kg/m^3}$ とする．

【7・2】流速 10m/s の一様流中にある物体を置いたところ，抗力が 20N であった．この物体の抗力係数を求めよ．また，得られた抗力係数から，この物体が翼のような流線形物体か，球のような鈍頭物体（ブラフボディ）か判断せよ．ただし，流体の密度は 1.2kg/m^3，物体の前面投影面積は 0.25m^2 とする．

【7・3】ディーゼル車の排気ガスには微粒子状物質（SPM）が含まれる．静止空気中に直径 10μm，密度 2000kg/m^3 の SPM 粒子が排出されたとして，十分時間が経った後に SPM 粒子が達する終端速度を求めよ．ただし，空気の動粘度は 1.5×10^{-5}m^2/s，空気の密度は 1.2kg/m^3，SPM 粒子の形状は球，その抗力係数は次のストークス法則で与えられるとする．

$$C_D = 24/Re \quad , \quad Re = U_{res} d/\nu$$

ここで，U_{res} は球と流体との相対速度，d は球の直径，ν は動粘度である．

【7・4】F1 レーシングカーは，車体を地面に押し付けるために負の揚力を発生させて走行している．時速 300km で走行している F1 レーシングカーの揚力を求めよ．ただし，車の前面投影面積は 1.0m^2，揚力係数は－0.10（マイナスは鉛直下向きを意味する），空気の密度は 1.2kg/m^3 とする．

【7・5】列車のパンタグラフの支柱として丸棒を用いた設計を行う．支柱の直径が 4.0cm，列車の速度が 80.0km/h のとき，この支柱の固有振動数としてどのような振動数を避ければよいか．ただし，支柱は列車の屋根に垂直に設置されており，空気の動粘度を 1.5×10^{-5}m^2/s とする．

【7・6】Calculate the drag force acting on the 1×1m^2 square plate that is normally located in the stream with the velocity of 10m/s and the density of 1.2kg/m^3.

【7・7】A car is driving on a straight road. When the speed is 100km/h, estimate the drag force of the car. Assume the front area is 2.5m^2, the density of air is 1.2kg/m^3, and the drag coefficient is 0.32.

【7・8】Small solid particles are suspended in the tank with the height of 20m. When the diameter of the particle is 0.50mm, the particle density is 2300kg/m^3, the fluid density is 900 kg/m^3, and the fluid kinetic viscosity is 3.0×10^{-6}, estimate the time for all particles to settle down to the tank bottom. Assume the drag coefficient follows the Stokes law, $C_D = 24/Re$.

【7・9】A circular cylinder is in air stream with the velocity of 20m/s. Compute the shedding frequency of Karman vortex, assuming the cylinder diameter is 1.0cm.

【7・10】A sensor is set in the flow to monitor the fluid temperature. When the sensor suffers from the inline oscillation, calculate the frequency. Assume that the sensor has a circular cross-section, the diameter is 1.0cm, the fluid kinetic viscosity is 1.0×10^{-6}, and the fluid velocity is 12m/s.

第8章

流体の運動方程式

The Equations of Fluid Motion

8・1　連続の式 (continuity equation)

連続の式は流体力学における質量保存則（law of conservation of mass）である．質量が保存されるということは，その流れの中で質量の発生と消滅がないといいかえることもできる．少し複雑な流れとして，塩水と真水が混じり合う密度が不均一な流れや，空気の流れの中で圧力変化の大きな圧縮や膨張を伴う流れがあるが，これらの流れにおいても連続の式は成り立っている．圧縮性を考慮した連続の式は次式で表される．

$$\frac{D\rho}{Dt}+\rho(\nabla\cdot\mathbf{v})=0 \tag{8.1}$$

密度の変化+圧縮・膨張による密度変化= 0

密度が変化しない非圧縮性流体の場合には $D\rho/Dt=0$ であるから，連続の式として次式が用いられる．

$$\nabla\cdot\mathbf{v}=0 \tag{8.2}$$

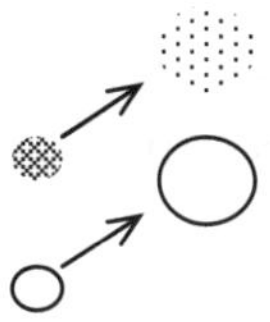

密度変化 $D\rho/Dt$

圧縮・膨張 $\nabla\cdot\mathbf{v}$

圧縮性流体の場合，たとえば $D\rho/Dt<0$ と密度が低くなるときは，$\rho(\nabla\cdot\mathbf{v})>0$ となり，そこで膨張が生ずる．

【例題 8・1】 流れの中に図のような検査体積 CV をとる．単位時間に CV を出入りする流体質量の和が検査体積内の質量の時間的変化率に等しい条件が連続の式(8.1)に帰着することを示しなさい．

【解答】 x 方向に検査体積を出入りする質量は，入る質量をプラスとすれば

$$+\left(\rho v_x-\frac{\partial(\rho v_x)}{\partial x}\frac{dx}{2}\right)dy\,dz-\left(\rho v_x+\frac{\partial(\rho v_x)}{\partial x}\frac{dx}{2}\right)=\frac{\partial(\rho v_x)}{\partial x}dx\,dy\,dz$$

と求まる．同じように y 方向と z 方向に出入りする質量を求め，これらの和が検査体積内の時間的質量変化 $(\partial\rho/\partial t)dx\,dy\,dz$ に等しいことから

$$\frac{\partial\rho}{\partial t}dx\,dy\,dz=\left(\frac{\partial\rho}{\partial x}v_x+\frac{\partial\rho}{\partial y}v_y+\frac{\partial\rho}{\partial z}v_z+\rho\frac{\partial v_x}{\partial x}+\rho\frac{\partial v_y}{\partial x}+\rho\frac{\partial v_z}{\partial x}\right)dx\,dy\,dz$$

となり，式(8.1)を成分表示した次式が得られる．

$$\frac{\partial\rho}{\partial t}+v_x\frac{\partial\rho}{\partial x}+v_y\frac{\partial\rho}{\partial y}+v_z\frac{\partial\rho}{\partial z}+\rho\left(\frac{\partial v_x}{\partial x}+\frac{\partial v_y}{\partial x}+\frac{\partial v_z}{\partial x}\right)=0 \tag{8.3}$$

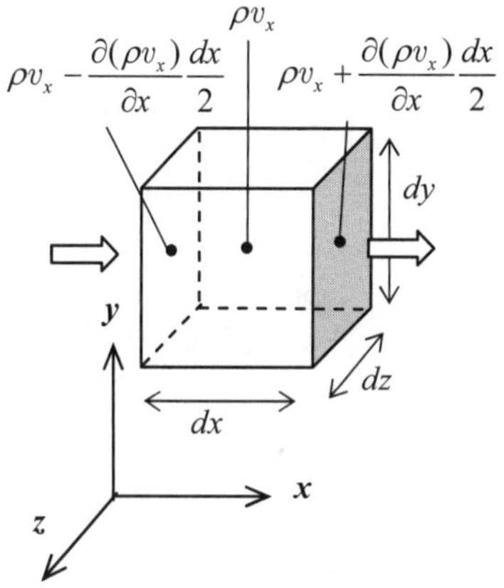

図 8.1　検査体積 CV における x 方向の質量の流れ

$$\nabla=\boldsymbol{i}\frac{\partial}{\partial x}+\boldsymbol{j}\frac{\partial}{\partial y}+\boldsymbol{k}\frac{\partial}{\partial z}$$

$$(\mathbf{V}\cdot\nabla)=V_x\frac{\partial}{\partial x}+V_y\frac{\partial}{\partial y}+V_z\frac{\partial}{\partial z}$$

$$\nabla^2=\nabla\cdot\nabla=\frac{\partial^2}{\partial x^2}+\frac{\partial^2}{\partial y^2}+\frac{\partial^2}{\partial z^2}$$

$$\nabla A=\boldsymbol{i}\frac{\partial A}{\partial x}+\boldsymbol{j}\frac{\partial A}{\partial y}+\boldsymbol{k}\frac{\partial A}{\partial z}$$

$$\nabla\cdot\mathbf{V}=\frac{\partial V_x}{\partial x}+\frac{\partial V_y}{\partial y}+\frac{\partial V_z}{\partial z}$$

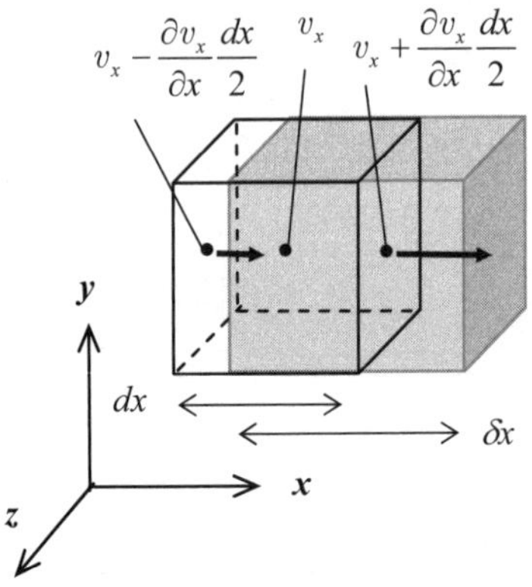

図 8.2　一定質量の流体要素の x 方向の伸縮

【Example 8・2】 Figure 8.2 shows a small elemental volume of a constant mass in the flow. Verify that the volume expansion rate of the element is given by ($\nabla \cdot \boldsymbol{v}$).

【Solution】 Assuming that the volume expansion changes the element length from dx to δx for the time dt, δx is

$$\delta x = dx - \left(\boldsymbol{v}_x - \frac{\partial \boldsymbol{v}_x}{\partial x}\frac{dx}{2} \right) dt + \left(\boldsymbol{v}_x + \frac{\partial \boldsymbol{v}_x}{\partial x}\frac{dx}{2} \right) dt = dx\left(1 + \frac{\partial \boldsymbol{v}_x}{\partial x} dt \right)$$

where v_x is x-directional velocity at the center of the element. The element length δy and δz are obtained similarly as the above equation, and the expansion rate of the element is

$$\lim_{dt \to 0} \frac{\delta x \delta y \delta z - dx\,dy\,dz}{dt} = \frac{\partial v_x}{\partial x} + \frac{\partial v_y}{\partial y} + \frac{\partial v_z}{\partial z} = \nabla \cdot \boldsymbol{v} \tag{8.4}$$

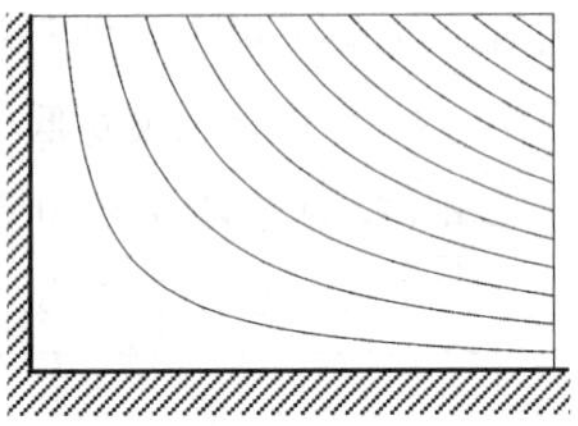

(1)直角(n=2)

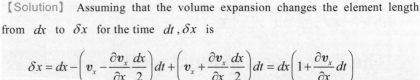

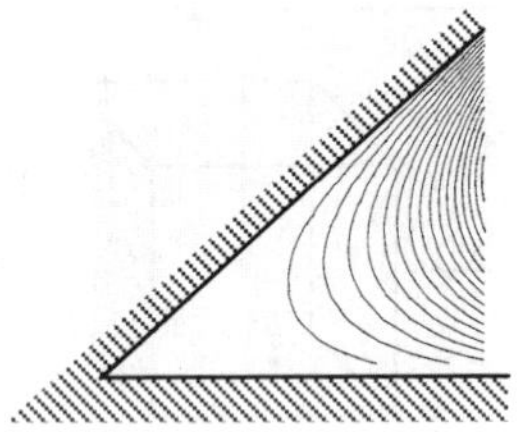

(2)45°（n=4)

図 8.3　角に沿う流れの流線

【例題 8・3】 角に添って曲がって流れる非粘性流れは 10 章で述べる流れ関数 Ψ を用いて，$\Psi = Ar^n \sin\theta$ と与えられる．ここで(r,θ)は円柱座標を表し，Aは定数である．

(1) $n=2$ は図 8.3(1)の直角の角に添う流れで，流れ関数は $\Psi = Ar^2 \sin 2\theta = 2Ar^2 \sin\theta\cos\theta = 2Axy$ となり，$\boldsymbol{v}_x$ と $\boldsymbol{v}_y$ は $\boldsymbol{v}_x = \partial\Psi/\partial y$，$\boldsymbol{v}_y = -\partial\Psi/\partial x$ で与えられる．$\boldsymbol{v}_x$ と $\boldsymbol{v}_y$ を求め，直角座標の連続の式が成り立つことを証明しなさい．

(2) $n=4$ は図 8.3(2)の 45° の角に添う流れで, 流れ関数は $\Psi = Ar^4 \sin 4\theta$ となり, 円柱座標速度 $\boldsymbol{v}_r$ と $\boldsymbol{v}_\theta$ は $\boldsymbol{v}_r = (1/r)\partial\Psi/\partial\theta$, $\boldsymbol{v}_r = -\partial\Psi/\partial r$ で与えられる．$\boldsymbol{v}_r$ と $\boldsymbol{v}_\theta$ を求め，円柱座標の連続の式が成り立つことを証明しなさい．

【解答】(1) $\boldsymbol{v}_x = 2Ax$, $\boldsymbol{v}_y = -2Ay$　よって，$\dfrac{\partial \boldsymbol{v}_x}{\partial x} + \dfrac{\partial \boldsymbol{v}_y}{\partial y} = 2A - 2A = 0$

(2) $\boldsymbol{v}_r = (1/r)\partial\Psi/\partial\theta = 4Ar^3\cos 4\theta$, $\boldsymbol{v}_\theta = -\partial\Psi/\partial r = -4Ar^3\cos 4\theta$

よって，

$$\frac{1}{r}\frac{\partial(r\boldsymbol{v}_r)}{\partial r} + \frac{1}{r}\frac{\partial \boldsymbol{v}_\theta}{\partial\theta} = \frac{1}{r}\frac{\partial(4Ar^4\cos 4\theta)}{\partial r} + \frac{1}{r}\frac{\partial(-4Ar^3\sin 4\theta)}{\partial\theta}$$
$$= 16Ar^2\cos 4\theta - 16Ar^2\cos 4\theta = 0$$

表 8.2　連続の式(8.2)の曲線座標における表示

円柱座標（r, θ, z）
$\dfrac{1}{r}\dfrac{\partial(r\boldsymbol{v}_r)}{\partial r} + \dfrac{1}{r}\dfrac{\partial \boldsymbol{v}_\theta}{\partial\theta} + \dfrac{\partial \boldsymbol{v}_z}{\partial z} = 0$
球座標（r, θ, ϕ）
$\dfrac{1}{r^2}\dfrac{\partial(r^2\boldsymbol{v}_r)}{\partial r} + \dfrac{1}{r\sin\theta}\dfrac{\partial(\boldsymbol{v}_\theta\sin\theta)}{\partial\theta} + \dfrac{1}{r\sin\theta}\dfrac{\partial \boldsymbol{v}_\phi}{\partial\phi} = 0$

8・2　粘性法則 (viscosity law)

8・2・1　圧力と粘性応力 (pressure and viscous stress)

粘性の大きさを示す粘度は 1.2 節で学んだように流体固有の物性値であり，その粘性による力は圧力による力と同じように流体の面に作用する力である．面に作用する力はその面の面積で割り，単位面積あたりの力，すなわち応力として表される．応力はその大きさと共に，どの面に作用してどの方向に作用するのかについても定義する．粘性応力と圧力の和を $\boldsymbol{\sigma}$ とし，

$$\boldsymbol{\sigma}=\begin{pmatrix}\sigma_{xx}\,\sigma_{xy}\,\sigma_{xz}\\ \sigma_{yx}\,\sigma_{yy}\,\sigma_{yz}\\ \sigma_{zx}\,\sigma_{zy}\,\sigma_{zz}\end{pmatrix} \tag{8.5}$$

と定義する．たとえば，σ_{xy} は図 8.3 に示すように x 面（x 軸に垂直な yz 面）に作用し，y 方向に働く応力を意味する．一般に，式(8.5)のように２つの添え字で区別される９つの成分からなる量をテンソル（tensor）と呼ぶ．この応力 $\boldsymbol{\sigma}$ のうち，圧力 p は面に垂直方向にのみ作用し，その大きさはどの面に対しても同じであるから，

$$\text{圧力}\quad -\boldsymbol{p}=\begin{pmatrix}-p & 0 & 0\\ 0 & -p & 0\\ 0 & 0 & -p\end{pmatrix} \tag{8.6}$$

と表される．粘性応力テンソルを τ とすると τ と $-\boldsymbol{p}$ の和が応力 $\boldsymbol{\sigma}$ であるから，

$$\boldsymbol{\sigma}=\begin{pmatrix}-p & 0 & 0\\ 0 & -p & 0\\ 0 & 0 & -p\end{pmatrix}+\begin{pmatrix}\tau_{xx} & \tau_{xy} & \tau_{xz}\\ \tau_{yx} & \tau_{yy} & \tau_{yz}\\ \tau_{zx} & \tau_{zy} & \tau_{zz}\end{pmatrix}=\begin{pmatrix}-p+\tau_{xx} & \tau_{xy} & \tau_{xz}\\ \tau_{yx} & -p+\tau_{yy} & \tau_{yz}\\ \tau_{zx} & \tau_{zy} & -p+\tau_{zz}\end{pmatrix} \tag{8.7}$$

と表される．粘性応力は次に述べるひずみ速度から求まり，圧力は表面に垂直方向に作用する応力の平均値として，

$$p=-\frac{\sigma_{xx}+\sigma_{yy}+\sigma_{zz}}{3} \tag{8.8}$$

と定義される．

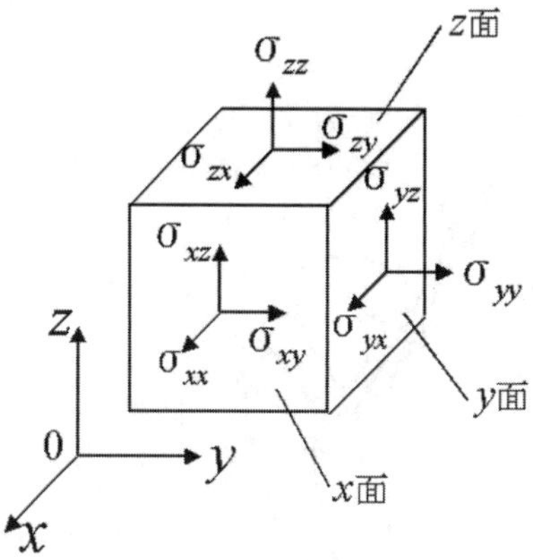

図 8.4 応力の定義

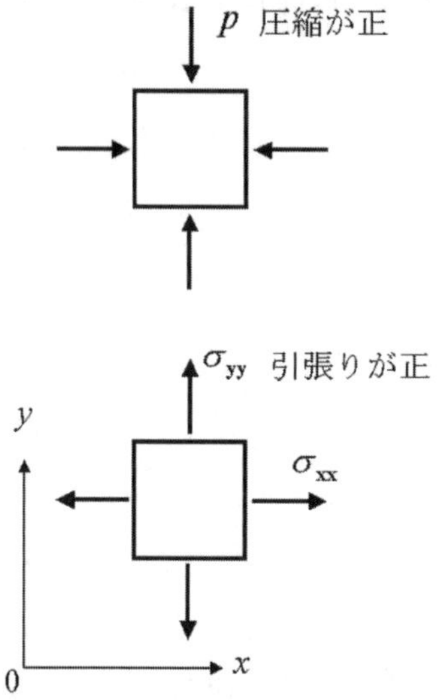

図 8.5 圧力と応力の符号

8・2・2　ひずみ速度 (strain rate)

２次元の単純なせん断流れにおいて，粘性応力が速度こう配に比例するニュートンの粘性則が成り立つことをすでに述べた．このようなせん断流れも含めた，３次元の一般的な流体運動に対して考えると，流体の運動は移動（translation），回転（rotation），変形（deformation）とに分解できる．これらのうちで粘性応力と関係するのは変形だけであり，移動と回転は粘性応力と関係しない．単位時間あたりの変形と回転は 2.1 節で述べたひずみ速度と渦度により表され，それらを２次元で表したひずみ速度テンソル $\dot{\gamma}$ と渦度テンソル $\boldsymbol{\omega}$ は次式のようになる．

$$\dot{\gamma}=\begin{pmatrix}\dot{\gamma}_{xx}\,\dot{\gamma}_{xy}\,\dot{\gamma}_{xz}\\ \dot{\gamma}_{yx}\,\dot{\gamma}_{yy}\,\dot{\gamma}_{yz}\\ \dot{\gamma}_{zx}\,\dot{\gamma}_{zy}\,\dot{\gamma}_{zz}\end{pmatrix}=\begin{pmatrix}2\dfrac{\partial \boldsymbol{v}_x}{\partial x} & \dfrac{\partial \boldsymbol{v}_x}{\partial y}+\dfrac{\partial \boldsymbol{v}_y}{\partial x} & \dfrac{\partial \boldsymbol{v}_x}{\partial z}+\dfrac{\partial \boldsymbol{v}_z}{\partial x}\\ \dfrac{\partial \boldsymbol{v}_y}{\partial x}+\dfrac{\partial \boldsymbol{v}_x}{\partial y} & 2\dfrac{\partial \boldsymbol{v}_y}{\partial y} & \dfrac{\partial \boldsymbol{v}_y}{\partial z}+\dfrac{\partial \boldsymbol{v}_z}{\partial y}\\ \dfrac{\partial \boldsymbol{v}_z}{\partial x}+\dfrac{\partial \boldsymbol{v}_x}{\partial z} & \dfrac{\partial \boldsymbol{v}_z}{\partial y}+\dfrac{\partial \boldsymbol{v}_y}{\partial z} & 2\dfrac{\partial \boldsymbol{v}_z}{\partial z}\end{pmatrix} \tag{8.9}$$

$$\boldsymbol{\omega}=\begin{pmatrix}0 & \omega_{xy} & \omega_{xz}\\ \omega_{yx} & 0 & \omega_{yz}\\ \omega_{zx} & \omega_{zy} & 0\end{pmatrix}=\begin{pmatrix}0 & \dfrac{\partial \boldsymbol{v}_x}{\partial y}-\dfrac{\partial \boldsymbol{v}_y}{\partial x} & \dfrac{\partial \boldsymbol{v}_x}{\partial z}-\dfrac{\partial \boldsymbol{v}_z}{\partial x}\\ \dfrac{\partial \boldsymbol{v}_y}{\partial x}-\dfrac{\partial \boldsymbol{v}_x}{\partial y} & 0 & \dfrac{\partial \boldsymbol{v}_y}{\partial z}-\dfrac{\partial \boldsymbol{v}_z}{\partial y}\\ \dfrac{\partial \boldsymbol{v}_z}{\partial x}-\dfrac{\partial \boldsymbol{v}_x}{\partial z} & \dfrac{\partial \boldsymbol{v}_z}{\partial y}-\dfrac{\partial \boldsymbol{v}_y}{\partial z} & 0\end{pmatrix} \tag{8.10}$$

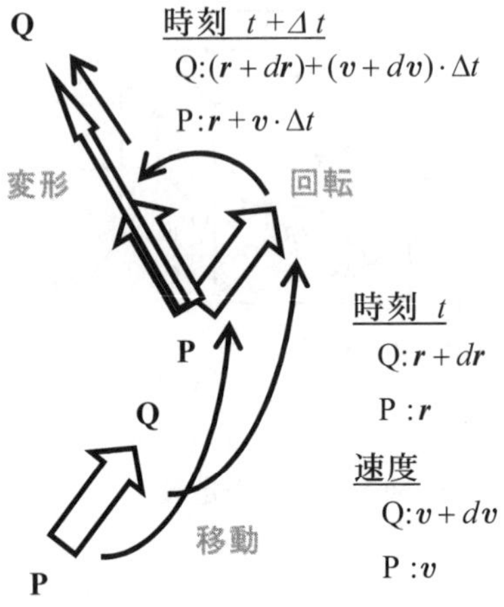

図 8.6　PQ 間の流体要素の運動

【例題 8・4】　図 8.6 に示した PQ 間の流体微少要素 $d\boldsymbol{r}$ が時刻 t から $t+\Delta t$ までの間に行う運動をひずみ速度テンソル $\dot{\gamma}$ と渦度テンソル $\boldsymbol{\omega}$ を用いて表しなさい．

【解答】　流体中の点 P は時刻が Δt だけ経過すると $(\boldsymbol{r}+\boldsymbol{v}\cdot\Delta t)$ へ移動し，点 Q は $(\boldsymbol{r}+d\boldsymbol{r})+(\boldsymbol{v}+d\boldsymbol{v})\cdot\Delta t=(\boldsymbol{r}+\boldsymbol{v}\cdot\Delta t)+(d\boldsymbol{r}+d\boldsymbol{v}\cdot\Delta t)$ へ移動する．流体微少要素の移動は要素の基準点 P の移動と考え，変形と回転は点 P からみた点 Q の相対位置の変化と考えることができる．したがって，流体微少要素 $d\boldsymbol{r}$ の移動は $\boldsymbol{v}\cdot\Delta t$ で与えられ，$d\boldsymbol{r}$ の変形と回転は $d\boldsymbol{r}+d\boldsymbol{v}\cdot\Delta t$ で与えられる．もとの $d\boldsymbol{r}$ から時間 Δt の間に $d\boldsymbol{r}+\boldsymbol{v}\cdot\Delta t$ へ変化したのであるから，単位時間あたりの変形と回転は $(d\boldsymbol{r}+d\boldsymbol{v}\cdot\Delta t-d\boldsymbol{r})/\Delta t=d\boldsymbol{v}$ により与えられる．

$d\boldsymbol{r}=dx\,\boldsymbol{i}+dy\,\boldsymbol{j}+dz\,\boldsymbol{k}$ とおくと，たとえば $d\boldsymbol{v}$ の x 成分は

$$dv_x=\frac{\partial v_x}{\partial x}dx+\frac{\partial v_x}{\partial y}dy+\frac{\partial v_x}{\partial z}dz \tag{8.11}$$

となる．行列 $\dot{\gamma}$ と $\boldsymbol{\omega}$ を使って xyz 成分で表せば次式のようになる．

$$\begin{pmatrix} dv_x \\ dv_y \\ dv_z \end{pmatrix} = \frac{1}{2}\dot{\gamma}\begin{pmatrix} dx \\ dy \\ dz \end{pmatrix} + \frac{1}{2}\boldsymbol{\omega}\begin{pmatrix} dx \\ dy \\ dz \end{pmatrix} \tag{8.12}$$

（点 P 近傍の流体の相対的運動）＝（$\dot{\gamma}$ による変形）＋（$\boldsymbol{\omega}$ による回転）

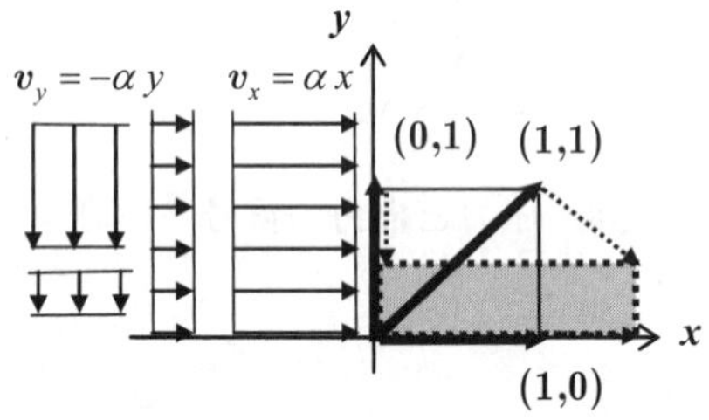

Fig 8.7　Extensional flow (Example 8.5)

【Example 8・5】　Seek the matrices $\dot{\gamma}$ and $\boldsymbol{\omega}$ for the two-dimensional extensional flow as shown in Fig. 8.7. Assume that the extensional rate is $\partial v_x/\partial x=\alpha$. Applying $\dot{\gamma}$ and $\boldsymbol{\omega}$ to the fluid elements (dx , dy) = (1,0), (1,1), and (0,1), find the deformations and the rotations of these elements, and discuss the motion of the extensional flow.

【Solution】　The continuity equation gives $\partial v_y/\partial y=-\alpha$.

Thus, $\dot{\gamma}=\begin{pmatrix} \alpha & 0 \\ 0 & -\alpha \end{pmatrix}$, and $\boldsymbol{\omega}=\begin{pmatrix} 0 & 0 \\ 0 & 0 \end{pmatrix}$. The rotational terms in Eq. (8.12) are zero for the fluid elements, and then the extensional flow does not involve the rotational motion. The deformation terms for the fluid elements are

$$\begin{pmatrix} dx \\ dy \end{pmatrix}=\begin{pmatrix} 1 \\ 0 \end{pmatrix}:\ \frac{1}{2}\dot{\gamma}\begin{pmatrix} dx \\ dy \end{pmatrix}=\frac{1}{2}\begin{pmatrix} \alpha & 0 \\ 0 & -\alpha \end{pmatrix}\begin{pmatrix} 1 \\ 0 \end{pmatrix}=\frac{1}{2}\begin{pmatrix} \alpha \\ 0 \end{pmatrix}$$

$$\begin{pmatrix} dx \\ dy \end{pmatrix}=\begin{pmatrix} 1 \\ 1 \end{pmatrix}:\ \frac{1}{2}\dot{\gamma}\begin{pmatrix} 1 \\ 1 \end{pmatrix}=\frac{1}{2}\begin{pmatrix} \alpha \\ -\alpha \end{pmatrix},\quad \begin{pmatrix} dx \\ dy \end{pmatrix}=\begin{pmatrix} 0 \\ 1 \end{pmatrix}:\ \frac{1}{2}\dot{\gamma}\begin{pmatrix} 0 \\ 1 \end{pmatrix}=\frac{1}{2}\begin{pmatrix} 0 \\ -\alpha \end{pmatrix}$$

The extensional flow is a combination of stretching in the x-direction and compression in the y-direction.

【Example 8・6】 Seek $\dot{\gamma}$ and $\boldsymbol{\omega}$ for the two-dimensional rotational flow as shown in Fig. 8.8. Assume that the angular velocity Ω is constant. Applying $\dot{\gamma}$ and $\boldsymbol{\omega}$ to the fluid elements (dx , dy) = (1,0), (1,1), and (0,1), find the deformations and the rotations of these elements, and discuss the motion of the rotational flow.

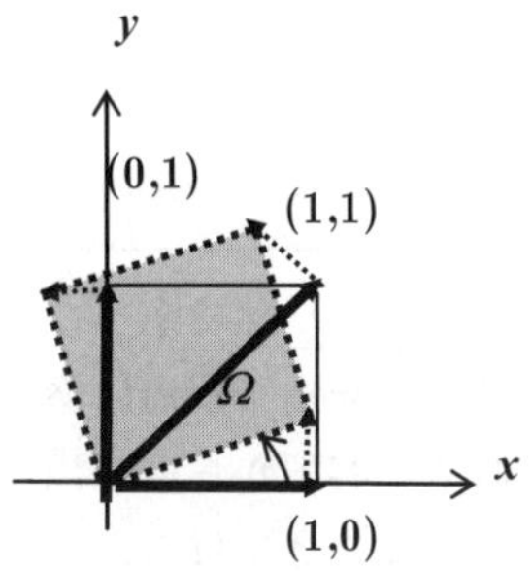

Fig. 8.8　Rotational flow (Example 8.6)

【Solution】 In cylindrical polar coordinates, $v_\theta = r\Omega$ and $v_r = 0$. Thus, in Cartesian coordinates,

$$v_x = -v_\theta \sin\theta = -\Omega r \sin\theta = -\Omega y,\ \ v_y = v_\theta \cos\theta = \Omega r \cos\theta = \Omega x$$

$$\dot{\gamma} = \begin{pmatrix} 0 & 0 \\ 0 & 0 \end{pmatrix},\ \boldsymbol{\omega} = \begin{pmatrix} 0 & -2\Omega \\ 2\Omega & 0 \end{pmatrix}$$

The deformation terms in Eq. (8.12) are zero for the fluid elements, and then the rotational flow does not involve the deformation motion. The rotational terms are

$$\begin{pmatrix} dx \\ dy \end{pmatrix} = \begin{pmatrix} 1 \\ 0 \end{pmatrix} :\ \frac{1}{2}\boldsymbol{\omega}\begin{pmatrix} dx \\ dy \end{pmatrix} = \frac{1}{2}\begin{pmatrix} 0 & -2\Omega \\ 2\Omega & 0 \end{pmatrix}\begin{pmatrix} 1 \\ 0 \end{pmatrix} = \begin{pmatrix} 0 \\ \Omega \end{pmatrix}$$

$$\begin{pmatrix} dx \\ dy \end{pmatrix} = \begin{pmatrix} 1 \\ 1 \end{pmatrix} :\ \frac{1}{2}\boldsymbol{\omega}\begin{pmatrix} 1 \\ 1 \end{pmatrix} = \begin{pmatrix} -\Omega \\ \Omega \end{pmatrix},\ \ \begin{pmatrix} dx \\ dy \end{pmatrix} = \begin{pmatrix} 0 \\ 1 \end{pmatrix} :\ \frac{1}{2}\boldsymbol{\omega}\begin{pmatrix} 0 \\ 1 \end{pmatrix} = \begin{pmatrix} -\Omega \\ 0 \end{pmatrix}$$

for the fluid elements. The rotational flow is a solid-body rotation.

【例題 8・7】　図 8.9 のような速度こう配 $\partial v_x / \partial y = \alpha$ の 2 次元のせん断流れに対して，$\dot{\gamma}$ と $\boldsymbol{\omega}$ を求めよ．次に，(dx , dy) = (1,0), (1,1), (0,1)の各流体要素が $\dot{\gamma}$ によりどのように変形し，$\boldsymbol{\omega}$ によりどのように回転するか調べ，これら $\dot{\gamma}$ と $\boldsymbol{\omega}$ によって生ずるせん断流れがどのような変形と回転から構成されているか説明しなさい．

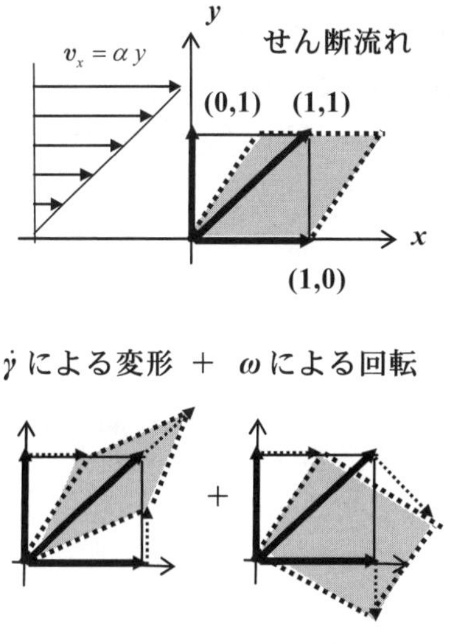

図 8.9　せん断流れ(例 8.7)

【解答】　$\dot{\gamma} = \begin{pmatrix} 0 & \alpha \\ \alpha & 0 \end{pmatrix},\ \boldsymbol{\omega} = \begin{pmatrix} 0 & \alpha \\ -\alpha & 0 \end{pmatrix}$ より式(8.12)の単位時間あたりの変形と回転の項は各流体要素に対して

$$\begin{pmatrix} dx \\ dy \end{pmatrix} = \begin{pmatrix} 1 \\ 0 \end{pmatrix} :\ \frac{1}{2}\dot{\gamma}\begin{pmatrix} 1 \\ 0 \end{pmatrix} = \frac{1}{2}\begin{pmatrix} 0 \\ \alpha \end{pmatrix},\ \frac{1}{2}\boldsymbol{\omega}\begin{pmatrix} 1 \\ 0 \end{pmatrix} = \frac{1}{2}\begin{pmatrix} 0 \\ -\alpha \end{pmatrix}$$

$$\begin{pmatrix} dx \\ dy \end{pmatrix} = \begin{pmatrix} 1 \\ 1 \end{pmatrix} :\ \frac{1}{2}\dot{\gamma}\begin{pmatrix} 1 \\ 1 \end{pmatrix} = \begin{pmatrix} \alpha \\ \alpha \end{pmatrix},\ \frac{1}{2}\boldsymbol{\omega}\begin{pmatrix} 1 \\ 1 \end{pmatrix} = \begin{pmatrix} \alpha \\ -\alpha \end{pmatrix}$$

$$\begin{pmatrix} dx \\ dy \end{pmatrix} = \begin{pmatrix} 0 \\ 1 \end{pmatrix} :\ \frac{1}{2}\dot{\gamma}\begin{pmatrix} 0 \\ 1 \end{pmatrix} = \begin{pmatrix} \alpha \\ 0 \end{pmatrix},\ \frac{1}{2}\boldsymbol{\omega}\begin{pmatrix} 0 \\ 1 \end{pmatrix} = \begin{pmatrix} \alpha \\ 0 \end{pmatrix}$$

となる．せん断流れが 45° 方向の伸張変形と右回りの剛体回転からなることがわかる．

赤血球は脂質二重層と呼ばれる柔らかい膜の中に液状のヘモグロビンが入った構造をしている．赤血球は静止生理食塩水中では中央が少しくぼんだ円盤形状をしている．ある大きさ以上の速度こう配のせん断流れ中では赤血球はラグビーボールのように変形し，その長軸が流れ方向に向いたまま膜は戦車のキャタピラのように自転し始める(図 8.10)．このような運動はタンクトレッド運動と呼ばれ，せん断流れが伸張と回転の組み合わせから作られることを表しているといえる．

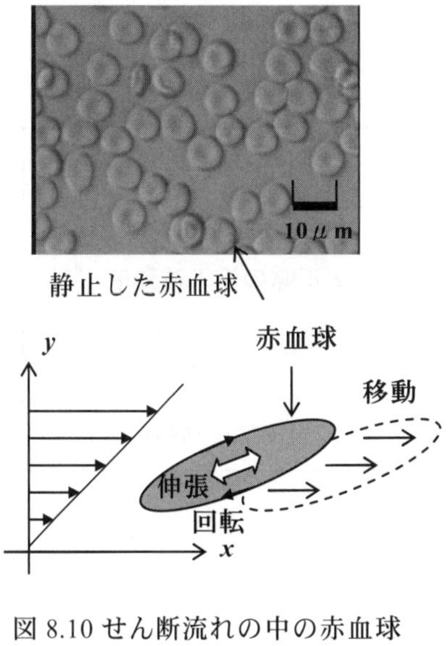

図 8.10 せん断流れの中の赤血球

8・2・3　構成方程式 (constitutive equation)

ひずみ速度 $\dot{\gamma}$ と粘性応力 $\boldsymbol{\tau}$ の関係式を構成方程式とよぶ．気体や水のような低分子の液体は以下に示す簡単な比例関係が粘性応力 $\boldsymbol{\tau}$ とひずみ速度 $\dot{\gamma}$ の間に成り立つ．

$$\boldsymbol{\tau} = \mu \dot{\boldsymbol{\gamma}} \tag{8.13}$$

成分表示すると

$$\begin{pmatrix} \tau_{xx} & \tau_{xy} & \tau_{xz} \\ \tau_{yx} & \tau_{yy} & \tau_{yz} \\ \tau_{zx} & \tau_{zy} & \tau_{zz} \end{pmatrix} = \mu \begin{pmatrix} 2\dfrac{\partial \boldsymbol{v}_x}{\partial x} & \dfrac{\partial \boldsymbol{v}_x}{\partial y}+\dfrac{\partial \boldsymbol{v}_y}{\partial x} & \dfrac{\partial \boldsymbol{v}_x}{\partial z}+\dfrac{\partial \boldsymbol{v}_z}{\partial x} \\ \dfrac{\partial \boldsymbol{v}_y}{\partial x}+\dfrac{\partial \boldsymbol{v}_x}{\partial y} & 2\dfrac{\partial \boldsymbol{v}_y}{\partial y} & \dfrac{\partial \boldsymbol{v}_y}{\partial z}+\dfrac{\partial \boldsymbol{v}_z}{\partial y} \\ \dfrac{\partial \boldsymbol{v}_z}{\partial x}+\dfrac{\partial \boldsymbol{v}_x}{\partial z} & \dfrac{\partial \boldsymbol{v}_z}{\partial y}+\dfrac{\partial \boldsymbol{v}_y}{\partial z} & 2\dfrac{\partial \boldsymbol{v}_z}{\partial z} \end{pmatrix} \tag{8.14}$$

μ は粘度であり，テンソルを用いて表した式(8.13)はニュートンの粘性則を 3 次元の流れへ拡張した結果である．もちろん，円柱座標や球座標で表した $\boldsymbol{\tau}$ と $\dot{\gamma}$ の間にも式(8.16)は成り立つ．

職人の感　ペンキをハケで塗ったり，化粧クリームを指で皮膚に塗るとき，たれずに容器から取り出せて，塗り広げるときにはスムーズに伸びる特性が好まれる．古くから食品，塗装，印刷など比較的高粘度の液体を扱う物づくりの現場職人はそれらの液体を手に取ったり攪拌したりしながら液体の流動性を感覚的に調整し，品質管理に役立ててきた．このような流体の流動性に関わる力学特性とそれに対する人の感性との関係を調べる研究分野はサイコレオロジーとよばれ，古くから研究が行われている．

【例題 8・8】　前項の伸張流れ，回転流れ，およびせん断流れにおいて生ずる粘性応力テンソルの成分を求めよ．

【解答】　伸張流れでは $\dot{\boldsymbol{\gamma}} = \begin{pmatrix} \alpha & 0 \\ 0 & -\alpha \end{pmatrix}$ であるから粘性応力は $\tau_{xx} = \mu\alpha$，$\tau_{yy} = -\mu\alpha$ となる．回転流れは $\dot{\gamma} = \begin{pmatrix} 0 & 0 \\ 0 & 0 \end{pmatrix}$ と変形のない剛体的な運動であり，粘性応力はすべてゼロとなる．せん断流れは $\dot{\gamma} = \begin{pmatrix} 0 & \alpha \\ \alpha & 0 \end{pmatrix}$ であり，$\tau_{xy} = \tau_{yx} = \mu\alpha$ となる．

8・3　ナビエ・ストークスの式 (Navier-Stokes equations)

8・3・1　運動量保存則 (conservation of momentum)

運動量の保存則は運動量の変化が力積（＝力×時間）に等しいという法則である．流体に働く力には外力（external force）と内力（internal force）がある．外力は体積力（body force）で，重力や電磁力などがその例である．外力を，単位質量に働く力ベクトルとして，$\boldsymbol{F} = F_x \boldsymbol{i} + F_y \boldsymbol{j} + F_z \boldsymbol{k}$ と表すことができる．内力は面に作用する力であり，圧力と粘性応力からなる．

表 8.7　運動量の保存則

①単位時間あたりの運動量の増加
‖
②正味の流入運動量
＋
③外力(重力など)
＋
④内力(圧力+粘性応力)

コーシーの運動方程式（Cauchy's equation of motion）は

$$\rho \frac{D\boldsymbol{v}}{Dt} = \rho \boldsymbol{F} - \nabla p + \nabla \cdot \boldsymbol{\tau} \tag{8.15}$$

である．この方程式は非ニュートン流体の場合にも成り立つ．ニュートン流体の場合にはその粘性応力の式(8.14)を上式に代入し，次式を得る．

$$\rho \frac{D\boldsymbol{v}}{Dt} = \rho \boldsymbol{F} - \nabla p + \mu \nabla^2 \boldsymbol{v} \tag{8.16}$$

この式はナビエ・ストークスの式と呼ばれ，流体力学の最も基礎となる運動方程式である．外力 $\mathbf{F}$ として重力 ρg を考えるとき，その作用する方向を z 軸の下向きとすると，重力は位置エネルギーのこう配から　$\rho\mathbf{F}=\rho\nabla(-gz)=-g\rho\mathbf{k}$ となる．したがって，重力の効果を圧力に含めることにして，$p+\rho gz$ を改めて p と定義すれば，

$$\rho\frac{D\mathbf{v}}{Dt}=-\nabla p+\mu\nabla^2\mathbf{v} \tag{8.17}$$

となる．この形のナビエ・ストークスの式もよく用いられる．

【Example 8・9】　Derive the equation of motion (8.15).

【Solution】We shall now discuss the x-directional fluxes of linear momentum and the x-directional forces for the control volume as shown in Fig.8.11 and Fig. 8.12.

①rate of change of linear momentum $\rho v_x dx\,dy\,dz$ within the control volume CV

$$\frac{\partial}{\partial t}(\rho v_x dx\,dy\,dz) \tag{8.18}$$

② x-directional fluxes of linear momentum into the control volume CV

$X_{in}X_{out}$: net fluxes through the x-faces with a velocity $\boldsymbol{v}_x$

$$X_{in}-X_{out}:\left[\rho\boldsymbol{v}_x\boldsymbol{v}_x-\frac{\partial}{\partial x}\left(\rho\boldsymbol{v}_x\boldsymbol{v}_x\right)\frac{dx}{2}\right]dydz-\left[\rho\boldsymbol{v}_x\boldsymbol{v}_x+\frac{\partial}{\partial x}\left(\rho\boldsymbol{v}_x\boldsymbol{v}_x\right)\frac{dx}{2}\right]dydz$$

$Y_{in}Y_{out}$: net fluxes through the y-faces with a velocity $\boldsymbol{v}_y$

$$Y_{in}-Y_{out}:\left[\rho\boldsymbol{v}_x\boldsymbol{v}_y-\frac{\partial}{\partial y}\left(\rho\boldsymbol{v}_x\boldsymbol{v}_y\right)\frac{dy}{2}\right]dxdz-\left[\rho\boldsymbol{v}_x\boldsymbol{v}_y+\frac{\partial}{\partial y}\left(\rho\boldsymbol{v}_x\boldsymbol{v}_y\right)\frac{dy}{2}\right]dxdz$$

$Z_{in}Z_{out}$: net fluxes through the z-faces with a velocity $\boldsymbol{v}_z$

$$Z_{in}-Z_{out}:\left[\rho\boldsymbol{v}_x\boldsymbol{v}_z z-\frac{\partial}{\partial z}\left(\rho\boldsymbol{v}_x\boldsymbol{v}_z\right)\frac{dz}{2}\right]dxdy-\left[\rho\boldsymbol{v}_x\boldsymbol{v}_z z+\frac{\partial}{\partial z}\left(\rho\boldsymbol{v}_x\boldsymbol{v}_z\right)\frac{dz}{2}\right]dxdy$$

The sum of the fluxes is

$$-\left[\frac{\partial}{\partial x}\left(\rho\boldsymbol{v}_x\boldsymbol{v}_x\right)+\frac{\partial}{\partial y}\left(\rho\boldsymbol{v}_x\boldsymbol{v}_y\right)+\frac{\partial}{\partial z}\left(\rho\boldsymbol{v}_x\boldsymbol{v}_z\right)\right]dx\,dy\,dz \tag{8.19}$$

③ x-directional body force $\mathbf{F}$ acting on the control volume CV

$$\rho F_x dx\,dy\,dz \tag{8.20}$$

④ x-directional internal forces $\mathbf{f}$ acting on the control surface CS

x-faces, $-X_1+X_2$ ：

$$-\left[(-p+\tau_{xx})-\frac{\partial}{\partial x}(-p+\tau_{xx})\frac{dx}{2}\right]dy\,dz+\left[(-p+\tau_{xx})+\frac{\partial}{\partial x}(-p+\tau_{xx})\frac{dx}{2}\right]dy\,dz$$

y-faces, $-Y_1+Y_2$ ： $-\left(\tau_{yx}-\dfrac{\partial\tau_{yx}}{\partial y}\dfrac{dy}{2}\right)dx\,dz+\left(\tau_{yx}+\dfrac{\partial\tau_{yx}}{\partial y}\dfrac{dy}{2}\right)dx\,dz$

z-faces, $-Z_1+Z_2$ ： $-\left(\tau_{zx}-\dfrac{\partial\tau_{zx}}{\partial z}\dfrac{dz}{2}\right)dx\,dy+\left(\tau_{zx}+\dfrac{\partial\tau_{zx}}{\partial z}\dfrac{dz}{2}\right)dx\,dy$

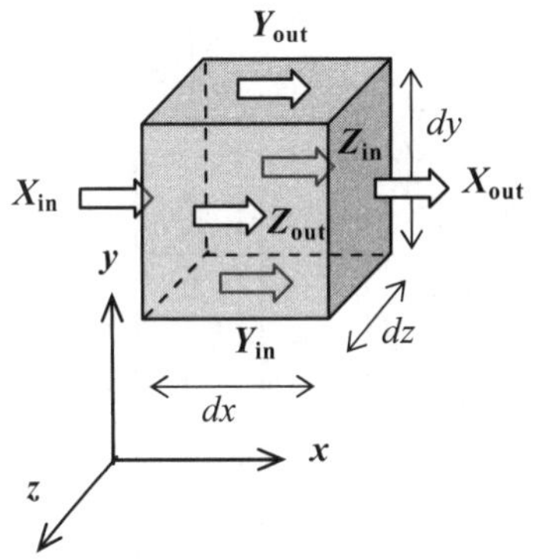

Fig.8.11 x-directional momentum fluxes into the control volume CV

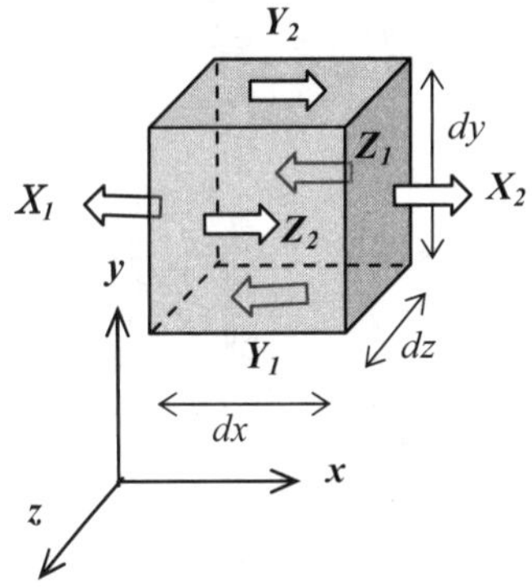

Fig.8.12 x-directional inner forces acting on the control surface CS

表 8.9　∇とテンソル $\boldsymbol{\tau}$ の演算

$$\nabla\cdot\boldsymbol{\tau}=\left(\frac{\partial\tau_{xx}}{\partial x}+\frac{\partial\tau_{yx}}{\partial y}+\frac{\partial\tau_{zx}}{\partial z}\right)\boldsymbol{i}+\left(\frac{\partial\tau_{xy}}{\partial x}+\frac{\partial\tau_{yy}}{\partial y}+\frac{\partial\tau_{zy}}{\partial z}\right)\boldsymbol{j}+\left(\frac{\partial\tau_{xz}}{\partial x}+\frac{\partial\tau_{yz}}{\partial y}+\frac{\partial\tau_{zz}}{\partial z}\right)\boldsymbol{k}$$

The sum of the internal forces is

$$\left(-\frac{\partial p}{\partial x}+\frac{\partial\tau_{xx}}{\partial x}+\frac{\partial\tau_{yx}}{\partial y}+\frac{\partial\tau_{zx}}{\partial z}\right)dx\,dy\,dz \tag{8.21}$$

Equating Eq. (8.18) to the sum of Eqs. (8.19-21), and calculating the y and z components similarly as x component, we get

$$\frac{\partial}{\partial t}(\rho\mathbf{v})=-\left\{\frac{\partial}{\partial x}(\rho\mathbf{v}v_x)+\frac{\partial}{\partial y}(\rho\mathbf{v}v_y)+\frac{\partial}{\partial z}(\rho\mathbf{v}v_z)\right\}+\rho\mathbf{F}-\nabla p+\nabla\cdot\boldsymbol{\tau} \tag{8.22}$$

in a vector form. The first term on the right hand side is

$$\rho\mathbf{v}\left(\frac{\partial v_x}{\partial x}+\frac{\partial v_y}{\partial y}+\frac{\partial v_z}{\partial z}\right)+v_x\frac{\partial}{\partial x}(\rho\mathbf{v})+v_y\frac{\partial}{\partial y}(\rho\mathbf{v})+v_z\frac{\partial}{\partial z}(\rho\mathbf{v})$$

$$=\rho\mathbf{v}(\nabla\cdot\mathbf{v})+(\mathbf{v}\cdot\nabla)(\rho\mathbf{v})=\rho\mathbf{v}(\nabla\cdot\mathbf{v})+\rho(\mathbf{v}\cdot\nabla)\mathbf{v}+\{(\mathbf{v}\cdot\nabla)\rho\}\mathbf{v}$$

Appling the incompressibility condition $D\rho/Dt=\partial\rho/\partial t+(v\cdot\nabla)\rho=0$ and the continuity equation (8.2), Eq. (8.22) reduces to Eq. (8.15).

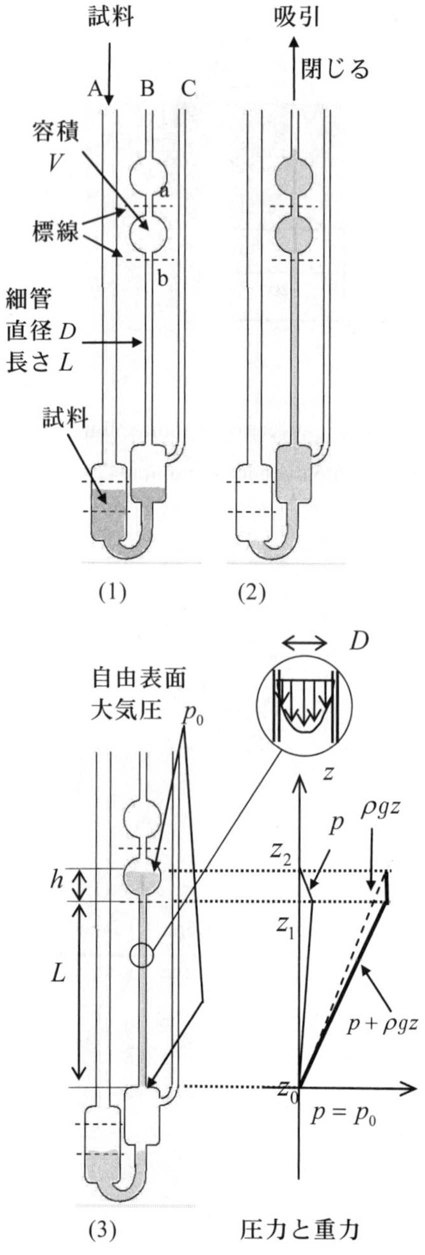

図 8.13 ウベローデ粘度計
例題(8.10)

【例題 8・10】　図 8.13 に示すウベローデ粘度計は細いガラスの細管を垂直に立て，その中を流れる液体の流れを利用して粘度を測定する．測定手順は(1)液体を管 A から粘度計の下側液槽へ入れる．(2)管 B から注射器で空気を吸い上げ，液槽の試料液面を標線 a の上の球まで上げる．このとき，管 C から空気を吸い込まないように管 C とつながったゴム管をクリップでとめておく．(3)管 C のクリップと管 B の注射器を同時にはずす．管 B の中の試料は測定部の細管の中を下の液槽に向かってゆっくり流れる．吸い上げられた液体試料の表面が標線 a から b まで下がるのに要する時間 T から粘度 μ が求まる．この T と μ の関係を求めよ．標線 ab 間の容積を V とし，ガラス細管の直径を D とする．また，管 B 内の液体表面位置は標線間を移動するが，ここでは簡単のため液体表面の標点 b からの高さは一定で h とする．標線 b より下の長さ L のガラス細管中では流れは十分に発達しているとみなす．例として V = 3 cm^3，h = 15 mm，L = 85 mm，D = 0.9 mm，時間 T = 300 s，密度 ρ = 1000 kg/m^3 のときの粘度 μ とガラス細管内流れのレイノルズ数 $Re=\rho DU/\mu$ および助走区間の長さを求めよ．ここで U は管内流れの平均流速とする．

【解答】　高さ方向に z 座標をとり，測定時の標線間の液体表面を z_2，標線 b を z_1，細管出口を z_0 とする．z 座標の向きは垂直上方向を正とする．

$z_1\le z\le z_2$：液体表面高さ z_2 = 一定と簡単化されており，平均高さ $h=z_2-z_1$ である．この領域では流れは非常に遅く，静止しているとみなせるので，

$$p_2+\rho gz_2=p_1+\rho gz_1 \tag{8.23}$$

$z_0\le z\le z_1$：流れが発達していて $\partial v_z/\partial z=0$ であるから連続の式(表(8.2))より

$$\frac{\partial(rv_r)}{\partial r}=0,\ v_r=\frac{C}{r},\quad \therefore v_r=0\quad(\because r=0\text{で}v_r=0) \tag{8.24}$$

となる．ナビエ・ストークスの式(8.16)は

$$-\rho g-\frac{\partial p}{\partial z}+\mu\frac{1}{r}\frac{\partial}{\partial r}\left(r\frac{\partial v_z}{\partial r}\right)=0 \tag{8.25}$$

(1) $0 \le x \le \beta L$：$y=0$ で $v_x = U$，$y = \alpha h$ で $v_x = 0$ より積分定数を求める．

$$v_x = -\frac{(\alpha h)^2}{2\mu}\frac{P_s - p_o}{\beta L}\left\{\frac{y}{\alpha h} - \left(\frac{y}{\alpha h}\right)^2\right\} + U\left(1 - \frac{y}{\alpha h}\right) \tag{8.38}$$

流量 Q_1 は

$$Q_1 = \int_0^{\alpha h} v_x dy = \alpha h \int_0^1 v_x d\left(\frac{y}{\alpha h}\right) = \alpha h \int_0^1 \left[-\frac{h^2}{2\mu}\frac{P_s - p_o}{\beta L}\left\{\zeta - \zeta^2\right\} + U\left(1-\zeta\right)\right] d\zeta$$

$$= \alpha h\left(-\frac{(\alpha h)^2}{12\mu}\frac{P_s - p_o}{\beta L} + \frac{U}{2}\right) \tag{8.39}$$

(2) $\beta L \le x \le L$：$y=0$ で $v_x = U$，$y = h$ で $v_x = 0$ より積分定数を求める．

$$v_x = \frac{h^2(P_s - p_o)}{2\mu(1-\beta)L}\left\{\frac{y}{h} - \left(\frac{y}{h}\right)^2\right\} + U\left(1 - \frac{y}{h}\right) \tag{8.40}$$

流量 Q_2 は

$$Q_2 = \int_0^h v_x dy = h \int_0^1 v_x d\left(\frac{y}{h}\right) = h \int_0^1 \left[\frac{h^2(P_s - p_o)}{2\mu(1-\beta)L}\left\{\zeta - \zeta^2\right\} + U\left(1-\zeta\right)\right] d\zeta$$

$$= h\left(\frac{h^2(P_s - p_o)}{12\mu(1-\beta)L} + \frac{U}{2}\right) \tag{8.41}$$

$Q_1 = Q_2$ の関係からステップにおける圧力 P_s が

$$P_s = \frac{6(\alpha-1)\beta(1-\beta)}{\beta + \alpha^3(1-\beta)}\frac{\mu L U}{h^2} + p_o \tag{8.42}$$

ステップ両端の圧力 p_0 をゼロとすると，流体圧力が幅 B のスライダーに及ぼす力は

$$W = B\int_0^{\beta L}\frac{dp}{dx}x dx + B\int_{\beta L}^{L}\left(\frac{P_s}{1-\beta} - \frac{dp}{dx}x\right)dx$$

$$= B\int_0^{\beta L}\frac{P_s}{\beta L}x dx + B\int_{\beta L}^{L}\left(\frac{P_s}{1-\beta} - \frac{P_s}{(1-\beta)L}x\right)dx$$

$$= \frac{BL}{2}P_s$$

式(8.42)より，

$$W = \frac{3(1-\alpha)\beta(1-\beta)}{\beta + \alpha^3(1-\beta)}\frac{\mu B L^2 U}{h^2} \tag{8.43}$$

たとえば，$B = L = 1$ cm，$U = 1$ m/s，$h = 10$ μm，$\mu = 1.82\times10^{-5}$ Pa·s，$\rho = 1.2$ kg/m^3，$\alpha = 1.87$，$\beta = 0.721$ の場合，次のように W と Re が得られる．

$$W = \frac{3\times(1-1.87)\times0.721\times(1-0.721)}{0.721 + 1.87^3\times(1-0.721)}\frac{1.82\times10^{-5}\times10^{-6}\times1}{10^2\times10^{-12}} = 0.0375\ (\mathrm{N})$$

$$Re = \frac{\rho h U}{\mu} = \frac{1.2\times10\times10^{-6}\times1}{1.82\times10^{-5}} = 0.66$$

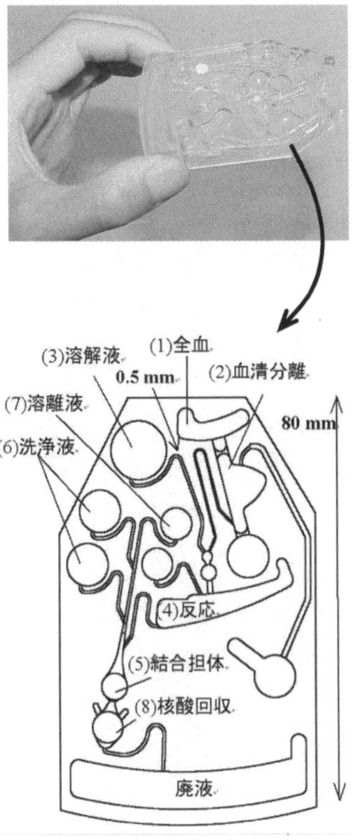

図 8.17　微細流れの応用例
(資料提供　日立製作所)
流入する血液からいくつかの行程を経て RNA が抽出される装置で流路寸法約 0.5 mm と小さく，試料により内部流れの Re 数は 1 程度とストークス近似が可能である

8・3・3　境界条件 (boundary conditions)

流れの問題を解くとき, 3 つのナビエ・ストークスの式と 1 つの連続の式, 合計 4 つの式を連立させて (v_x, v_y, v_z, p) の 4 つの未知数を解く．式を積分して積分定数を定めるときは，個々の流れに対応した境界条件が必要になる．

①固体表面に沿う流れの境界条件

図 8.18 に示すように表面に沿う速度成分 v_x と表面を貫通する速度成分 v_y はゼロとする．

$$\boldsymbol{v}_x = 0,\ \boldsymbol{v}_y = 0 \tag{8.44}$$

$\boldsymbol{v}_x = 0$ の条件はすべりなし（no slip）の条件と呼ばれる．圧力に対しては一般にある 1 箇所の値を境界条件として与える．たとえば，管路内の流れならば入り口の圧力，物体まわりの流れであればその壁面上のある一点の圧力，あるいは物体から無限遠方の圧力などを境界条件として与える．

②気液界面のように液体が自由表面をもつ流れの境界条件

気体側の速度，圧力，粘度に*の添え字をつけて，液体側と区別する．界面の形状が変化しない場合を考えると，界面に垂直方向の速度 v_y はゼロになる．界面に沿う速度 v_x はゼロにはならないが，気体側のせん断応力と液体側のせん断応力が界面で等しくなる条件から v_x の条件が求まる．すなわち，界面で

$$\boldsymbol{v}_y = \boldsymbol{v}_y^* = 0,\ \mu \frac{\partial \boldsymbol{v}_x}{\partial y} = \mu^* \frac{\partial \boldsymbol{v}_x^*}{\partial y} \tag{8.45}$$

となる．一般に $\mu^* \ll \mu$ であり，$\partial v_x / \partial y = 0$ と近似する．

圧力は界面で $p = p^*$ であるが，気体側の流れが無視できるときには界面で $p =$ 一定，または大気圧とする．界面が曲率をもつときには，表面張力により生ずる圧力差 $\Delta p = T / R$ を気液間の圧力差とする．ここで，T は表面張力，R は曲率半径である．

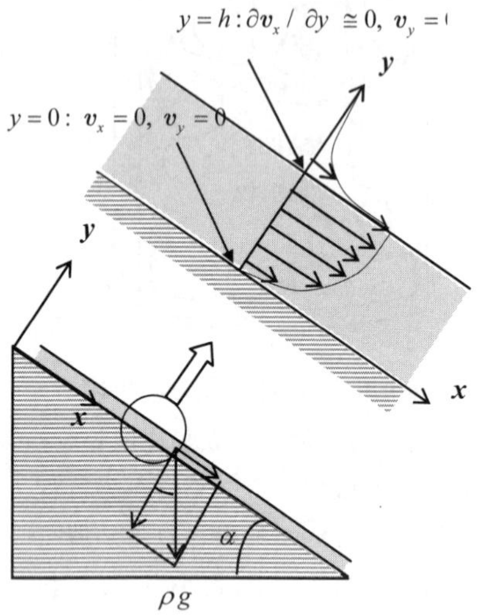

図 8.18 固体表面と自由表面における境界条件

【Example 8・12】　As shown in Fig. 8.18, a liquid of a viscosity μ flows down an inclined plane of an angle α. The flow rate per unit width is Q, and the thickness h of the liquid sheet is constant. The upper surface of the liquid flow is in contact with air, of which the resistance to the flow is negligible. Derive the flow rate Q as a function of the thickness h.

【Solution】The x and y coordinates are taken along and normal to the inclined plane as shown in Fig. 8.18. Since the thickness of the liquid sheet is constant, the flow is fully developing and $\partial v_x / \partial x = \partial v_y / \partial x = 0$. The boundary conditions are

- $y = 0 : \boldsymbol{v}_x = \boldsymbol{v}_y = 0$ (no slip)
- $y = h : p = 0$ (atmospheric pressure) and
  $\partial v_x / \partial y = 0$ (liquid viscosity $\gg$ air viscosity)

The continuity equation $\dfrac{\partial \boldsymbol{v}_y}{\partial y} = -\dfrac{\partial \boldsymbol{v}_x}{\partial x} = 0$ and the boundary condition $\boldsymbol{v}_y = 0$ at $y = 0$ indicate $\boldsymbol{v}_y = 0$ in the liquid sheet. The equations of motion with a gravity force ρg are as follows.

$$x-\text{component}:\ 0=\rho g\sin\alpha-\frac{\partial p}{\partial x}+\mu\frac{\partial^2 \boldsymbol{v}_x}{\partial y^2}$$
$$y-\text{component}:\ 0=-\rho g\cos\alpha-\frac{\partial p}{\partial y} \tag{8.46}$$

Integrating the equation of y-component, the pressure is $p=-\rho g\cos\alpha\cdot y+F(x)$. Appling the boundary condition $p=0$ at $y=h$ we get $p=(h-y)\rho g\cos\alpha$, and $\partial p/\partial x=0$. Integrating the equation of x-component, and applying the boundary conditions $\boldsymbol{v}_x=0$ at $y=0$ and $\partial \boldsymbol{v}_x/\partial y=0$ at $y=h$, the velocity is

$$\boldsymbol{v}_x=\frac{\rho g h^2\sin\alpha}{2\mu}\frac{y}{h}\left(2-\frac{y}{h}\right)$$

Since $\boldsymbol{v}_x=U$ at $y=h$, $U=\rho g h^2\sin\alpha/2\mu$. Thus, we get

$$\boldsymbol{v}_x=U\frac{y}{h}\left(2-\frac{y}{h}\right)$$

The flow rate Q per unit width is

$$Q=\int_0^h \boldsymbol{v}_x dy=\frac{U}{h}\int_0^1\frac{y}{h}\left(2-\frac{y}{h}\right)d\left(\frac{y}{h}\right)=\frac{2}{3}Uh=\frac{\rho g h^3\sin\alpha}{3\mu}$$
$$\therefore Q=\frac{\rho g\sin\alpha}{3\mu}h^3 \tag{8.47}$$

8・3・4　移動および回転座標系
(Moving and rotating coordinate system)

一般に，非定常流を調べるよりも定常流を調べるほうが格段に容易である．したがって，実験や数値解析では可能な場合には流れが定常流となるように座標系の取り方を工夫する．たとえば，x 方向に移動する物体を観察するとき，静止座標 (x,y,z) と，物体と同じ一定速度 U で移動する移動座標 (ξ,η,ζ) とは，

$$\xi=x-Ut,\ \eta=y,\ \zeta=z$$

の関係にある．この x と ξ の間の座標変換はガリレイ変換（Galilei's transformation）と呼ばれ，各座標系におけるナビエ・ストークスの式の解は互いに一致するので都合の良いように座標を選ぶことができる．

図 8.19 のような回流水槽や風洞では一定速度 U の一様流中に模型を静止させ，その静止座標系 (x,y,z) で実験を行う．模型が静止しているので観察しやすい．この静止座標と一様流の速度 U で移動する移動座標との間にはガリレイ変換が成り立つ．

8・4　オイラーの式 (Euler's equations)

レイノルズ数が非常に大きいときにはナビエ・ストークスの式から粘性項を省略する近似を行い，次のオイラーの式が導かれる．

$$\rho\frac{D\boldsymbol{v}}{Dt}=\rho\boldsymbol{F}-\nabla p \tag{8.48}$$

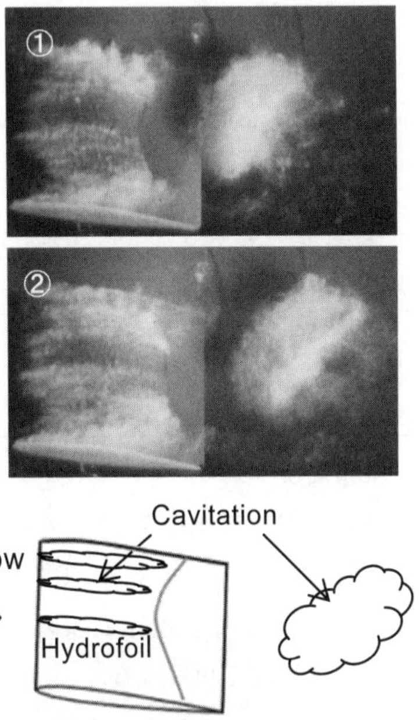

(a) 水中翼から脱落するキャビテーション

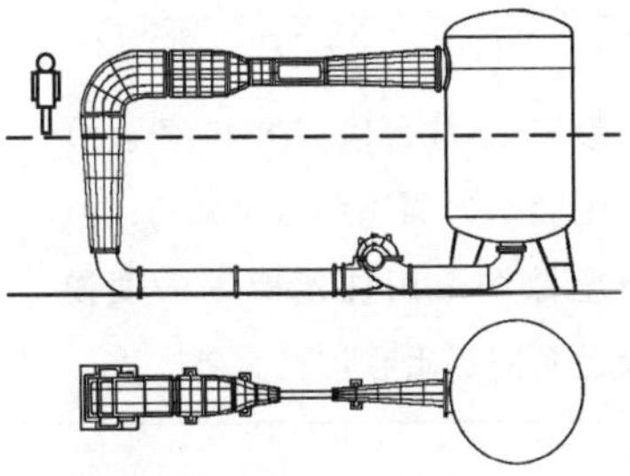

(b) 回流水槽（キャビテーションタン

図 8.19 回流水槽の高速水流への利用例［資料提供　小原弘道・松平晏明（首都大学東京）］

ナビエ・ストークスの式が速度について 2 階の偏微分方程式であったのに対し，オイラーの式は 1 階の偏微分方程式である．階数が 1 つ減ることにより満たすべき境界条件の数も 1 つ減る．具体的には，壁に垂直方向の速度成分は流れが壁を透過しないことから壁表面でゼロとするが，表面に沿う流れの速度はゼロとすることができず, すべりなしの条件を満たすことができない．オイラーの式からはレイノルズ数が高いときの壁から離れた位置の流れを求めることができる一方，壁近くの流れは正しく計算できず，壁面に働く粘性力も得られない．壁近くの流れを含めて解くときには 9 章の境界層理論とオイラーの式を組み合わせて解く．

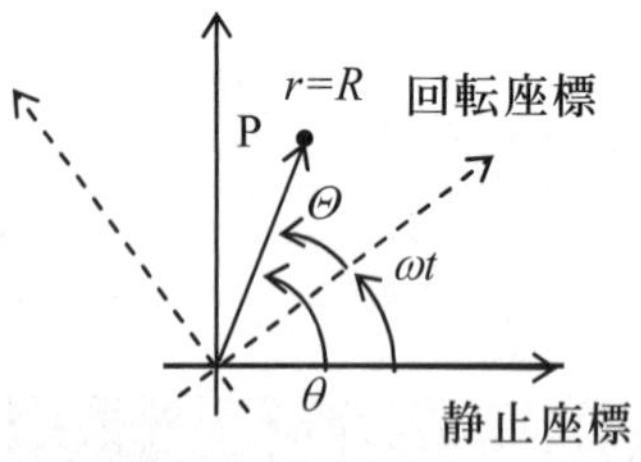

図 8.20　静止座標と回転座標

【例題 8・13】　図 8.20 のような円柱座標を用い，静止座標系 (t,r,θ) の $(p,\boldsymbol{v}_\theta,\boldsymbol{v}_r)$ に関するオイラーの式は回転座標系 (T,R,Θ) における $(p^*,\boldsymbol{v}_\Theta^*,\boldsymbol{v}_R^*)$ を用いてどのように表されるか調べなさい．回転座標は一定の角速度 ω で回転し，座標系は

$$T=t,\ R=r,\ \Theta=\theta-\omega t \tag{8.49}$$

の関係にある．各座標における速度と圧力は

$$\boldsymbol{v}_r=\boldsymbol{v}_R^*,\ \boldsymbol{v}_\theta=\boldsymbol{v}_\Theta^*+r\omega,\ p=p^* \tag{8.50}$$

の関係にある．なお，円柱座標のオイラーの式は表 8.10 のナビエ・ストークスの式で $\mu=0$ とした式である．

【解答】　静止座標系の時間微分 $\partial/\partial t$ は連鎖律（chain rule）より，回転座標系における各変化率と次の関係にある．

$$\frac{\partial \boldsymbol{v}_r}{\partial t}=\frac{\partial T}{\partial t}\frac{\partial \boldsymbol{v}_R^*}{\partial T}+\frac{\partial R}{\partial t}\frac{\partial \boldsymbol{v}_R^*}{\partial R}+\frac{\partial \Theta}{\partial t}\frac{\partial \boldsymbol{v}_R^*}{\partial \Theta}=\frac{\partial \boldsymbol{v}_R^*}{\partial T}-\omega\frac{\partial \boldsymbol{v}_R^*}{\partial \Theta},$$

$$\frac{\partial \boldsymbol{v}_\theta}{\partial t}=\frac{\partial T}{\partial t}\frac{\partial(\boldsymbol{v}_\Theta^*+r\omega)}{\partial T}+\frac{\partial R}{\partial t}\frac{\partial(\boldsymbol{v}_\Theta^*+r\omega)}{\partial R}+\frac{\partial \Theta}{\partial t}\frac{\partial(\boldsymbol{v}_\Theta^*+r\omega)}{\partial \Theta}=\frac{\partial \boldsymbol{v}_\Theta^*}{\partial T}-\omega\frac{\partial \boldsymbol{v}_\Theta^*}{\partial \Theta},$$

以下，$\partial/\partial r$，$\partial/\partial\theta$ についても同様に

$$\frac{\partial \boldsymbol{v}_r}{\partial r}=\frac{\partial \boldsymbol{v}_R^*}{\partial R},\quad \frac{\partial \boldsymbol{v}_r}{\partial \theta}=\frac{\partial \boldsymbol{v}_R^*}{\partial \Theta}$$

$$\frac{\partial \boldsymbol{v}_\theta}{\partial r}=\frac{\partial R}{\partial r}\frac{\partial(\boldsymbol{v}_\Theta^*+r\omega)}{\partial R}=\frac{\partial \boldsymbol{v}_\Theta^*}{\partial R}+\omega,\ \frac{\partial \boldsymbol{v}_\theta}{\partial \theta}=\frac{\partial \Theta}{\partial \theta}\frac{\partial(\boldsymbol{v}_\Theta^*+r\omega)}{\partial \Theta}=\frac{\partial \boldsymbol{v}_\Theta^*}{\partial \Theta}$$

静止座標系のオイラーの式にこれらを代入すると

$$\rho\left(\frac{\partial \boldsymbol{v}_R^*}{\partial T}-\omega\frac{\partial \boldsymbol{v}_R^*}{\partial \Theta}+\boldsymbol{v}_R^*\frac{\partial \boldsymbol{v}_R^*}{\partial R}+\frac{\boldsymbol{v}_\Theta^*+R\omega}{R}\frac{\partial \boldsymbol{v}_R^*}{\partial \Theta}-\frac{(\boldsymbol{v}_\Theta^*+R\omega)^2}{R}\right)=-\frac{\partial p^*}{\partial R}$$

$$\rho\left(\frac{\partial \boldsymbol{v}_\Theta^*}{\partial T}-\omega\frac{\partial \boldsymbol{v}_\Theta^*}{\partial \Theta}+\boldsymbol{v}_R^*\frac{\partial \boldsymbol{v}_\Theta^*}{\partial R}+\omega\boldsymbol{v}_R^*+\frac{\boldsymbol{v}_\Theta^*+R\omega}{R}\frac{\partial \boldsymbol{v}_\Theta^*}{\partial \Theta}+\frac{\boldsymbol{v}_R^*(\boldsymbol{v}_\Theta^*+R\omega)}{R}\right)=-\frac{\partial p^*}{\partial \Theta}$$

整理して

$$\rho\left(\frac{\partial \boldsymbol{v}_R^*}{\partial T}+\boldsymbol{v}_R^*\frac{\partial \boldsymbol{v}_R^*}{\partial R}+\frac{\boldsymbol{v}_\Theta^*}{R}\frac{\partial \boldsymbol{v}_R^*}{\partial \Theta}-\frac{\boldsymbol{v}_\Theta^{*2}}{R}\right)=-\frac{\partial p^*}{\partial R}+\rho\omega^2R+2\rho\,\omega\,\boldsymbol{v}_\Theta^* \tag{8.51}$$

$$\rho\left(\frac{\partial \boldsymbol{v}_\Theta^*}{\partial T}+\boldsymbol{v}_R^*\frac{\partial \boldsymbol{v}_\Theta^*}{\partial R}+\frac{\boldsymbol{v}_\Theta^*}{R}\frac{\partial \boldsymbol{v}_\Theta^*}{\partial \Theta}+\frac{\boldsymbol{v}_R^*\boldsymbol{v}_\Theta^*}{R}\right)=-\frac{\partial p^*}{\partial \Theta}-2\rho\,\omega\,\boldsymbol{v}_R^* \tag{8.52}$$

座標変換

微分方程式を座標系$(t,\ r,\ \theta)$から別の座標系$(T,\ R,\ \Theta)$に変換するときは次の連鎖律とよばれる微分公式を利用する．

$$\frac{\partial}{\partial t}=\frac{\partial T}{\partial t}\frac{\partial}{\partial T}+\frac{\partial R}{\partial t}\frac{\partial}{\partial R}+\frac{\partial \Theta}{\partial t}\frac{\partial}{\partial \Theta}$$

$$\frac{\partial}{\partial r}=\frac{\partial T}{\partial r}\frac{\partial}{\partial T}+\frac{\partial R}{\partial r}\frac{\partial}{\partial R}+\frac{\partial \Theta}{\partial r}\frac{\partial}{\partial \Theta}$$

係数$\partial T/\partial t$ などは式(8.49)のような座標系の関係から決める．直角座標から円柱座標への変換なども同じように行える．

これらの式は回転座標系で表したオイラーの式に，半径方向に $\rho\omega^2 R + 2\rho\omega v_\Theta^*$ を，周方向に $-2\rho\omega v_R^*$ を加えた結果となっている．回転座標から観察したときに流れが静止してみえても，静止座標からみれば絶えず回転軸に向かって加速度が働くのでガリレイ変換は成り立たない．したがって，回転座標系で表したオイラーの式にはこれら遠心力（centrifugal force）$\rho\omega^2 R$ とコリオリ力（Coriolis force）$2\rho\omega v_\Theta^*$，$-2\rho\omega v_R^*$ を加えて補正しなければならない. たとえば, 一定の回転数 N = 1500 rpm で回転している回転座標上で, 水が回転中心から外側に向かって $v_R^* = 3$ m/s の速度で流れている場合について考えてみると，角速度 ω は $\omega = 2\pi N/60 = 157$ rad/s であり，$V = 1$cm^3 の水に働くコリオリ力は $-2\rho\omega v_R^* V = -2\times998\times157\times3\times10^{-6} = -0.940$ N となる．回転中心から r =10cm の半径位置では，1cm^3 の水に働く遠心力は $\rho\omega^2 RV = 998\times157^2\times0.1\times10^{-6} = 2.46$ N である．

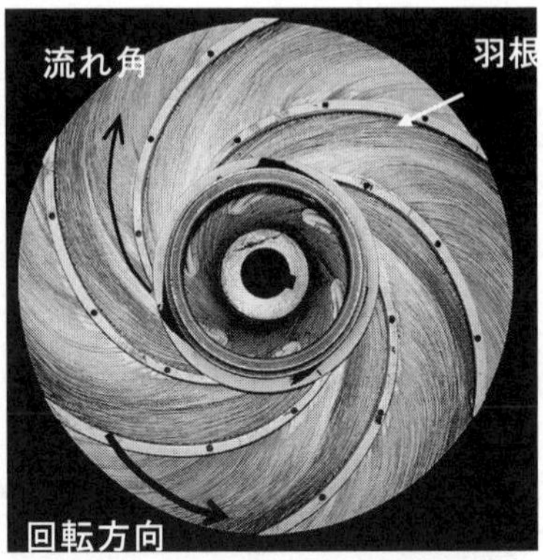

図 8.21　ポンプ流れの可視化
[写真提供　小方聡(首都大学東京)]
ポンプやタービンなどの回転を伴う流体機械ではしばしば回転座標が利用される．写真は回転羽根車上に塗布した油膜に生じた模様であり，円板と共に回転する座標から見た円板近傍の流れ角を表している．

＝＝＝＝＝　練習問題　＝＝＝＝＝＝＝＝＝＝＝＝＝＝＝＝＝＝＝＝＝＝

【8・1】自由渦と呼ばれる渦流れは，回転軸まわりの周速度 v_θ が図 8.22 のように $v_\theta = A/r$（A は定数）と与えられる．点 P$(x=1, y=0)$ の近くの 3 つの流体要素 dr = (1,0), (1,1), (0,1)の変形と回転を点 P に対する式(8.12)より求め, 自由渦における流体運動を調べよ. また, この自由渦の運動を【例題 8.6】の強制渦の運動と比較せよ.

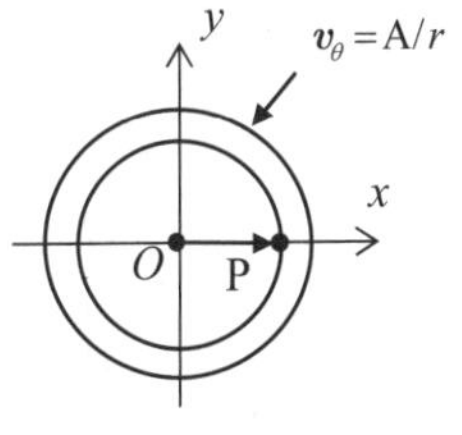

図 8.22　自由渦の流れ

【8・2】ある指定された面に対して内力が単位面積あたりに及ぼす力 $\boldsymbol{f} = f_x\boldsymbol{i} + f_y\boldsymbol{j} + f_z\boldsymbol{k}$ は，その調べる面の単位法線ベクトルを図 8.23 のように $\boldsymbol{n} = n_x\boldsymbol{i} + n_y\boldsymbol{j} + n_z\boldsymbol{k}$ とすると，次のように示せる．

$$\begin{pmatrix} f_x \\ f_y \\ f_z \end{pmatrix} = \begin{pmatrix} -p+\tau_{xx} & \tau_{yx} & \tau_{zx} \\ \tau_{xy} & -p+\tau_{yy} & \tau_{zy} \\ \tau_{xz} & \tau_{yz} & -p+\tau_{zz} \end{pmatrix} \begin{pmatrix} n_x \\ n_y \\ n_z \end{pmatrix}$$

あるいは　$\boldsymbol{f} = -p\boldsymbol{n} + \boldsymbol{\tau}\cdot\boldsymbol{n}$ である. ここで p と $\boldsymbol{\tau}$ は圧力と粘性応力である. この関係式が成り立つことを証明せよ.

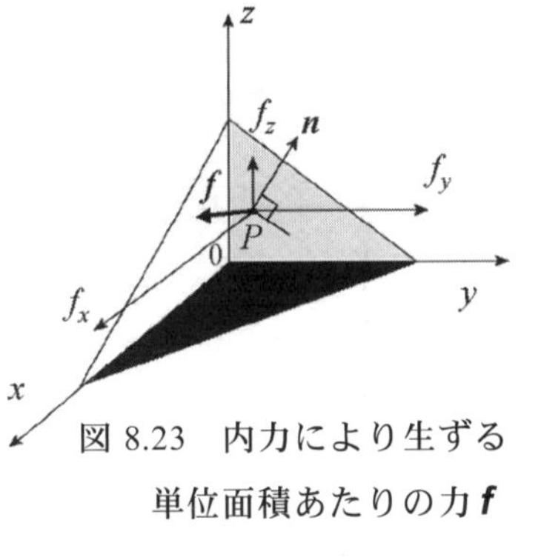

図 8.23　内力により生ずる単位面積あたりの力 $\boldsymbol{f}$

【8・3】ナビエ・ストークスの式を図8.24に示す平行平板間の発達した2次元層流ポアズィユ流れに対して解きなさい．境界条件は $y = \pm h$ で $v_x = 0$ である．また，管摩擦係数 λ を

$$\lambda = H\frac{-dp/dx}{\rho U^2/2}$$

と定義したとき，$\lambda = 24/Re$ となることを証明せよ. ただし，$Re = \rho HU/\mu$，μ は粘度，U は平均流速，$H(=2h)$ は平板の間隔である．

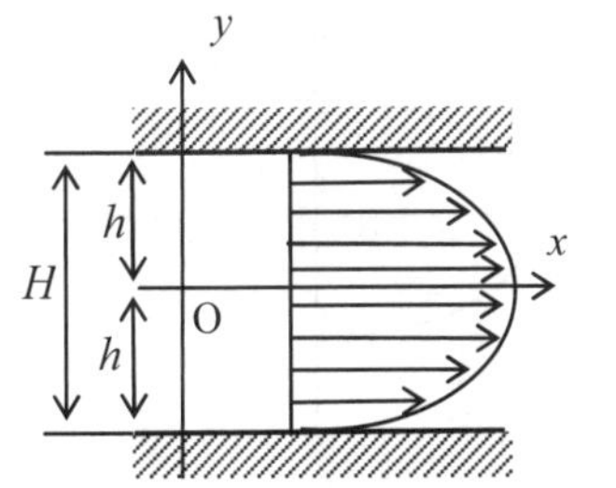

図 8.24　2 次元ポアズィユ流れ

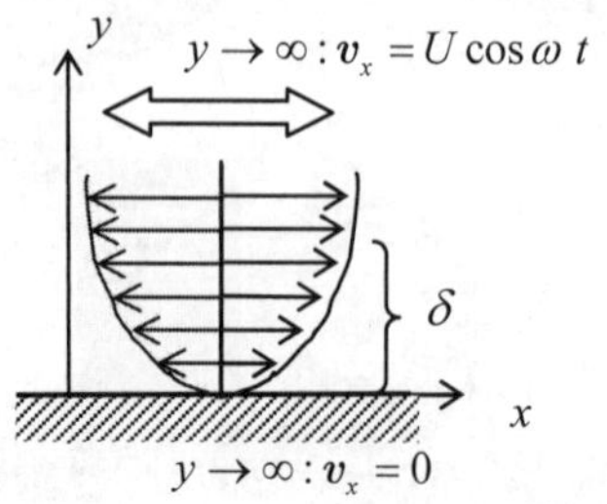

図 8.25　静止壁面上の振動流れ

【8・4】静止した壁に沿って図 8.25 のように振動している流れを考える．壁から十分離れた y 方向の位置では $v_x = U \cos \omega t$ であり，壁面ではすべり無しである．流れは壁に沿う x 方向の流れのみである．ナビエ・ストークスの式から速度 v_x の y 方向の変化を求めよ．また，壁近くで流れの振動が大きく減衰する領域の厚さ δ が粘度の大きさによってどのように変化するか検討せよ．

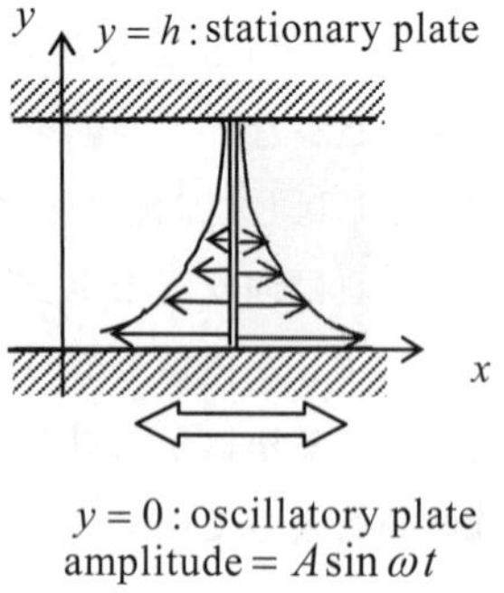

Fig.8.26　Oscillatory Couette flow

【8・5】The Couette flow was produced between the upper stationary plate and the oscillating lower plate, as shown in Fig. 8.26. The oscillation amplitude A of the lower plate was 50 μm, and its frequency f was 600 Hz. The distance h between the parallel plates was 50 μm. Derive the velocity profile, and discuss the influence of the viscosity on the velocity profile. Find the conditions that validate a quasi-steady approximation. Assume that the end effects of the plates are negligible and $\partial p / \partial x = 0$.

【8・6】Small tubes are filled with the suspension of red blood cells. The tubes are rotated with a centrifuge of a rotational speed $N = 6000$ rpm as shown in Fig. 8.27, and the red blood cells are moved toward the bottom of the tube. Assume that a red blood cell at a radial distance $r_1 = 5$ cm moves to $r_2 = 7$ cm after the rotation of T seconds. Find this time T. The concentration of red blood cells is dilute, and thus the motion of the red blood cells is not influenced with each other. The red blood cell is assumed to have the density ρ_0 of 1.09×10^3 kg/m^3, and to be a solid sphere of the diameter $D = 5.6$ μm. The density and viscosity of the suspending plasma are 1.03×10^3 kg/m^3 and 1.8 mPa·s respectively. Calculate the Reynolds number $Re = \rho D U / \mu$ for the flow around the red blood cell, and confirm that Stokes approximation is valid.

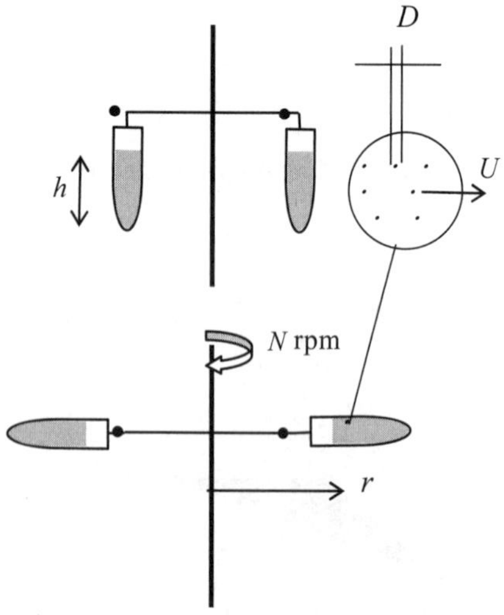

Fig.8.27　Centrifugal separation of red blood cells.

【8・7】図 8.28 に示す断面が楕円の管内層流を考える．直角座標を流れ方向に z，管断面の方向に x，y とする．流れは z 方向の圧力こう配 $-dp/dz$ により駆動され，z 方向に十分に発達している．このとき，運動方程式は，

$$-\frac{dp}{dz} + \mu \left(\frac{\partial^2 v_z}{\partial x^2} + \frac{\partial^2 v_z}{\partial y^2} \right) = 0 \qquad \text{(A)}$$

であり，境界条件は

$$\frac{x^2}{a^2} + \frac{y^2}{b^2} = 1 \text{ で } v_z = 0 \qquad \text{(B)}$$

である．

(1) 速度分布を

$$v_z = \mathrm{A} + \mathrm{B} \left(\frac{x^2}{a^2} + \frac{y^2}{b^2} \right) \qquad \text{(C)}$$

と仮定し，式(A)と(B)の条件より定数 A と B を求めよ．なお，式(C)は円管の速度分布(6.7)から類推して得られる．式(6.7)は

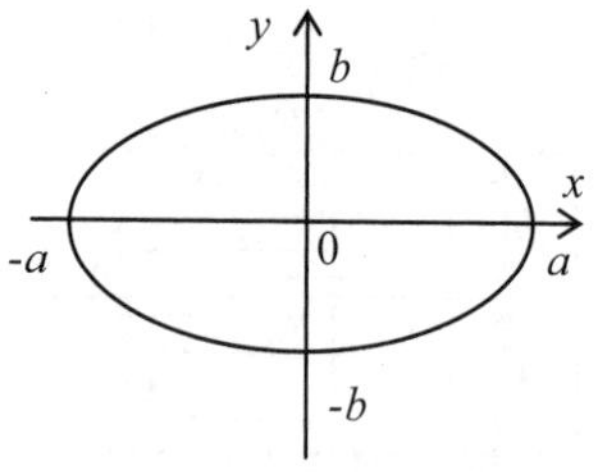

図8.28　楕円管内の流れ

$$v_z = \frac{R^2}{4\mu} \left(-\frac{dp}{dz} \right) \left(1 - \frac{r^2}{R^2} \right) = \frac{R^2}{4\mu} \left(-\frac{dp}{dz} \right) \left\{ 1 - \left(\frac{x^2}{R^2} + \frac{y^2}{R^2} \right) \right\}$$

となるので，円の方程式 $x^2/R^2+y^2/R^2=1$ の左辺を楕円の方程式 $x^2/a^2+y^2/b^2=1$ の左辺で置き換えている．

(2)流量 Q を以下の式より求めよ．

$$Q=\int_{-b}^{b}\int_{-a}^{a}v_z dxdy$$

なお，式(C)右辺第 2 項の楕円断面に対する積分は計算が複雑である．xy 面の楕円断面を図 8.29 に示すように y 軸まわりに角度 α ($\cos\alpha=b/a$)だけ回転して得られる Xy 面の円断面に変換し，この円断面対する積分として考えると，$X=x\cos\alpha$ より

$$\int_{-b}^{b}\int_{-a}^{a}\left(\frac{x^2}{a^2}+\frac{y^2}{b^2}\right)dxdy=\int_{-b}^{b}\int_{-b}^{b}\left(\frac{X^2}{(a\cos\alpha)^2}+\frac{y^2}{b^2}\right)\frac{dX}{\cos\alpha}dy$$

$$=\frac{1}{\cos\alpha}\int_{-b}^{b}\int_{-b}^{b}\frac{X^2+y^2}{b^2}dXdy=\frac{1}{\cos\alpha}\int_{0}^{b}\int_{0}^{2\pi}\frac{r^2}{b^2}rd\theta dr$$

と計算しやすくなる．すなわち，半径 b の円断面に対する積分を $1/\cos\alpha$ 倍すればよいことになる．ここで，(r,θ)は Xy 面上の円柱座標である．

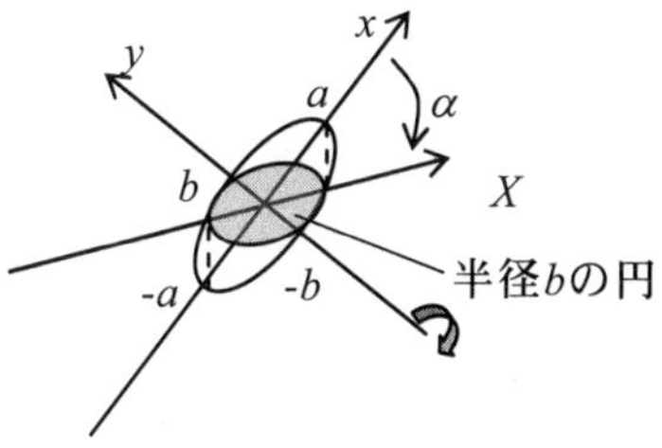

図8.29　楕円を円に投影する角度αの回転

(3)楕円の面積 S は

$$S=\int_{-b}^{b}\int_{-a}^{a}dxdy=\int_{-b}^{b}\int_{-b}^{b}\frac{dX}{\cos\alpha}dy=\frac{1}{\cos\alpha}\int_{0}^{b}\int_{0}^{2\pi}rd\theta dr=\pi ab$$

と得られる．平均流速 v を $v=Q/S$ より求めよ．また速度分布を圧力こう配 $-dp/dz$ の代わりに平均流速 v を用いて示せ．

第９章

せん断流

Shear Flows

9・1　境界層 (boundary layer)

9・1・1　境界層理論 (boundary layer theory)

1904 年，プラントル（Prandtl）は高レイノルズ数流れを，粘性を考慮する必要のある物体近くの薄い層，境界層（boundary layer）とその外側の粘性を無視できる流れ，主流（main flow）とに分けるという概念を提案した．この概念を境界層理論（boundary layer theory）と呼ぶ（図 9.1）．

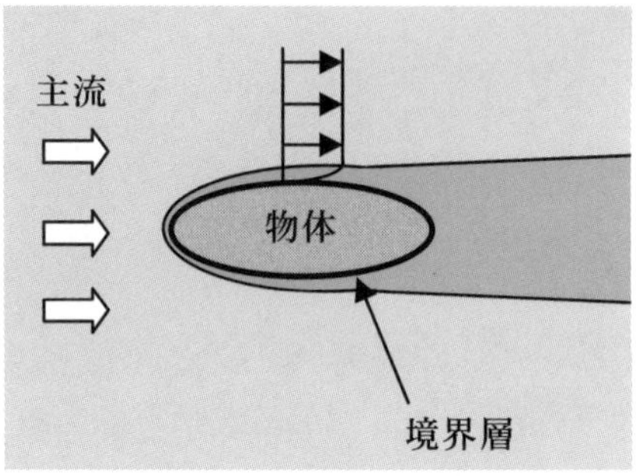

図 9.1　境界層の概念

物体表面から測った境界層の厚さを境界層厚さ（boundary layer thickness）と呼ぶ．一般に，物体表面から主流速度の 99％になる位置までを境界層厚さ $\delta_{0.99}$ と定義し，これを境界層厚さ δ の代わりとして使用している（図 9.2）．また，次のように定義される厚さも境界層の厚さとして使用されている．

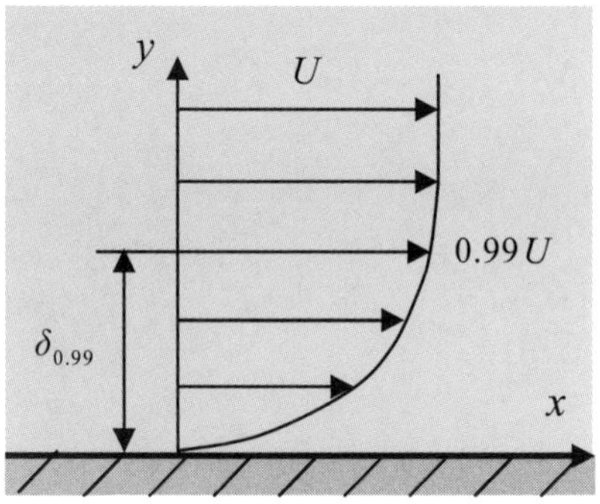

図 9.2　境界層厚さ $\delta_{0.99}$

排除厚さ（displacement thickness）　$\delta^* = \dfrac{1}{U}\int_0^\infty \left(U - \boldsymbol{u}\right)dy$　(9.1)

運動量厚さ（momentum thickness）　$\theta = \dfrac{1}{U^2}\int_0^\infty \boldsymbol{u}\left(U - \boldsymbol{u}\right)dy$　(9.2)

エネルギー厚さ（energy thickness）　$\theta^* = \dfrac{1}{U^3}\int_0^\infty \boldsymbol{u}\left(U^2 - \boldsymbol{u}^2\right)dy$　(9.3)

ここで，U は主流流速，y は物体表面からの垂直距離，$\boldsymbol{u}$ は境界層内の速度である．図 9.3 に排除厚さの概念図を示しておく．排除厚さ δ^* と運動量厚さ θ によって定義される次のパラメータを形状係数（shape factor）と呼ぶ．

$$H = \frac{\delta^*}{\theta} \tag{9.4}$$

【例題 9・1】　境界層の中で流体の速度が減速する理由を述べよ．

【解答】流体は粘性によって壁面に付着する．壁面が静止していれば，壁面上の流体の速度は 0 となり，主流と壁面との間に速度差（すなわち速度こう配）が生まれることになる．ニュートンの粘性法則によれば，速度こう配に比例した摩擦力が流体に作用し，この摩擦力が流体の運動エネルギーを熱エネルギーに変換することがわかる．結果として境界層内で流体は減速する．

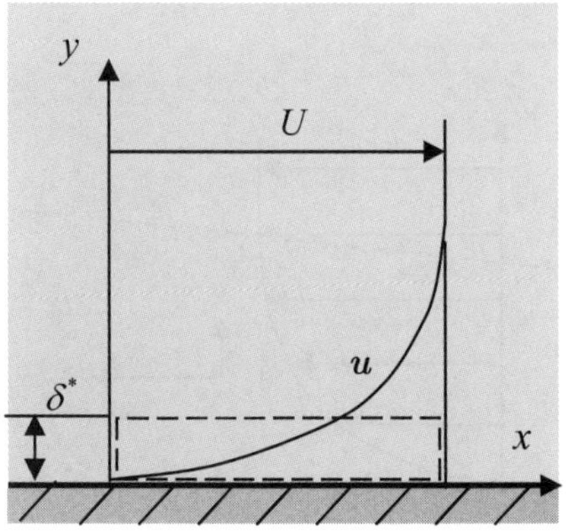

図 9.3　排除厚さの概念

【例題 9・2】　境界層内の速度分布が，

$\boldsymbol{u} = U\left(\dfrac{y}{\delta}\right)^{\frac{1}{n}}$ のとき，

排除厚さ，運動量厚さ，形状係数を求めよ．ただし，U は一様流速，y は壁面からの距離，δ は境界層厚さ，n は定数とする．

【解答】排除厚さは，式(9.1)に速度分布を代入することにより，

$$\delta^* = \frac{1}{U}\int_0^\infty \left\{ U - U\left(\frac{y}{\delta}\right)^{\frac{1}{n}} \right\} dy = \frac{1}{1+n}\delta$$

同様に，運動量厚さは，式(9.2)に速度分布を代入することにより，

$$\theta = \frac{1}{U^2}\int_0^\infty U\left(\frac{y}{\delta}\right)^{\frac{1}{n}} \left\{ U - U\left(\frac{y}{\delta}\right)^{\frac{1}{n}} \right\} dy = \frac{n}{(1+n)(2+n)}\delta$$

と求められる．ここで，$y > \delta$ では $\boldsymbol{u} = U$ となって積分に寄与しないため，積分範囲が $0 \sim \delta$ となることに注意せよ．また，形状係数は式(9.4)より

$$H = \frac{\delta^*}{\theta} = \frac{\dfrac{1}{1+n}\delta}{\dfrac{n}{(1+n)(2+n)}\delta} = \frac{2+n}{n}$$

【例題 9・3】　ある自動車の側面に発達する境界層の境界層厚さが 50mm であった．この境界層の排除厚さ，運動量厚さ，形状係数を求めよ．ただし，境界層内の速度分布が，

$$u = U\left(\frac{y}{\delta}\right)^{\frac{1}{7}}$$

で与えられるものとする．

【解答】前問の解を利用する．各式に $n = 7$，$\delta = 50\text{mm}$ を代入することにより，それぞれ以下のように求められる．

$$\delta^* = \frac{1}{1+n}\delta = \frac{1}{1+7}\times 50 = 6.25\ (\text{mm})$$

$$\theta = \frac{n}{(1+n)(2+n)}\delta = \frac{7}{8\times 9}\times 50 = 4.86\ (\text{mm})$$

$$H = \frac{2+n}{n} = \frac{9}{7} = 1.29$$

発達した境界層では，一般に，排除厚さ，運動量厚さは境界層厚さに対して 1 桁小さくなり，形状係数は 1〜2 程度となっている．

9・1・2　境界層方程式（boundary layer equation）

図 9.4 に示すような平板上に発達する 2 次元非圧縮性境界層内の流れ挙動を表現する方程式は，以下のように与えられる．

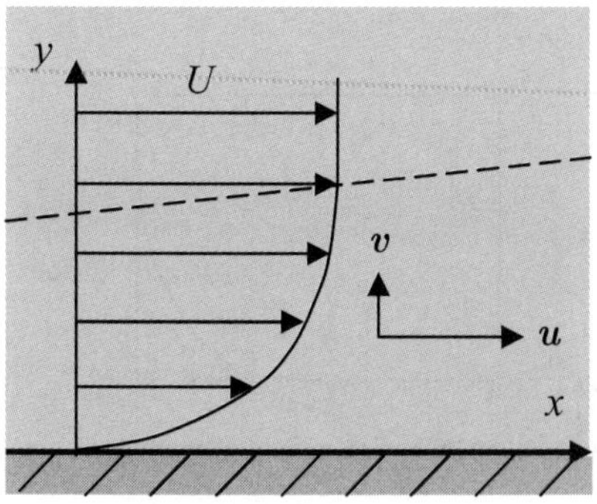

図 9.4　境界層内の速度分布

連続の式：

$$\frac{\partial \boldsymbol{u}}{\partial x} + \frac{\partial \boldsymbol{v}}{\partial y} = 0 \tag{9.5}$$

ナビエ・ストークス方程式：

$$\frac{\partial \boldsymbol{u}}{\partial t} + \boldsymbol{u}\frac{\partial \boldsymbol{u}}{\partial x} + \boldsymbol{v}\frac{\partial \boldsymbol{u}}{\partial y} = -\frac{1}{\rho}\frac{\partial p}{\partial x} + \nu\frac{\partial^2 \boldsymbol{u}}{\partial y^2} \tag{9.6}$$

$$\frac{\partial p}{\partial y} = 0 \tag{9.7}$$

ここで，ρ は流体の密度，ν は動粘度，p は圧力である．

ナビエ・ストークス方程式からこれらの方程式を導くための簡略化を境界層近似（boundary layer approximation），これらの方程式を境界層方程式（boundary layer equation）と呼ぶ.

境界層特性の主流方向変化が得られれば設計上は有用な情報となるため，定常流に対して式(9.6)を壁面（$y=0$）から境界層厚さ（$y=\delta$）まで積分し，ライプニッツの公式を用いて整理すると次式を得ることができる.

$$\frac{d\theta}{dx}+(2+H)\frac{\theta}{U}\frac{dU}{dx}=\frac{\tau_w}{\rho U^2} \tag{9.8}$$

ここで，τ_wは壁面せん断応力である．この式を境界層の運動量積分方程式（momentum integral equation）あるいはカルマンの積分方程式（Karman's integral equation）と呼んでいる.

【例題 9・4】　壁面上のある点の圧力がP_wで与えられるとき，その点から壁面垂直方向に位置する境界層外端の点（$y=\delta$）での圧力$p(\delta)$を求めよ.

【解答】式(9.7)から，圧力は壁面垂直方向に変化しないことが明らかである．すなわち，壁面での圧力がP_wなら，境界層外端でも同じ圧力P_wとなっている．したがって，

$$p(\delta)=P_w$$

【例題 9・5】　主流と平行に置かれた平板上の2次元定常境界層流を考える．境界層内の速度分布が主流流速Uと境界層厚さδを用いて，

$$\boldsymbol{u}=U\frac{y(2\delta-y)}{\delta^2}$$

と表現できるとき，境界層厚さδを平板先端からの距離xを用いて表わせ.

【解答】式(9.8)を用いる.

まず，平板上の境界層であることから，主流流速はUのまま変化しない．したがって，

$$\frac{dU}{dx}=0$$

次に，与えられた速度分布から，壁面せん断応力が次式のように求まる.

$$\tau_w=\mu\frac{d\boldsymbol{u}}{dx}\bigg|_{y=0}=\mu\frac{d}{dx}U\frac{y(2\delta-y)}{\delta^2}\bigg|_{y=0}=\frac{2\mu U}{\delta}$$

ここで，μは粘度を表す.

一方，運動量厚さの定義式(9.2)および速度分布より，運動量厚さと境界層厚さとの間には次の関係がある.

$$\theta=\frac{2}{15}\delta$$

以上の結果を式(9.8)に代入すると，

$$\frac{d\delta}{dx}=\frac{15\nu}{U\delta}$$

この式を変形して積分すると，

$$\int \delta d\delta = \int \frac{15\nu}{U} dx \quad よって \quad \frac{1}{2}\delta^2 = \frac{15\nu x}{U} + C \quad （C：積分定数）$$

積分定数Cは，平板前縁（$x = 0$）において$\delta = 0$より，$C = 0$であり，

$$\delta = \sqrt{\frac{30\nu x}{U}}$$

が求める解となる．ただし，この式は流れが層流のときにのみ成り立つ．

【例題 9・6】　一様流中に長さ 1m の平板が流れと平行に置かれている．一様流の流速が 20m/s，流体の動粘度が 1.5×10^{-5}m^2/s のとき，平板後端における境界層厚さを求めよ．ただし，境界層内は層流であるとする．

【解答】前問の解を利用する．

$$\delta = \sqrt{\frac{30\nu x}{U}} = \sqrt{\frac{30\times1.5\times10^{-5}\times1}{20}} = 4.7\times10^{-3} \quad \text{(m)}$$

9・1・3　境界層の下流方向変化
（downstream change of boundary layer）

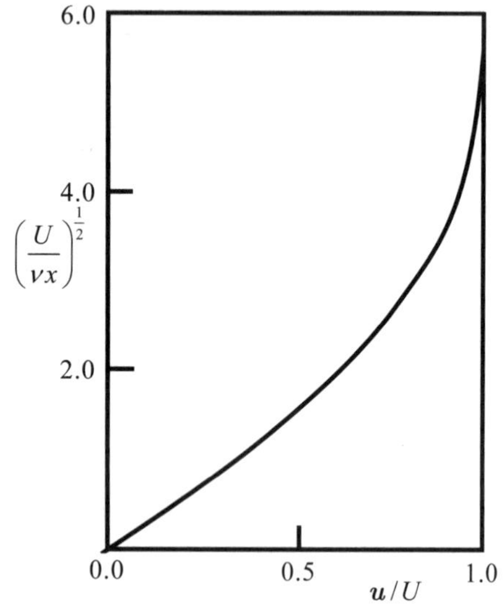

図 9.5　層流境界層の速度分布（ブラジウス分布）

境界層の成長初期段階は層流である．境界層内の流れが層流状態のとき，その境界層を層流境界層（laminar boundary layer），層流境界層の速度分布をブラジウス分布と呼ぶ（図 9.5）．

下流において，層流境界層は乱流状態へと変化する．この変化を遷移（transition）という．遷移が起きるレイノルズ数は臨界レイノルズ数（critical Reynolds number）と呼ばれ，平板境界層の場合，実験的に，

$$R_{ecrit} = \left(\frac{Ux}{\nu}\right)_{crit} = 3.5\times10^5 \sim 2.8\times10^6 \tag{9.9}$$

遷移が完了すると，境界層内の流れは時空間的に乱れた乱流状態となる．この境界層を乱流境界層（turbulent boundary layer）と呼ぶ．乱流境界層内では大小さまざまなスケールの渦が発達し，これらの渦が主流から壁面近くへ運動量やエネルギーを活発に輸送するため，層流境界層に比べて壁近くの速度が大きく，壁面せん断応力が強くなる．

【例題 9・7】　一様流中に流れと平行に平板が置かれている．一様流速を 10m/s，流体の動粘度を 1.0×10^{-6}m^2/s とすると，境界層の遷移は平板先端から測ってどの位置で起きるかを求めなさい．ただし，臨界レイノルズ数は 1.0×10^6 と仮定する．

【解答】臨界レイノルズ数の定義式(9.9)より，

$$R_{ecrit} = \frac{10.0\times x}{1.0\times10^{-6}} = 1.0\times10^6 \qquad よって, \quad x = 0.10 \text{ (m)}$$

が遷移位置となる．

【例題 9・8】　壁面がザラザラ（粗面）のとき，滑面の場合と比べて遷移位置がどのように変化するか述べよ．

【解答】壁面が粗面の場合，粗さによって乱れが生じやすい．したがって，流れは乱流になりやすく，遷移位置が上流側へ移動する傾向がある．

ただし，粗さの高さが十分に低く，粗さが粘性底層に埋没するような場合には，粗さの効果は現れない．このような面を流体力学的に滑らかであるという．

9・1・4　レイノルズ平均とレイノルズ応力 (Reynolds average and Reynolds stress)

乱流境界層内の流れは，時々刻々また場所によっても変化する非常に乱れた状態にある(図 9.6)．このため，物理量や支配方程式の平均化が利用されている．長い時間間隔 T における平均化操作をレイノルズ平均（Reynolds average）と呼ぶ．速度や圧力といった物理量は，

$$f=\overline{f}+f' \tag{9.10}$$

のように分解される．ここで，上付きバーは時間平均値を，ダッシュは変動値を意味し，これをレイノルズ分解（Reynolds decomposition）という．

レイノルズ分解を連続の式およびナビエ・ストークス方程式の各変数に代入し，式全体の時間平均をとり，最後に境界層近似を施すと，以下の時間平均成分に関する境界層方程式が求められる．

連続の式：

$$\frac{\partial \overline{\boldsymbol{u}}}{\partial x}+\frac{\partial \overline{\boldsymbol{v}}}{\partial y}=0 \tag{9.11}$$

ナビエ・ストークス方程式：

$$\frac{\partial \overline{\boldsymbol{u}}}{\partial t}+\overline{\boldsymbol{u}}\frac{\partial \overline{\boldsymbol{u}}}{\partial x}+\overline{\boldsymbol{v}}\frac{\partial \overline{\boldsymbol{u}}}{\partial y}=-\frac{1}{\rho}\frac{\partial \overline{p}}{\partial x}+\nu\frac{\partial^2 \overline{\boldsymbol{u}}}{\partial y^2}-\frac{\partial \overline{\boldsymbol{u}'^2}}{\partial x}-\frac{\partial \overline{\boldsymbol{u}'\boldsymbol{v}'}}{\partial y} \tag{9.12}$$

$$-\frac{1}{\rho}\frac{\partial \overline{p}}{\partial y}-\frac{\partial \overline{\boldsymbol{v}'^2}}{\partial y}=0 \tag{9.13}$$

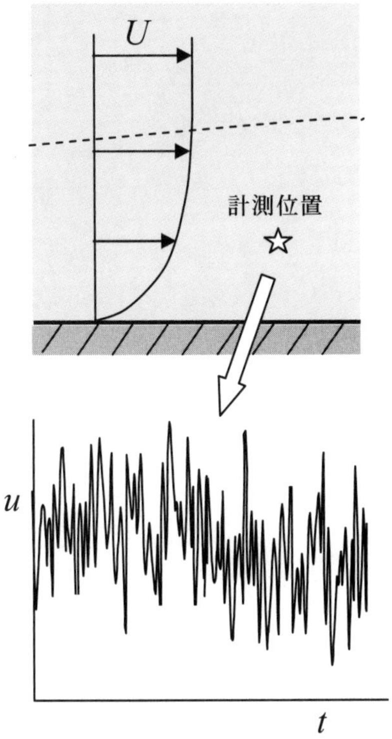

図 9.6　乱流境界層中の速度履歴

速度変動の相関 $\overline{\boldsymbol{u}'^2}$，$\overline{\boldsymbol{v}'^2}$，$\overline{\boldsymbol{u}'\boldsymbol{v}'}$ は，レイノルズ応力（Reynolds stress）と呼ばれ（厳密には，これらに密度 ρ を乗じた $\rho\overline{\boldsymbol{u}'\boldsymbol{v}'}$ などが応力の単位を持つ），時間平均流に対する乱れの効果を表している．

【例題 9・9】　レイノルズ平均の定義にしたがい，$\overline{\overline{f}\cdot g}=\overline{f}\cdot\overline{g}$ が成り立つことを証明せよ．ただし，f と g は任意の変数とする．

【解答】レイノルズ平均の定義は次の通りである．

$$\overline{f}=\frac{1}{T}\int_0^T f dt \qquad （T\ ：平均化のための長い時間間隔）$$

さらに，$\overline{f}$ は $t=0\sim T$ の間で定数であることに着目して，

$$\overline{\overline{f}\cdot g}=\frac{1}{T}\int_0^T\overline{f}\,gdt=\frac{\overline{f}}{T}\int_0^T\left(\overline{g}+g'\right)dt$$

$$=\frac{\overline{f}}{T}\left(\int_0^T\overline{g}dt+\int_0^T g'dt\right)=\frac{\overline{f}}{T}\left(\overline{g}T+0\right)=\overline{f}\cdot\overline{g}$$

$$\therefore\ \overline{\overline{f}\cdot g}=\overline{f}\cdot\overline{g}$$

（なお，このような時間平均に関するルールについては，JSME テキストシリーズ「流体力学」第 9 章を参照のこと．）

【例題 9・10】　乱流境界層において，時間平均速度が時間に関して一定（これを定常乱流という）で，レイノルズ応力 $\overline{\boldsymbol{u}'^2}$，$\overline{\boldsymbol{v}'^2}$ の効果が無視できるとき，この境界層を表現する支配方程式を導け．

【解答】乱流境界層なので，式(9.11)～(9.13)が成り立つ．題意にしたがってこれらの式を簡略化する．

与えられた条件から，

$$\frac{\partial\overline{\boldsymbol{u}}}{\partial t}=\frac{\partial\overline{\boldsymbol{u}'^2}}{\partial x}=\frac{\partial\overline{\boldsymbol{v}'^2}}{\partial y}=0$$

これを式(9.11)～(9.13)に代入することにより，

$$\frac{\partial\overline{\boldsymbol{u}}}{\partial x}+\frac{\partial\overline{\boldsymbol{v}}}{\partial y}=0$$

$$\overline{\boldsymbol{u}}\frac{\partial\overline{u}}{\partial x}+\overline{\boldsymbol{v}}\frac{\partial\overline{u}}{\partial y}=-\frac{1}{\rho}\frac{\partial\overline{p}}{\partial x}+\nu\frac{\partial^2\overline{\boldsymbol{u}}}{\partial y^2}-\frac{\partial\overline{\boldsymbol{u}'\boldsymbol{v}'}}{\partial y}$$

$$\frac{\partial\overline{p}}{\partial y}=0$$

が求めるべき支配方程式となる．

9・1・5　乱流境界層の平均速度分布
（mean velocity profile in turbulent boundary layer）

乱流境界層内の時間平均速度分布に対して，以下の 2 つの法則がよい近似となっており，実用上しばしば用いられている．

1/n 乗則（1/n power law）あるいは指数法則（power law）：

$$\frac{\overline{\boldsymbol{u}}}{U}=\left(\frac{y}{\delta}\right)^{\frac{1}{n}} \tag{9.14}$$

ここで，U は主流流速，y は壁面からの距離である．また，実用上の流れで $n=7$ が用いられることが多いため，1/7 乗法則とも呼ばれる．

対数法則（logarithmic law）あるいは壁法則（wall law）：

$$\boldsymbol{u}^+=\frac{\overline{\boldsymbol{u}}}{\boldsymbol{u}_*}=2.5\ln\frac{\boldsymbol{u}_*y}{\nu}+5.5=2.5\ln y^++5.5 \tag{9.15}$$

ここで，$\boldsymbol{u}_*$ は壁面せん断応力 τ_w によって次式のように定義される摩擦速度（friction velocity）である．

$$\boldsymbol{u}_*=\sqrt{\frac{\tau_w}{\rho}} \tag{9.16}$$

y^+は壁座標（wall unit）と呼ばれる無次元壁面距離である．

なお，粘性底層内の速度は，次式で与えられる直線分布である．

$$\boldsymbol{u}^+ = \frac{\overline{\boldsymbol{u}}}{\boldsymbol{u}_*} = \frac{\boldsymbol{u}_* y}{\nu} = y^+ \tag{9.17}$$

図 9.7 に乱流境界層における時間平均速度の分布を示す．

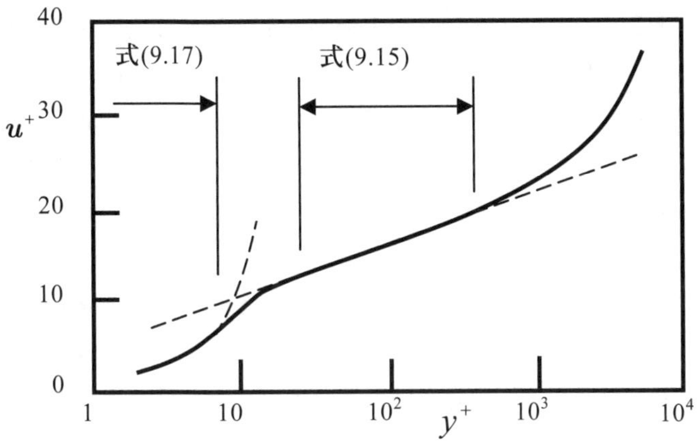

図 9.7　乱流境界層における平均速度分布

【例題 9・11】　自動車が時速 80km で走行しているとき，ルーフ後端における境界層厚さが 2.0cm であった．ルーフ後端で壁面から垂直に 1.0cm 離れた位置における時間平均流速を求めよ．ただし，速度分布は 1/7 乗法則で近似できるものとする．

【解答】式(9.14)より，

$$\overline{\boldsymbol{u}} = U\left(\frac{y}{\delta}\right)^{\frac{1}{7}} = \frac{80\times10^3}{3600}\times\left(\frac{0.01}{0.02}\right)^{\frac{1}{7}} = 20.1\ (\mathrm{m/s}) = 72.4\,(\mathrm{km/h})$$

【例題 9・12】　壁面せん断応力が 0.50Pa の乱流境界層がある．壁面から 1.0cm の位置における時間平均流速を求めよ．ただし，流体の密度を 1.2kg/m^3，動粘度を 1.5×10^{-5}m^2/s とする．速度分布は対数法則で近似できるものとする．

【解答】式(9.16)より摩擦速度は

$$\boldsymbol{u}_* = \sqrt{\frac{\tau_w}{\rho}} = \sqrt{\frac{0.5}{1.2}} = 0.65\ (\mathrm{m/s})$$

対数法則式(9.15)から，$y = 0.01\mathrm{m}$ における時間平均流速は，

$$\overline{\boldsymbol{u}} = \boldsymbol{u}_*\left(2.5\ln\frac{\boldsymbol{u}_* y}{\nu} + 5.5\right) = 0.65\times\left(2.5\ln\frac{0.65\times0.01}{1.5\times10^{-5}} + 5.5\right) = 13.4\ (\mathrm{m/s})$$

9・1・6　境界層のはく離と境界層制御
（boundary layer separation and boundary layer control）

境界層内では，摩擦力により流体の運動エネルギーが消費され，下流へ進むにつれて減速が起き，ついに壁面上で速度こう配が 0 に達すると壁面から離れていく．この現象を境界層はく離（boundary layer separation），はく離を生じた位置をはく離点（separation point）という．境界層はく離が発生すると境界層厚さが大きくなり，また，その下流側に上流側から流体が供給されなくなるために逆流が生じる．はく離した境界層は，流れの条件によっては再び壁面に付着する場合がある．この領域を再循環領域（recirculation region）あるいははく離泡（separation bubble）と呼ぶ．この現象をはく離の再付着（reattachment），再付着した位置を再付着点（reattachemnt point）という（図 9.8）．

境界層がはく離を起こすと大きな損失を発生するため，流体機械や流路の設計に際しては，境界層はく離を生じないような配慮がなされる．境界層はく離対策として，境界層に制御をかけて流れ場をコントロールすることが行われ，これを境界層制御（boundary layer control）と呼んでいる．境界層制御には，乱流促進，渦発生器，境界層吹出し，境界層吸込みなど多くの方法が提案・実用化されている．

【例題 9・13】　境界層のはく離に対して，下流ほど圧力が高くなる逆圧力こう配がどのように影響するか述べよ．また，翼はどの位置で境界層はく離を起こしやすいか考察せよ．

【解答】逆圧力こう配は流れに対して上流方向の力を作用する．このため，流れは，逆圧力こう配によって減速させられることになる．境界層のはく離は壁面近くの流体が運動エネルギーを失うことによって発生するので，逆圧力こう配ははく離を促進するように作用する．

翼の圧力分布は，前縁から最大翼厚点までが順圧力こう配，最大翼厚点から後縁にかけてが逆圧力こう配となっている．このため，翼面上の境界層は翼の後半ではく離しやすいといえる．

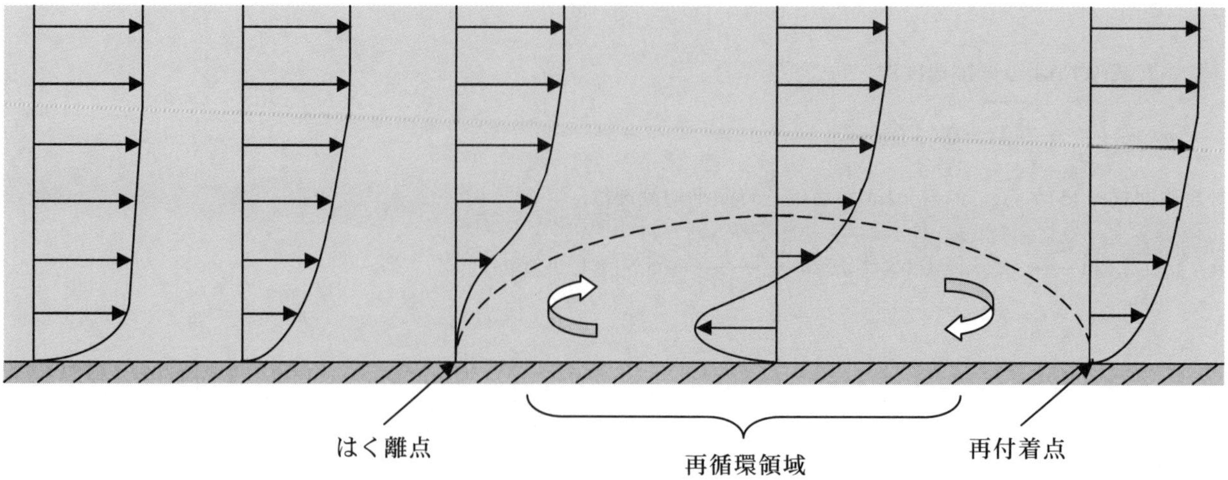

図 9.8　境界層のはく離，再付着

【例題 9・14】 境界層制御のひとつに境界層吹出しがある．境界層吹出しを行うとなぜ境界層のはく離が抑制できるのかについて考察せよ．

【解答】境界層はく離は，壁面付近にある流体の運動エネルギーが失われることにより発生する．境界層吹出しを行うと，壁面付近に高速の流体，すなわち高運動エネルギーの流体を持ち込むことになるので，運動エネルギーが0となりにくく，したがって，境界層はく離が抑制される．

9・2　噴流，後流，混合層流 (jet, wake and mixing layer)

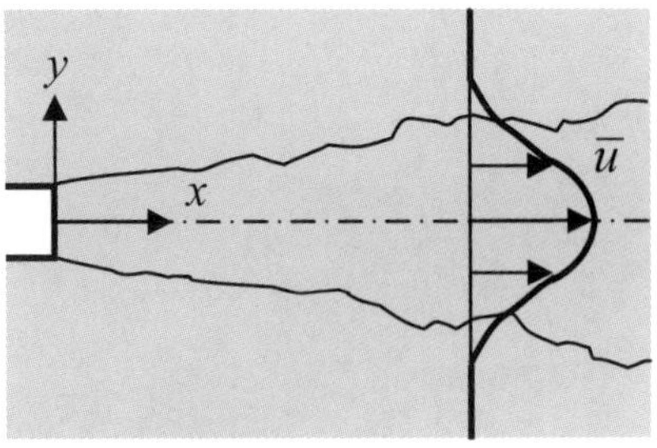

図 9.9　噴流

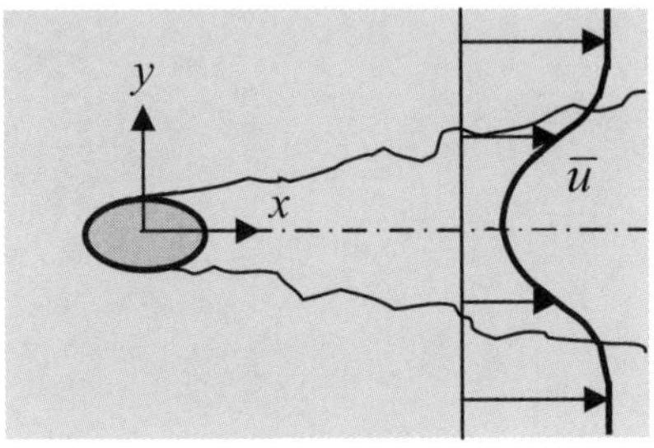

図 9.10　後流

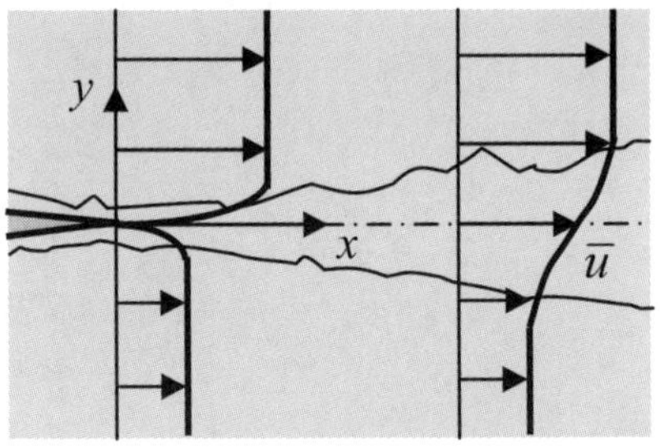

図 9.11　混合層流

ノズルなどから周囲流体よりも高速で流体が噴出するときの流れを噴流（jet)，流体中の物体の下流側にできる低速流を後流（wake)，速度の異なる２つの流れが合流・混合する流れを混合層流（mixing layer）といい，総称して自由せん断層（free shear layer）と呼んでいる（図 9.9～図 9.11)．

これらの流れはほとんどの場合乱流に遷移しており，また幅が薄いため，乱流境界層と同様の取り扱いができる．すなわち，支配方程式としては式(9.11)から式(9.13)がそのまま利用できる．

また，自由せん断層流では，最大速度差と半値幅の下流方向変化が仮想原点（virtual origin）から測った下流方向距離 x のべき乗に比例することが知られている．表 9.1 に，さまざまな自由せん断層流における最大速度差の減衰および半値幅（たとえば噴流では，速度が中心流速の 1/2 となる y の値）の拡大に関するべき乗則を示しておく（詳細はテキストシリーズ流体力学で)．

【例題 9・15】　エアコンの吹出口からの流れは 2 次元噴流とみなすことができる．吹出口から 20cm 離れた位置での半値幅が 15cm，50cm 離れた位置での半値幅が 18cm であるとき，2m 離れた位置における半値幅を求めよ．

【解答】表 9.1 から，2 次元噴流の半値幅は仮想原点からの距離に比例する．吹出口からの距離を x，吹出口から仮想原点までの距離を x_0 と表すと，

半値幅 b は，　$b=C(x-x_0)$　　（C ：比例定数）

のように与えられる．

題意により，　$0.15=C(0.2-x_0)$　，$0.18=C(0.5-x_0)$

が成り立つので，両式より，$C=0.1$，$x_0=-1.3$ が得られる．

よって，半値幅は，　$b=0.1(x+1.3)$ (m)

以上により，2m 離れた位置での半値幅は，$b=0.1\times(2.0+1.3)=0.33$ (m)．

表 9.1　自由せん断層のべき乗則

	最大速度差の減衰	半値幅の拡大
2 次元噴流	$x^{-1/2}$	x
軸対称噴流	x^{-1}	x
2 次元後流	$x^{-1/2}$	$x^{1/2}$
軸対称後流	$x^{-2/3}$	$x^{1/3}$
混合層流	x^{0}	x

===== 練習問題 =====================

【9・1】速度分布が主流流速U，壁面からの距離y，境界層厚さδにより，

$$\frac{u}{U}=\left(\frac{y}{\delta}\right)^{\frac{1}{a}}$$

と近似できるものとする．この境界層の形状係数が 1.4 のとき，aを求めよ．

【9・2】自動車のボンネットに沿って境界層が発達する．時速 120 km で走行しているとき，フロントガラス直前での境界層が層流か乱流かを判定せよ．ただし，ボンネット先端からフロントガラスまでは 1.3m，流体の動粘度を $1.5\times10^{-5}\mathrm{m^2/s}$ とする．

【9・3】壁面せん断応力がτ_wで与えられる 2 次元定常平板層流境界層がある．この境界層において粘性拡散効果と圧力こう配が支配的であるとき，主流方向速度分布を求めよ．(ヒント：式(9.6)において右辺第 1 項と第 2 項が支配的)

【9・4】円柱を一様流中に流れと直角に置くと，円柱背後に 2 次元後流が形成される．2 次元後流の対称面においてレイノルズ応力$\overline{u'^2}$はxに対してどのように変化するか求めよ．ただし，時間平均速度は定常であるとする．

【9・5】The velocity profile is given by

$$u=U\left(\frac{y}{\delta}\right)^{\frac{1}{7}},$$

where U is the freestream velocity, y is the distance from the wall, and δ is the boundary layer thickness. Calculate the displacement thickness, momentum thickness and shape factor.

【9・6】A tanker is cruising at the speed of 6m/s. Estimate the position where boundary layer transition occurs on the bottom surface. Assume that the bottom surface is flat, the fluid kinetic viscosity is $1.0\times10^{-6}\mathrm{m^2/s}$, and the critical Reynolds number is 1.0×10^{6}.

【9・7】A flat plate with the length of 2.0m is in an uniform flow, and it is parallel to the flow direction. If the uniform velocity is 4.0m/s, the flow is laminar, and the fluid kinetic viscosity is $1.0\times10^{-6}\mathrm{m^2/s}$, calculate the boundary layer thickness at the trailing edge of the plate.

【9・8】Explain the reason why turbulent boundary layer separation does not easily take place.

【9・9】A plane jet is injected from a slot into a still air. The half widths at $x=0.50$ and 1.0m from the slot are 0.20 and 0.30m, respectively. Predict the half width at $x=3.0$m from the slot.

第 10 章

ポテンシャル流れ

Potential Flow Analysis

10・1　ポテンシャル流れの基礎式
(fundamental equations of potential flow)

粘性や熱伝導が無視でき，縮まない流体を理想流体(ideal fluid)と呼ぶ．

10・1・1　コーシー・リーマンの方程式 (Cauchy-Riemann equations)

複素数 $z = x + iy$ の関数 $f = f(z) = \alpha + i\beta$ の微分は次式で与えられる．

$$\frac{df}{dz} = \frac{\partial f}{\partial x} = \frac{\partial \alpha}{\partial x} + i\frac{\partial \beta}{\partial x},\quad \frac{df}{dz} = \frac{1}{i}\frac{\partial f}{\partial y} = -i\frac{\partial \alpha}{\partial y} + \frac{\partial \beta}{\partial y} \tag{10.1}$$

微分可能な関数は次のコーシー・リーマンの方程式を満足する．

$$\frac{\partial \alpha}{\partial x} = \frac{\partial \beta}{\partial y},\ \frac{\partial \alpha}{\partial y} = -\frac{\partial \beta}{\partial x} \tag{10.2}$$

10・1・2　2 次元渦なし流れの基礎方程式
(fundamental equation of irrotational flows)

非圧縮性の理想流体の基礎方程式は，第 8 章で述べた連続の式(8.2)とオイラーの式(8.48)で表される．

$$\mathrm{div}\boldsymbol{v} = 0,\ \text{または，}\ \frac{\partial \boldsymbol{u}}{\partial x} + \frac{\partial \boldsymbol{v}}{\partial y} = 0 \tag{10.3}$$

$$\frac{D\boldsymbol{v}}{Dt} = \boldsymbol{F} - \frac{1}{\rho}\mathrm{grad}p \tag{10.4}$$

式(10.4)は，以下のようにも表される．

$$\frac{\partial \boldsymbol{v}}{\partial t} = -\mathrm{grad}\left(\frac{1}{2}\boldsymbol{v}^2 + A + \frac{p}{\rho}\right) + \boldsymbol{v}\times\boldsymbol{\omega} \tag{10.5}$$

ここで $\mathrm{rot}\boldsymbol{v} \equiv \boldsymbol{\omega}$ は渦度である．外力については $\boldsymbol{F} = -\mathrm{grad}A$ とした．

次に上式の両辺の rot をとると次式が得られる．

$$\frac{\partial \boldsymbol{\omega}}{\partial t} = \mathrm{rot}(\boldsymbol{v}\times\boldsymbol{\omega}) \tag{10.6}$$

これは渦度方程式と呼ばれる．$\boldsymbol{\omega} = 0$ は，渦なし流れと呼ばれ，式(10.5)からわかるように，運動はすべてポテンシャルにより表現される．

【例題 10・1】　複素関数が微分可能（解析的）であるための条件であるコーシー・リーマンの方程式とポテンシャル流れの条件とはどのような関係にあるのだろうか．

【解答】　関数 $f(z)$ が微分可能である場合には，その共役関数 $\overline{f(z)}$ も微分可能である．共役関数を $\overline{f(z)} = \boldsymbol{u} - i\boldsymbol{v}$ と表そう．このとき，微分可能の条件の

複素数の表現

複素数	$z = x + iy$
z の共役	$\overline{z} = x - iy$
実数部	$\mathrm{Re}\,z = x$
虚数部	$\mathrm{Im}\,z = y$
絶対値	$\lvert z\rvert = \sqrt{z\overline{z}} = \sqrt{x^2 + y^2}$

極座標形式

$z = re^{i\theta} = r(\cos\theta + i\sin\theta)$

半径　$r = \lvert z\rvert = \sqrt{x^2 + y^2}$

偏角　$\theta = \arg z = \tan^{-1}\dfrac{y}{x}$

記号

$\boldsymbol{F}$	単位質量あたりの外力
$\boldsymbol{v}$	速度 $(\boldsymbol{u}, \boldsymbol{v})$
$\boldsymbol{\omega}$	渦度
W	複素ポテンシャル
Φ	速度ポテンシャル
Ψ	流れ関数
w	複素速度
Q	流量
Γ	循環
v_r	半径方向速度成分
v_θ	周方向速度成分
X	物体に作用する力の x 成分
Y	物体に作用する力の y 成分

∇（ナブラ）と各演算の関係

∇ の定義

$$\nabla = \boldsymbol{i}\frac{\partial}{\partial x} + \boldsymbol{j}\frac{\partial}{\partial y} + \boldsymbol{k}\frac{\partial}{\partial z}$$

スカラ f のこう配

$$\mathrm{grad}\ f = \nabla f = \boldsymbol{i}\frac{\partial f}{\partial x} + \boldsymbol{j}\frac{\partial f}{\partial y} + \boldsymbol{k}\frac{\partial f}{\partial z}$$

ベクトル $\boldsymbol{A} = (A_x,\ A_y,\ A_z)$ の発散

$$\mathrm{div}\ \boldsymbol{A} = \nabla\cdot\boldsymbol{A} = \frac{\partial A_x}{\partial x} + \frac{\partial A_y}{\partial y} + \frac{\partial A_z}{\partial z}$$

ベクトル $\boldsymbol{A} = (A_x,\ A_y,\ A_z)$ の回転

$$\mathrm{rot}\ \boldsymbol{A} = \nabla\times\boldsymbol{A} = \begin{vmatrix} \boldsymbol{i} & \boldsymbol{j} & \boldsymbol{k} \\ \dfrac{\partial}{\partial x} & \dfrac{\partial}{\partial y} & \dfrac{\partial}{\partial z} \\ A_x & A_y & A_z \end{vmatrix}$$

みによって，$\overline{f(z)}$は，連続の条件と渦なしの条件を満足することで，2 つの条件が同一であることが確かめられる．$\overline{f(z)} = \boldsymbol{u} - i\boldsymbol{v}$は微分可能であるので，この関数は，コーシー・リーマンの方程式を満足する．

関数$\overline{f(z)} = \boldsymbol{u} - i\boldsymbol{v} = \boldsymbol{u}' + i\boldsymbol{v}'$と便宜的に表せば，

$$\frac{\partial \boldsymbol{u}'}{\partial x} = \frac{\partial \boldsymbol{v}'}{\partial y}, \quad \frac{\partial \boldsymbol{u}'}{\partial y} = \frac{\partial \boldsymbol{v}'}{\partial x}$$

である．これらから，$\boldsymbol{u}, \boldsymbol{v}$に対して明らかに，

$$\frac{\partial \boldsymbol{u}}{\partial x} + \frac{\partial \boldsymbol{v}}{\partial y} = 0, \quad \frac{\partial \boldsymbol{u}}{\partial y} - \frac{\partial \boldsymbol{v}}{\partial x} = 0$$

であるので，連続の条件と渦なしの条件が満足されていることがわかる．このことから微分可能（解析的）な関数が表す流れはすべてポテンシャル流れとなることが確かめられた．

おもな関係式

連続の式

$$\frac{\partial \boldsymbol{u}}{\partial x} + \frac{\partial \boldsymbol{v}}{\partial y} = 0$$

渦なしの条件

$$\frac{\partial \boldsymbol{u}}{\partial y} - \frac{\partial \boldsymbol{v}}{\partial x} = 0$$

複素ポテンシャルと複素速度

$$\boldsymbol{w} = \frac{dW}{dz} = \frac{\partial W}{\partial x} = \boldsymbol{u} - i\boldsymbol{v}$$

速度ポテンシャルと速度

$$\boldsymbol{v} = \mathrm{grad}\,\Phi$$

流れ関数と速度

$$\boldsymbol{u} = \frac{\partial \Psi}{\partial y}, \quad \boldsymbol{v} = -\frac{\partial \Psi}{\partial x}$$

$\boldsymbol{u}, \boldsymbol{v}$と$\boldsymbol{v}_r, \boldsymbol{v}_\theta$の関係

$$\boldsymbol{w}e^{i\theta} = \boldsymbol{v}_r - i\boldsymbol{v}_\theta$$

物体に作用する力

$$X - iY = 2\pi Q - i \cdot 2\pi \Gamma$$

10・2　速度ポテンシャル (velocity potential)

$$\boldsymbol{v} = \mathrm{grad}\,\Phi \tag{10.7}$$

$$\boldsymbol{u} = \frac{\partial \Phi}{\partial x}, \quad \boldsymbol{v} = \frac{\partial \Phi}{\partial y}$$

となるΦが存在すれば，$\boldsymbol{\omega} = \mathrm{rot}\,\boldsymbol{v} = \boldsymbol{0}$が常に成り立つので，流れは渦なしの条件を満足することがわかる．このΦを速度ポテンシャルと呼ぶ．この場合，運動方程式は，

$$\mathrm{grad}\left(\frac{\partial \Phi}{\partial t} + \frac{1}{2}\boldsymbol{v}^2 + A + \frac{p}{\rho}\right) = \boldsymbol{0} \tag{10.8}$$

となる．すなわち，

$$\frac{\partial \Phi}{\partial t} + \frac{1}{2}\boldsymbol{v}^2 + A + \frac{p}{\rho} = f(t) \tag{10.9}$$

となる．これを圧力方程式，または，一般化したベルヌーイの定理と呼ぶ．定常，非圧縮で，かつ外力が作用しない流れでは，

$$\mathrm{grad}\left(\frac{1}{2}\boldsymbol{v}^2 + \frac{p}{\rho}\right) = \boldsymbol{0} \tag{10.10}$$

となる．$\boldsymbol{v}$がポテンシャル流れから定まるとすれば，圧力は上式により定められる．また連続の式は，$\boldsymbol{v} = \mathrm{grad}\,\Phi$の関係を用いると，次のようにラプラス方程式となる．

$$\mathrm{div}\,\boldsymbol{v} = \mathrm{div}\ \mathrm{grad}\,\Phi = \Delta\Phi = \left(\frac{\partial^2}{\partial x^2} + \frac{\partial^2}{\partial y^2}\right)\Phi = 0 \tag{10.11}$$

10・3　流れ関数 (stream function)

$$\boldsymbol{u} = \frac{\partial \Psi}{\partial y}, \quad \boldsymbol{v} = -\frac{\partial \Psi}{\partial x} \tag{10.12}$$

の関係を仮定し，これを連続の式に代入すると，連続の式は恒等的に満足される．$\Psi = \mathrm{const.}$の曲線は流線を与える．$d\Psi = 0$の表すものは，

$$d\Psi = \frac{\partial \Psi}{\partial x}dx + \frac{\partial \Psi}{\partial y}dy = 0 \tag{10.13}$$

これに式(10.12)の関係を代入して次式を得る．

$$-\boldsymbol{v}dx+\boldsymbol{u}dy=0,\ \therefore \frac{dx}{\boldsymbol{u}}=\frac{dy}{\boldsymbol{v}} \tag{10.14}$$

これは流線の方程式を表す．Ψ を流れ関数（stream function）と呼ぶ．

【例題 10・2】　渦なしの条件から，流れ関数もラプラス方程式を満足することを示しなさい．

【解答】流れ関数と速度との関係 $\boldsymbol{u}=\dfrac{\partial\Psi}{\partial y}$，　$\boldsymbol{v}=-\dfrac{\partial\Psi}{\partial x}$ において，$\boldsymbol{u}$，　$\boldsymbol{v}$ が渦なしの条件を満たすならば，$\dfrac{\partial\boldsymbol{v}}{\partial x}-\dfrac{\partial\boldsymbol{u}}{\partial y}=0$ が成り立つ．これに上の関係式を代入すると，

$$\frac{\partial\boldsymbol{u}}{\partial y}-\frac{\partial\boldsymbol{v}}{\partial x}=\frac{\partial}{\partial y}\frac{\partial\Psi}{\partial y}+\frac{\partial}{\partial x}\frac{\partial\Psi}{\partial x}=\frac{\partial^2\Psi}{\partial x^2}+\frac{\partial^2\Psi}{\partial y^2}=0$$

となり，ラプラス方程式を満足する．また，流れ関数と速度の関係，$\boldsymbol{u}=\dfrac{\partial\Psi}{\partial y}$，　$\boldsymbol{v}=-\dfrac{\partial\Psi}{\partial x}$ を x および y でそれぞれ微分して加えると

$$\frac{\partial\boldsymbol{u}}{\partial x}+\frac{\partial\boldsymbol{v}}{\partial y}=\frac{\partial^2\Psi}{\partial xy}-\frac{\partial^2\Psi}{\partial xy}=0$$

であるので，流れ関数は連続の式も自動的に満足している．

10・4　複素ポテンシャル (complex potential)

速度ポテンシャルと流れ関数を用いると速度は以下の式で表される．

$$\boldsymbol{u}=\frac{\partial\Phi}{\partial x}=\frac{\partial\Psi}{\partial y},\quad \boldsymbol{v}=\frac{\partial\Phi}{\partial y}=-\frac{\partial\Psi}{\partial x} \tag{10.15}$$

上式は，コーシー・リーマンの関係式と同じで，$\Phi+i\Psi$ が変数 $x+iy$ の正則な関数であることを示している．そこで，

$$W=\Phi+i\Psi,\quad z=x+iy$$

としたとき，W を複素ポテンシャルと呼ぶ．W を z で微分した関数 $\boldsymbol{w}$ を複素速度と呼び，次の関係がある．

$$\boldsymbol{w}=\frac{dW}{dz}=\frac{\partial W}{\partial x}=\frac{\partial\Phi}{\partial x}+i\frac{\partial\Psi}{\partial x}=\boldsymbol{u}-i\boldsymbol{v} \tag{10.16}$$

任意の曲線 C に沿った $\boldsymbol{w}$ の積分は，流量と循環を与える．

$$\begin{aligned}\int_C \boldsymbol{w}dz&=\int_C(\boldsymbol{u}-i\boldsymbol{v})dz=\int_C(\boldsymbol{u}dx+\boldsymbol{v}dy)+i\int_C(-\boldsymbol{v}dx+\boldsymbol{u}dy)\\&=\int_C d\Phi+i\int_C d\Psi\end{aligned} \tag{10.17}$$

上式の第 1 項が循環，第 2 項が流量である．すなわち，

$$Q=\int_c d\Psi=\Psi|_C \tag{10.18}$$

$$\Gamma=\int_c d\Phi=\Phi|_C \tag{10.19}$$

$$W|_{\mathrm{C}}=\int_c \boldsymbol{w}dz=\Phi|_{\mathrm{C}}+i\Psi|_{\mathrm{C}}=\Gamma(\mathrm{C})+iQ(\mathrm{C}) \tag{10.20}$$

となる．曲線 C に沿った速度ポテンシャルの差は循環を，流れ関数の差は流量を表す．

【例題 10・3】　関数 $f(z)=z^2+2z+3$ を考えよう．複素ポテンシャル $W=f(z)$ としたとき，点 A(1,0) と点 B(1,1) における速度と，点 A から点 B まで移動したときの循環と断面 AB を通過する流量を求めよ．

【解答】　$W=\Phi+i\Psi=z^2+2z+3$

$\boldsymbol{w}=\boldsymbol{u}-i\boldsymbol{v}=dW/dz=2z+2=2x+2+2iy$

点 A と B における速度は，

点 A　$(\boldsymbol{u},\boldsymbol{v})=(4,0)$

点 B　$(\boldsymbol{u},\boldsymbol{v})=(4,-2)$

となる(図 10.1)．循環と流量は複素ポテンシャルの値の差から計算でき，

$$W_B-W_A=(1+i)^2+2(1+i)+2-(1^2+2\cdot 1+2)$$
$$=-1+4i$$

よって，循環の値は，$\Gamma=-1$，断面 AB を通過する流量は $Q=4$ である．

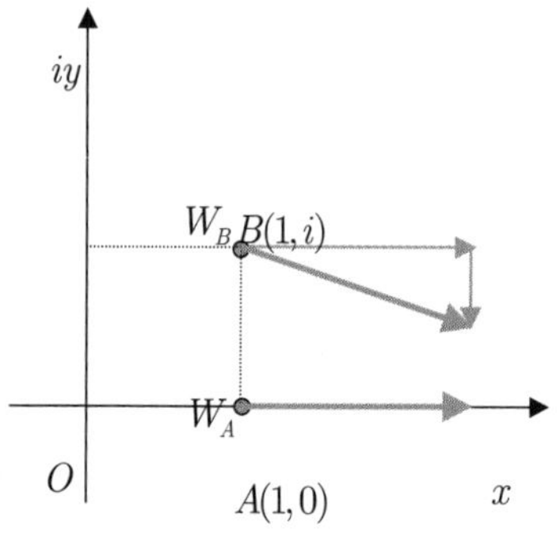

図 10.1　$f(z)=z^2+2z+3$ による速度

10・5　基本的な 2 次元ポテンシャル流れ (fundamental two-dimensional potential flows)

10・5・1　一様な流れ (uniform flows)

x 軸と角度 α をなす速度 U の一様流れは次式で表される（図 10.2）．

$$W=\Phi+i\Psi=Ue^{-i\alpha}z \tag{10.21(a)}$$

$$\boldsymbol{w}=\boldsymbol{u}-i\boldsymbol{v}=\frac{dW}{dz}=Ue^{-i\alpha}=U\cos\alpha-iU\sin\alpha \tag{10.21(b)}$$

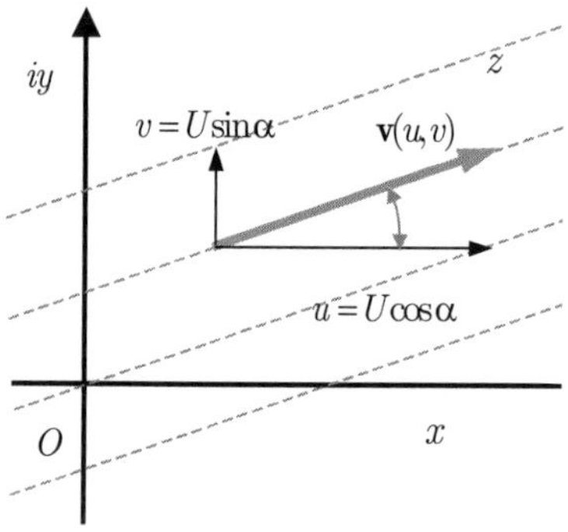

図 10.2 一様流れ

10・5・2　角を回る流れ (flows around a corner)

$W=z^n$,($n>0$)は，π/n の角を回る流れを表す(図 10.3．$n=3$ の場合)．

$$W=\Phi+i\Psi$$
$$=Az^n \tag{10.22(a)}$$
$$=A\left(r^n\cos n\theta+ir^n\sin n\theta\right)$$

$$\boldsymbol{w}=\boldsymbol{u}-i\boldsymbol{v}=dW/dz=Anz^{n-1} \tag{10.22(b)}$$

$$\boldsymbol{u}=Anr^{n-1}\cos(n-1)\theta$$
$$\boldsymbol{v}=-Anr^{n-1}\sin(n-1)\theta \tag{10.22(c)}$$

$$\Phi=Ar^n\cos n\theta$$
$$\Psi=Ar^n\sin n\theta \tag{10.22(d)}$$

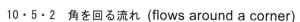

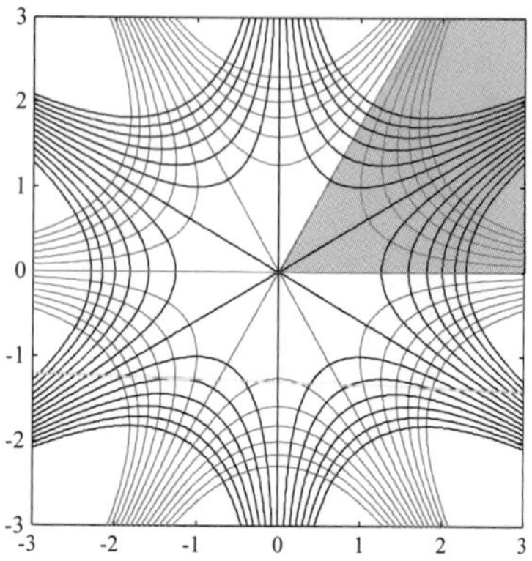

図 10.3　$W=z^3$

10・5・3　わき出しと吸い込み (source and sink)

$W=\log z$ は，原点に位置するわき出しまたは吸い込みを表す(図 10.4)．

$$W=\frac{Q}{2\pi}\ln z \tag{10.23(a)}$$

$$\boldsymbol{w}=\boldsymbol{u}-i\boldsymbol{v}=dW/dz=\frac{Q}{2\pi z}=\frac{Q}{2\pi r}(\cos\theta-i\sin\theta) \tag{10.23(b)}$$

$$(\boldsymbol{u},\boldsymbol{v})=\left(\frac{Q}{2\pi r}\cos\theta\quad\frac{Q}{2\pi r}\sin\theta\right) \tag{10.23(c)}$$

$$V_r = \frac{Q}{2\pi r} \tag{10.23(d)}$$

$$\Phi + i\Psi = \frac{Q}{2\pi}(\ln r + i\theta) \tag{10.23(e)}$$

$$\Phi = \frac{Q}{2\pi}\ln r, \quad \Psi = \frac{Q}{2\pi}\theta \tag{10.23(f)}$$

流量は，原点のまわりを 1 周する閉曲線 C に沿う流れ関数の積分から

$$\Psi|_C = \frac{Q}{2\pi} \times 2\pi = Q \tag{10.23(g)}$$

循環は 0 となる．

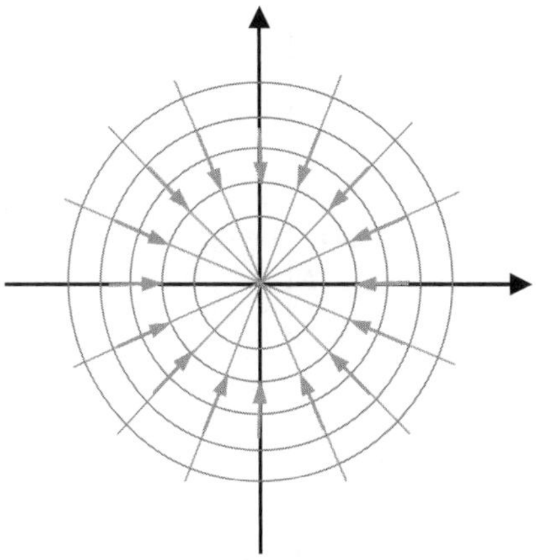

図 10.4　吸い込み（$Q < 0$ のとき）

10・5・4　渦 (vortex)

$W = -i\log z$ は，原点に位置する自由渦を表す(図 10.5).

$$W = -i\frac{\Gamma}{2\pi}\ln z \tag{10.24(a)}$$

$$\boldsymbol{w} = \boldsymbol{u} - i\boldsymbol{v} = \frac{dW}{dz} = -i\frac{\Gamma}{2\pi z} = -\frac{\Gamma}{2\pi r}(\sin\theta + i\cos\theta) \tag{10.24(b)}$$

$$\boldsymbol{v}_r - i\boldsymbol{v}_\theta = \boldsymbol{w}e^{i\theta} = 0 - i\frac{\Gamma}{2\pi r} \tag{10.24(c)}$$

$$\Phi + i\Psi = -i\frac{\Gamma}{2\pi}(\ln r + i\theta) \tag{10.24(d)}$$

$$\Phi = \frac{\Gamma}{2\pi}\theta, \quad \Psi = -\frac{\Gamma}{2\pi}\ln r \tag{10.24(e)}$$

循環 Γ は原点のまわりを 1 周する閉曲線 C に沿う速度ポテンシャルの積分から，

$$\Phi|_C = \frac{\Gamma}{2\pi} \times 2\pi = \Gamma \tag{10.24(f)}$$

閉曲線 C から流出する流量は 0 である．

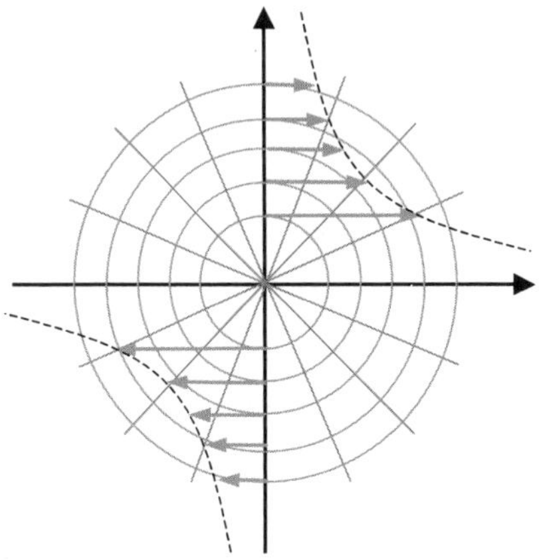

図 10.5 渦糸（$\Gamma < 0$ のとき）

10・5・5　二重わき出し (doublet)

$W = \frac{1}{z}$ は，原点にわき出しと吸い込みのある流れを表す(図 10.6).

$$W = \frac{\mu}{2\pi}\frac{1}{z} \tag{10.25(a)}$$

$$W = \Phi + i\Psi$$
$$= \frac{\mu}{2\pi}\left(\frac{1}{r}\cos\theta - i\frac{1}{r}\sin\theta\right) \tag{10.25(b)}$$

$$\boldsymbol{w} = \boldsymbol{u} - i\boldsymbol{v} = dW/dz = -\frac{\mu}{2\pi}z^{-2} \tag{10.25(c)}$$

$$\boldsymbol{u} = \frac{\mu}{2\pi r^2}\cos 2\theta, \ \boldsymbol{v} = -\frac{\mu}{2\pi r^2}\sin 2\theta \tag{10.25(d)}$$

$$\Phi = \frac{\mu}{2\pi r}\cos\theta, \ \Psi = -\frac{\mu}{2\pi r}\sin\theta \tag{10.25(d)}$$

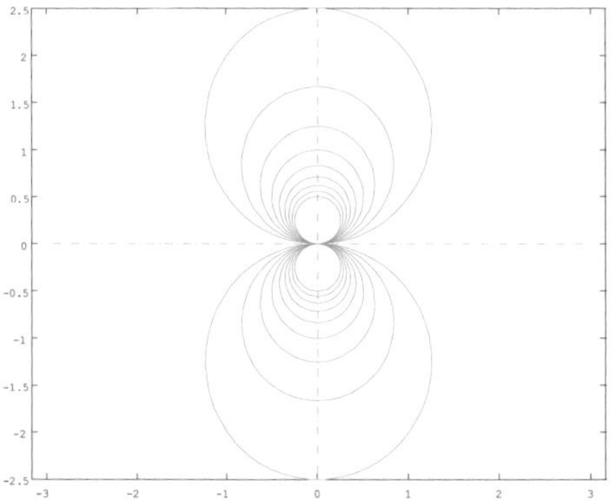

図 10.6　$W = \frac{1}{z}$ が表す流線（2 重わき出し）

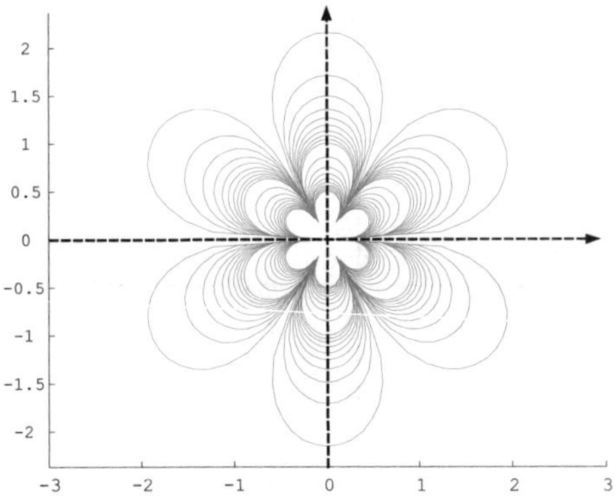

図 10.7　$W = \dfrac{1}{z^3}$ が表す流線
(n=3, 6 重極わき出し)

10・5・6　多重のわき出し吸い込み

$W = \dfrac{1}{z^n}$,,($n > 0$)は，原点に位置する $2n$ 極の多重わき出し吸い込みを表す．

$$\begin{aligned} W &= \Phi + i\Psi \\ &= Az^{-n} \qquad (10.26(a)) \\ &= A\left(r^{-n}\cos n\theta - ir^{-n}\sin n\theta\right) \end{aligned}$$

$$\boldsymbol{w} = \boldsymbol{u} - i\boldsymbol{v} = dW/dz = -Anz^{-(n+1)} \qquad (10.26(b))$$

$$\begin{aligned} \boldsymbol{u} &= Anr^{-(n+1)}\cos(n+1)\theta \\ \boldsymbol{v} &= -Anr^{-(n+1)}\sin(n+1)\theta \end{aligned} \qquad (10.26(c))$$

$$\begin{aligned} \Phi &= Ar^{-n}\cos n\theta \\ \Psi &= -Ar^{-n}\sin n\theta \end{aligned} \qquad (10.26(d))$$

【例題 10・4】　$W = \Phi + i\Psi = Ue^{-i\alpha}z$ において $\alpha = \pi/6$ のときに，原点と $(0,2i)$ の断面を通過する流量が式(10.21(a))の虚数部 Ψ の値の差から求められることを示しなさい．

【解答】　$W = \Phi + i\Psi = Ue^{-i\frac{\pi}{6}}z$ において，原点 O と点 A での W の値をそれぞれ求めると，

$$W_O = 0$$

$$W_A = Ue^{-i\frac{1}{6}\pi}2e^{i\frac{1}{2}\pi} = 2Ue^{(\frac{1}{2}-\frac{1}{6})\pi i} = 2Ue^{\frac{1}{3}\pi i}$$

$$= 2U(\cos\frac{1}{3}\pi + i\sin\frac{1}{3}\pi) = U(1+\sqrt{3}i)$$

したがって，$Q = \Psi_A - \Psi_O = \sqrt{3}U$

となる．これを速度から求めてみると，

$$\boldsymbol{w} = \boldsymbol{u} - i\boldsymbol{v} = \frac{dW}{dz} = U(\cos\frac{1}{6}\pi - i\sin\frac{1}{6}\pi) = U(\frac{\sqrt{3}}{2} - i\frac{1}{2})$$

であるので，$\boldsymbol{u} = \dfrac{\sqrt{3}}{2}U$，$\boldsymbol{v} = \dfrac{1}{2}U$ である．断面 OA に垂直な速度成分から断面 OA を通過する流量を求めると，

$$Q = 2\times\frac{\sqrt{3}}{2}U = \sqrt{3}U$$

であるので，W の虚数部の値の差から流量が与えられることが確かめられた．

【例題 10・5】　$W = z$ は x 軸に平行な速度 1 の流れを表す．これに対して，$W = -iz$ は y 軸に平行な流れを表すことを確かめよ．

【解答】$W = -iz = e^{-i\frac{\pi}{2}}z$ であるので，x 軸と $\pi/2$ 傾いた流れ，すなわち y 軸と平行な流れを表す．z に i をかけるということは 90 度回転させることを意味するが，関数 W において考えると，i をかけることで実部と虚部が入れ替わることになるので，速度ポテンシャル Φ と流れ関数 Ψ が入れ替わった流れとなることに注目しよう（ただし，流れの正負の変化に注意しよう）．

留数定理

$\dfrac{1}{z-z_0}$ で展開したローラン展開において次の関係が成り立つ．

$$\mathrm{Res}(f,z)=\frac{1}{2\pi i}\oint_C f(z)dz$$

【例題 10・6】　複素関数で学ぶ留数定理の意味することについてポテンシャル流れの知識をもとに説明しなさい．

【解答】複素関数論では，任意の複素関数 $f(z)$ は，ローラン展開によって下記の級数の形に展開できることが証明されている．

$$f(z)=c_n z^n+c_{n-1}z^{n-1}+\cdots+c_1 z+c_0+c_{-1}\frac{1}{z}+\cdots c_{-n+1}\frac{1}{z^{n-1}}+c_{-n}\frac{1}{z^n},\ 0\le n\le\infty$$

$f(z)$ の原点の周回積分は，

$\oint_C f(z)dz=2\pi i c_{-1}$ となる． c_{-1} を留数と呼び，複素関数の積分では重要な意味を持っている．複素関数論によれば， $1/z$ の項以外の積分はすべて0となる．

さて，10.5.2, 10.5.3, 10.5.6 で述べられている，角を回る流れ，わき出しと吸い込み，多重のわき出しをもとにして，このローラン展開を眺めると，面白いことに気づく．ローラン展開は，角を回る流れと，多重のわき出しとからなっている．これを積分すると，それぞれの項の次数は一つずつあがって，角を回る流れと多重のわき出しがやはりできるが， $1/z$ の項の積分からは， $\log z$ の項が発生する．さて，積分されたこれらの項について，項別に定積分（周回積分）の値を求める計算は，各項に関する上述した流れ関数の差に他ならない．すなわち，積分経路 C を通過する各項の表す流量の総和を求めていることになる．項別にその積分について見てみよう．

はじめに， $\oint_C c_n z^n dz=\left.\dfrac{c_n}{n+1}z^{n+1}\right|_C$ ，$(n\ge 0)$ について考えてみよう．これは， $\pi/(n+1)$ の角を回る流れを表している．原点のまわりに積分路を考えて，これを通過する流量を考えると， $\pi/(n+1)$ の角を回る流れは，無限遠から原点に近づき，無限遠に流れ去っていくので，積分路を通過する流量は差し引き0であることが容易に理解できる．このようにして， $z^n, n\ge 0$ の積分は0であることが示された．

次に $\oint_C c_{-n}z^{-n}dz=\left.\dfrac{c_n}{-n+1}z^{-n+1}\right|_C$,$(n\ge 2)$ については， $2(n-1)$ 重のわき出しと吸い込みの流れとなる．原点から発生した流れは，ぐるっと回って，再び原点に帰って来る流れとなるので，原点まわりの積分路を考えると，それを通過する流量は，これも0となる．

さて，唯一，様相が異なるのは， $\oint_C c_{-n}z^{-n}dz$ ，$(n=1)$ のときである．

$\oint_C c_{-1}z^{-1}dz=c_{-1}\log z\big|_C$ であるので， c_{-1} が実数の場合，この積分の流れは単一のわき出しの流れとなる．この流れは，原点から流出して無限遠に放射状に流れるので，これを周回積分して，積分路を通過する流量を求めると 2π となる．流量は虚部に現れるので，その積分値は $2\pi i$ となるのである．このようにして，級数で表された関数の積分において，周回積分の結果，その値に寄与するのは積分したときに単一のわき出しとなる $1/z$ だけであることが理解できる．これが留数を与える．

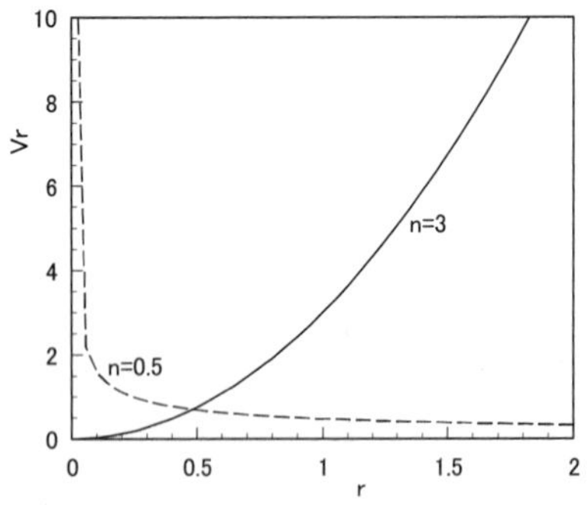

Fig.10.8 Velocity profile of v_r along the wall

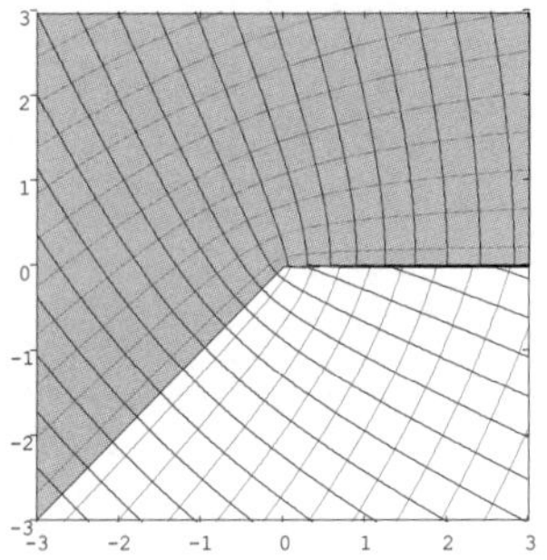

Fig.10.9 velocity potential and stream function for $W = Az^{4/5}$.

【Example 10・7】 A potential flow around a corner is expressed with the following complex velocity potential.

$$W = Az^n.$$

Where, A is a constant. Consider the pressure at the corner when $n > 1$ and $n < 1$.

【Solution】 The velocity potential and stream function are obtained in the next form.

$$W = \Phi + i\Psi = Az^n = A\left(r^n \cos n\theta + ir^n \sin n\theta\right)$$

Then, the velocity is calculated by

$$\boldsymbol{w} = \boldsymbol{u} - i\boldsymbol{v} = \frac{dW}{dz} = Anz^{n-1} = Anr^{n-1}e^{i(n-1)\theta}$$

Here, let convert the velocity in a cylindrical coordinate.

$$\boldsymbol{w}e^{i\theta} = \boldsymbol{v}_r - i\boldsymbol{v}_\theta = nr^{n-1}e^{i(n-1)\theta}e^{i\theta} = nr^{n-1}e^{in\theta}$$

$$\boldsymbol{v}_r = Anr^{n-1}\cos n\theta$$

$$\boldsymbol{v}_\theta = -Anr^{n-1}\sin n\theta$$

The profile of $\boldsymbol{v}_r$ is shown in Fig.10.8 for $\theta = 0$. When $n > 1$, i.e. on a concave corner, the stream stagnates at the corner, so that the pressure has the maximum value. The pressure is calculated from the Bernoulli's equation.

$$p + \rho\frac{1}{2}\boldsymbol{v}^2 = \text{const.}$$

On the other hand, when $n < 1$, i.e. on a convex corner, $\boldsymbol{v}_r$ becomes infinite at the corner, so the pressure drops to minus infinity. The flows contain a physically unrealistic singularity at the corner. In an actual flow, viscous region would exist so that the corner would effectively be rounder out. For $n = 4/5$, contours of velocity potential(black) and stream function(blue) are demonstrated in Fig.10.9. The fluid flows around the corner of $\theta = 2\pi - 5/4\pi = 3/4\pi$.

10・6　円柱まわりの流れ (flow around a circular cylinder)

$W = U\left(z + \dfrac{R^2}{z}\right)$ は，原点に位置する半径 R の円柱まわりの流れを表す．

$$W = U\left(z + \frac{R^2}{z}\right) \tag{10.27(a)}$$

$$W = \Phi + i\Psi = U\left(r + \frac{R^2}{r}\right)\cos\theta + iU\left(r - \frac{R^2}{r}\right)\sin\theta \tag{10.27(b)}$$

$$\Phi = U\left(r + \frac{R^2}{r}\right)\cos\theta,\ \ \Psi = U\left(r - \frac{R^2}{r}\right)\sin\theta \tag{10.27(c)}$$

$$\begin{aligned}\boldsymbol{w} = \boldsymbol{u} - i\boldsymbol{v} &= \frac{dW}{dz} = U\left(1 - \frac{R^2}{z^2}\right) \\ &= U - \frac{UR^2}{r^2}(\cos 2\theta - i\sin 2\theta)\end{aligned} \tag{10.27(d)}$$

$$\boldsymbol{u} = U - \frac{UR^2}{r^2}\cos 2\theta,\ \ \boldsymbol{v} = -\frac{UR^2}{r^2}\sin 2\theta \tag{10.27(e)}$$

【Example 10・8】　Calculate the radial and angular velocities and pressure around a cylinder. Then, show the profile of the magnitude of velocity and pressure on the cylinder surface.

【Solution】The complex velocity in Cartesian coordinate is

$$\boldsymbol{w} = \boldsymbol{u} - i\boldsymbol{v} = U\left(1 - \frac{R^2}{z^2}\right)$$

Radial and angular velocities are obtained in the next form.

$$\boldsymbol{w}e^{i\theta} = \boldsymbol{v}_r - i\boldsymbol{v}_\theta = U\left(1 - \frac{R^2}{z^2}\right)e^{i\theta} = U\left(e^{i\theta} - \frac{R^2}{r^2}e^{-i\theta}\right)$$

$$= U\left(1 - \frac{R^2}{r^2}\right)\cos\theta + iU\left(1 + \frac{R^2}{r^2}\right)\sin\theta$$

So, the magnitude of the velocity is as follows.

$$q^2 = U^2\left(1 - \frac{R^2}{r^2}\right)^2\cos^2\theta + U^2\left(1 + \frac{R^2}{r^2}\right)^2\sin^2\theta = U^2\left(1 + \frac{R^4}{r^4}\right) - 2U^2\frac{R^2}{r^2}\cos 2\theta$$

$$\therefore q = U\left(\left(1 + \frac{R^4}{r^4}\right) - 2\frac{R^2}{r^2}\cos 2\theta\right)^{\frac{1}{2}}$$

Two dimensional pressure distribution is obtained in the following form.

$$\frac{p}{\frac{1}{2}\rho U^2} = 1 - \left(1 + \frac{R^4}{r^4} - 2\frac{R^2}{r^2}\cos 2\theta\right)$$

The velocity and pressure profile on the cylinder surface are obtained for $r = R$.

$$q = \sqrt{2}U(1 - 2\cos 2\theta)^{\frac{1}{2}} \quad \text{and} \quad \frac{p}{\frac{1}{2}\rho U^2} = 1 - 2(1 - \cos 2\theta)$$

The pressure distribution around the cylinder and the profile of the velocity and pressure on the cylinder surface are shown in Fig.10.10.

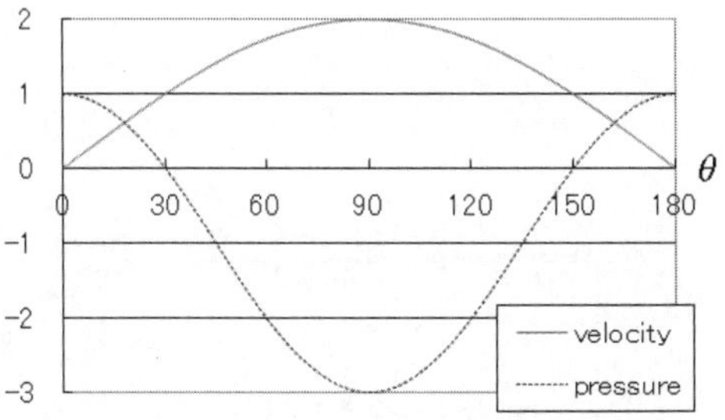

Fig.10.10 Velocity and pressure around a cylinder.

【例題 10・9】　循環 Γ を持つ円柱まわりの流れの速度ポテンシャル，流れ関数，および速度 $(\boldsymbol{u}, \boldsymbol{v})$ を求めよ．

【解答】自由渦の複素ポテンシャルと式(10.27(a))を重ね合わせることで，循環 Γ を持つ円柱まわりの流れの複素ポテンシャルが得られる．

$$W = U\left(z + \frac{R^2}{z}\right) + \frac{i\Gamma}{2\pi}\ln z$$

これの実部と虚部から速度ポテンシャルと流れ関数を求めると，

$$W = \Phi + i\Psi = U\left(r + \frac{R^2}{r}\right)\cos\theta - \frac{\Gamma}{2\pi}\theta + i\left(U\left(r - \frac{R^2}{r}\right)\cos\theta + \frac{\Gamma}{2\pi}\ln r\right)$$

$$\therefore \Phi = U\left(r + \frac{R^2}{r}\right)\cos\theta - \frac{\Gamma}{2\pi}\theta,\ \Psi = U\left(r - \frac{R^2}{r}\right)\cos\theta + \frac{\Gamma}{2\pi}\ln r$$

また，速度は，次のように求まる．

$$\frac{dW}{dz} = U\left(1 - \frac{R^2}{z^2}\right) + \frac{i\Gamma}{2\pi}\frac{1}{z}$$
$$= U - \frac{UR^2}{r^2}(\cos 2\theta - i\sin 2\theta) + \frac{i\Gamma}{2\pi r}(\cos\theta - i\sin\theta)$$
$$= \boldsymbol{u} - i\boldsymbol{v}$$

$$\therefore \boldsymbol{u} = U - \frac{UR^2}{r^2}\cos 2\theta + \frac{\Gamma}{2\pi r}\sin\theta,\ \boldsymbol{v} = -\frac{UR^2}{r^2}\sin 2\theta - \frac{\Gamma}{2\pi r}\cos\theta$$

特に円柱表面上における速度は，$r = R$ とおくことにより，

$$\boldsymbol{u}_{r=R} = \left(2U\sin\theta + \frac{\Gamma}{2\pi R}\right)\sin\theta,\ \boldsymbol{v}_{r=R} = -\left(2U\sin\theta + \frac{\Gamma}{2\pi R}\right)\cos\theta$$

となる．上からわかるように，円柱上では，円周方向に

$$V = 2U\sin\theta + \frac{\Gamma}{2\pi R}$$

の速度を持つ．図 10.11 に循環を持つ円柱まわりの流れの例を示す．

10・7　ジューコフスキー変換 (Joukowski's transformation)

下記の写像による変換をジューコフスキーの変換（Joukowski's transformation）と呼ぶ．

$$z = \zeta + \frac{a^2}{\zeta} \qquad (10.28(a))$$
$$z = x + iy,\ \zeta = \xi + i\eta$$

ここで，a は ξ 軸と円との交点の座標（実数）である．

ζ 平面における円柱まわりの流れを式(10.28(a))の変換によって z 平面に写像すると平板，円弧翼，Joukowski 翼まわりの流れが得られる．ζ 平面における円柱の中心を $\zeta_0 = \xi_0 + i\eta_0$ とすれば以下のようになる．

平板まわりの流れ	$\xi_0 = 0,\ \eta_0 = 0$	(10.28(b))
円弧翼まわりの流れ	$\xi_0 = 0,\ \eta_0 \neq 0$	(10.28(c))
Joukowski 翼まわりの流れ	$\xi_0 \neq 0,\ \eta_0 \neq 0$	(10.28(d))

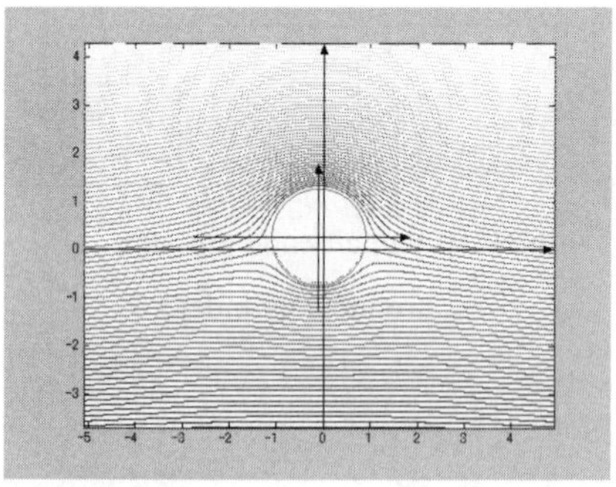

図 10.11　ζ 平面における流れ

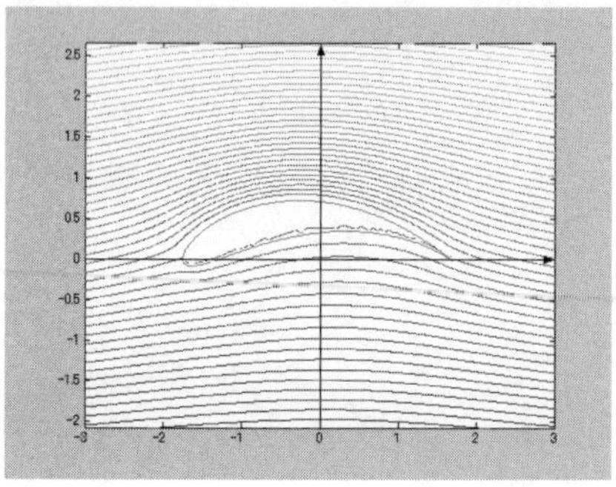

図 10.12　z 平面における流れ

変換は以下のようにして行う（なお，下記の Z は ζ を ζ_0 だけ平行移動した座標であり，z とは区別すること）．

1) $f = U(Z + \frac{b^2}{Z}) - i\frac{\Gamma}{2\pi}\ln Z$ (10.28(e))

2) $Z = \zeta - \zeta_0$ (10.28(f))

3) $z = \zeta + \frac{a^2}{\zeta}$ (10.28(g))

図 10.11 は，ζ 平面における円柱まわりの流れであり，円柱の中心は(-0.1,0.3)の位置にある．図 10.12 はこれを z 平面に写像したものである．

【例題 10・10】　ζ 平面における半径 a の円 $\zeta = ae^{i\theta}$ の変換は，z 平面上では，長さ，$4a$ の平板に写像され，ζ 平面における円のまわりの流れは，z 平面では，平板まわりの流れに変換されることを示せ．

【解答】ζ 平面における半径 a の円柱まわりの流れは，

$$f = U(\zeta + \frac{a^2}{\zeta}) \qquad \text{(A)}$$

で与えられる．さて，

$$z = \zeta + \frac{a^2}{\zeta} \qquad \text{(B)}$$

による変換において，$\zeta = ae^{i\theta}$ とおけば，

$$z = ae^{i\theta} + \frac{a^2}{a}ae^{-i\theta} = 2a\cos\theta$$

$$\therefore x = 2a\cos\theta,\ y = 0$$

となるので，$\zeta = ae^{i\theta}$ によって描かれる円は z 平面上では平板となることがわかる．さらに $\zeta = \pm a$ の点は，$x = \pm 2a$ に対応するので平板の長さは $4a$ である．ちなみに，平板に角度 α で斜めにあたる流れは，式(A)に $e^{-i\alpha}$ をかけて求められるので，

$$f = U(e^{-i\alpha}\zeta + \frac{a^2e^{i\alpha}}{\zeta})$$

の流れを式(B)によって変換することで求められる．

【例題 10・11】　Joukowski 変換を使って求められる円弧翼まわりの流れにおいて，翼の後端によどみ点が位置するための循環の値を決定せよ．

【解答】Joukowski 翼の流れは式(10.28(e)-(g))で表される．翼表面に沿う速度の式を求めてみよう．

$$\frac{df}{dz} = \frac{df}{dZ}\frac{dZ}{d\zeta}\frac{d\zeta}{dz} = \left(U(1-\frac{b^2}{Z^2}) - i\frac{\Gamma}{2\pi}\frac{1}{Z}\right)\cdot 1\cdot\frac{\zeta^2}{\zeta^2-a^2} \qquad \text{(A)}$$

ここで $Z = be^{i\theta}$（Z 平面での極座標表示)を代入すると，

$$\frac{df}{dz} = \left(U(1-e^{-2i\theta}) - i\frac{\Gamma}{2\pi b}e^{-i\theta}\right)\cdot 1\cdot\frac{\zeta^2}{\zeta^2-a^2} \qquad \text{(B)}$$

ただし，$\zeta = be^{i\theta} + \zeta_0$ であり，$\zeta_0 = \xi_0 + i\eta_0$ は円の中心である．
上式から $\zeta = \pm a$ において特異点となることがわかる．$\xi_0 \neq 0$ (Joukowski 翼) の場合，後縁が特異点となる．$\xi_0 = 0$ の円弧翼の場合には，$\zeta = \pm a$ の点が前縁，後縁に対応し特異点となる．この後縁に特異点において速度が有限となる条件を求めよう．式(B)において $\zeta = a$ で速度が有限であるためには，

$$U(1-e^{-2i\theta}) - i\frac{\Gamma}{2\pi b}e^{-i\theta} = 0$$

である．ただし，$\theta = -\beta$（β は図 10.13 参照）である．上式に $e^{i\theta}$ をかけて速度を半径方向成分と周方向成分に分解すると，

$$U(e^{i\theta} - e^{-i\theta}) - i\frac{\Gamma}{2\pi b} = i(2U\sin\theta - \frac{\Gamma}{2\pi b})$$

よって，後縁で速度が有限であるための循環の強さを決める条件（Kutta の条件）は，

$$\Gamma = -4\pi bU\sin\beta,\ (\theta = -\beta)$$

である．

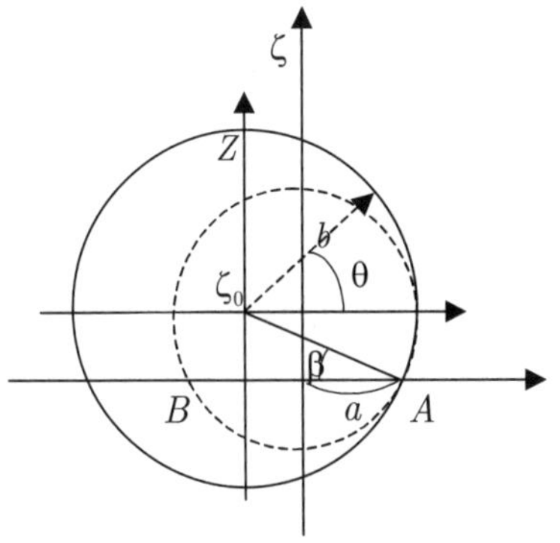

図 10.13　ζ 平面

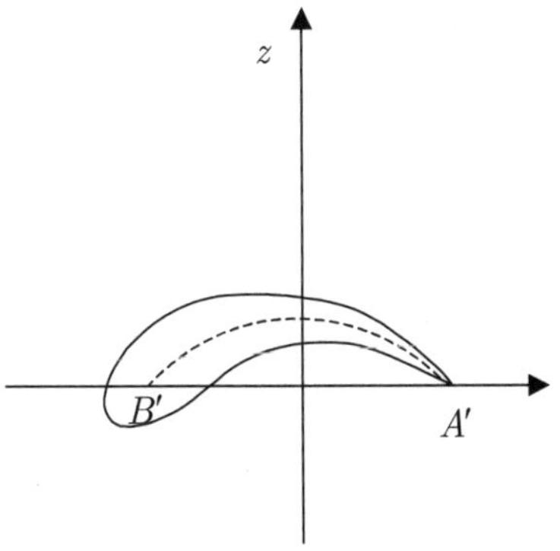

図 10.14　z 平面

x 軸方向の一様流の中に円弧翼が置かれている場合を考えてみよう．図10.15は円弧翼まわりの循環 Γ が0の場合であり，前縁では上面から下面に，後縁では下面から上面にそれぞれ流れが回り込んでいる．Kuttaの条件を満たすように循環を与えると図 10.16 のように，前縁と後縁でそれぞれ流線は翼面に沿って流れる．これ以外の循環を与えた場合は，流れの回り込みが起こる．

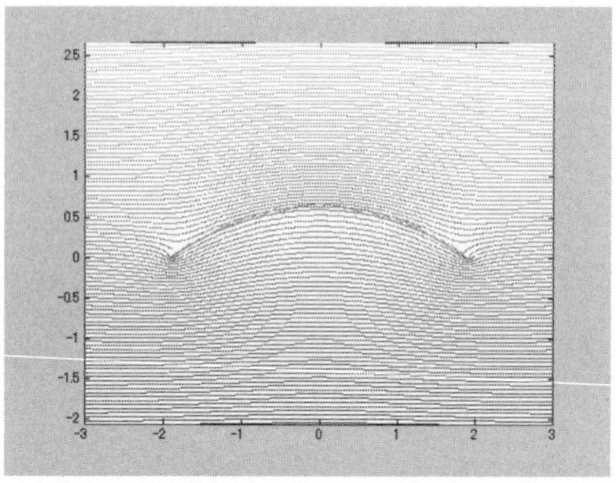

図 10.15 円弧翼まわりの流れ, $\Gamma = 0$

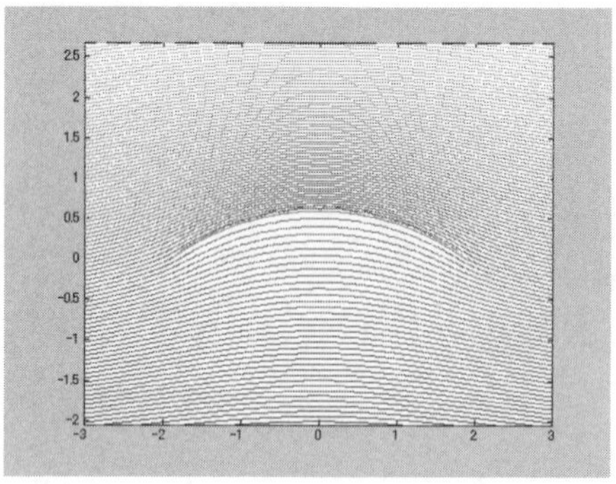

図 10.16 Kutta の条件を満たす円弧翼まわりの流れ

10・8　物体に作用する力(fluid forces acted on a body)

x 軸に平行な一様流中で，物体に作用する力 $\mathbf{F} = (X, Y)$ は，物体に作用する圧力を物体まわりに積分することによって与えられる．

$$X - iY = 2\pi Q - i2\pi\Gamma$$

物体に作用する抗力 X は積分経路から流出する流量 Q によって与えられる．揚力 Y は循環 Γ によって与えられる．一般に物体からは流れの出入りは無い（$Q = 0$）ので，抗力は作用しない（$X = 0$）．また，物体まわりに循環が発生していない（$\Gamma = 0$）場合には，揚力も生じない（$Y = 0$）．

===== 練習問題 ======================

【10・1】以下の関数はポテンシャル流れであるかどうかを判定しなさい．

(1) $f(z) = z\bar{z} = x^2 + y^2$　　(2) $f(z) = z^2$

【10.2】x 軸に平行な流れと単純わき出しの流れを加え合わせた流れはどのような流れになるのか示しなさい．

【10.3】一様流の中に置かれた翼には，なぜ揚力が働くのかを定性的に説明しなさい．

【10.4】Two vortices with the same circulation exist at points A$(0, i)$ and B$(0, -i)$. Calculate the velocity of these vortices and that at point C$(1, 0)$. The circulation is positive.

【10.5】If two vortices exist at the same position as the problem[10.4], having the circulations $+\Gamma$ at point A and $-\Gamma$ at point B, how do these vortices move?

【10.6】$W = \sin z$ is an analytical function, then this function represents one of the potential flows. Find the velocity potential and stream function.

【10.7】$z = a$ にわき出し，$z = -a$ に吸い込みのある流れの速度ポテンシャルと流れ関数を求め，等ポテンシャル線と流線がどのような図形を描くか考えよ．ただし，わき出し，吸い込みの大きさは同じであるとする．

第 11 章

圧縮性流体の流れ

Compressible fluids flow

11・1 マッハ数による流れの分類 (Flow regimes)

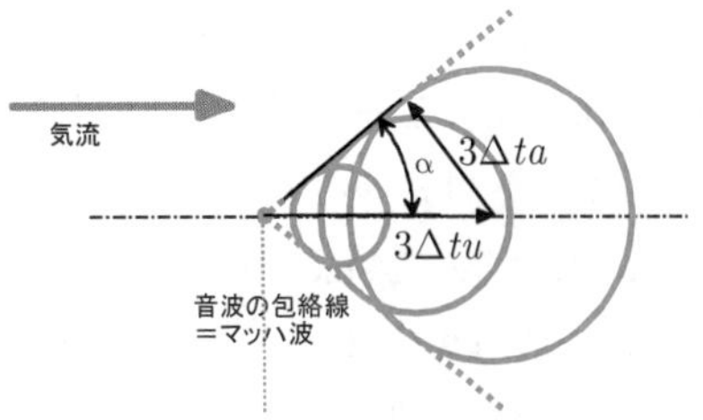

図 11.1 マッハ波

高速な流れはマッハ数によって特徴付けられる．超音速流れにおいて音波が発生しているときの様子を図 11.1 に示す．

マッハ数（Mach number）M :気流の速度と音速の比

$$M = \frac{\boldsymbol{u}}{a} \qquad \boldsymbol{u}: \text{気体の速度},\ a: \text{音速} \tag{11.1}$$

図 11.1 のような超音速流れにおいて形成される弱い不連続な波をマッハ波（Mach wave）と呼び，主流となす角 α をマッハ角（Mach angle）と呼ぶ．

$$\sin\alpha = \frac{a}{\boldsymbol{u}} = \frac{1}{M}, \qquad \alpha = \sin^{-1}\frac{1}{M} \tag{11.2}$$

圧縮性流体の流れは，主流のマッハ数 M_∞ によって以下のように分類される．

亜音速流れ（subsonic flow）図 11.2(a)

$M_\infty < 1$ ： M_∞ が 0.8 程度より小さければ，一般に翼面上の流れは至るところ亜音速である．

遷音速流れ（transonic flow）図 11.2(b),(c)

$0.8 < M_\infty < 1.2$ ：主流マッハ数 M_∞ が，0.8 程度に近づくと，翼面付近で加速した流れが音速を超えことがあり，さらに，流れが超音速から亜音速に再び減速する部分に衝撃波が形成されることがある． M_∞ が 1 よりわずかに大きいと，衝撃波は翼から離脱し，図 11.2(c)の流れのように翼前方に形成される．この衝撃波は弓形衝撃波（bow shock）と呼ばれる．このような流れを遷音速流れと呼ぶ．

超音速流れ（supersonic flow）図 11.2(d)

$M_\infty > 1$:超音速流れでは，衝撃波上流の流れは，翼の影響を受けず流線は直線のままである．流線は衝撃波を通過するとその方向が不連続的に変化する． M_∞ が大きくなるにつれて弓形衝撃波と流線とのなす角は小さくなる．

極超音速流れ（hypersonic flow）

通常， M_∞ が 5 以上になると気体は翼先端で非常に高温となり，電離，解離，イオン化などの現象が生じる．このような流れを極超音速流れと呼ぶ．

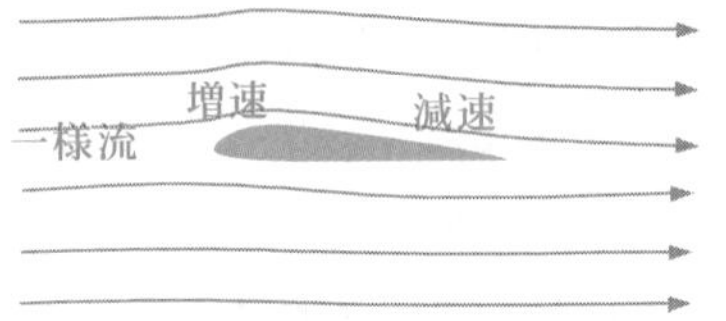

(a) 亜音速流れ

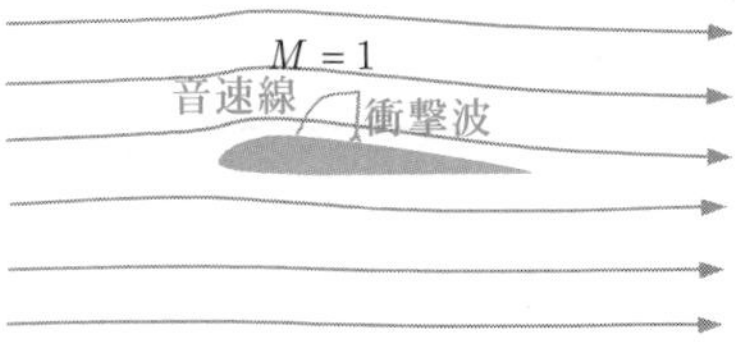

(b)遷音速流れ(0.8～M～1)

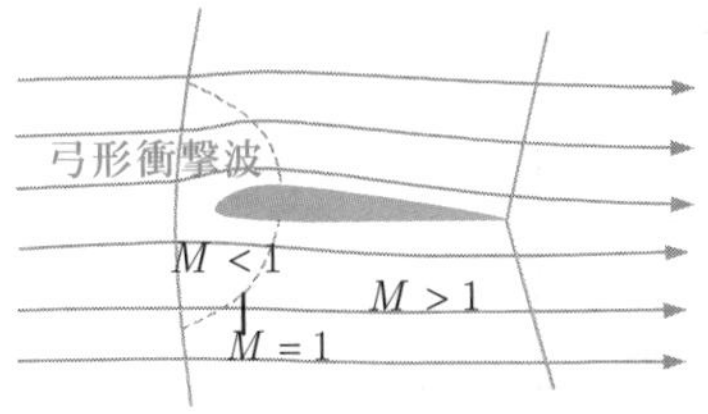

(c)遷音速流れ(1～M～1.2)

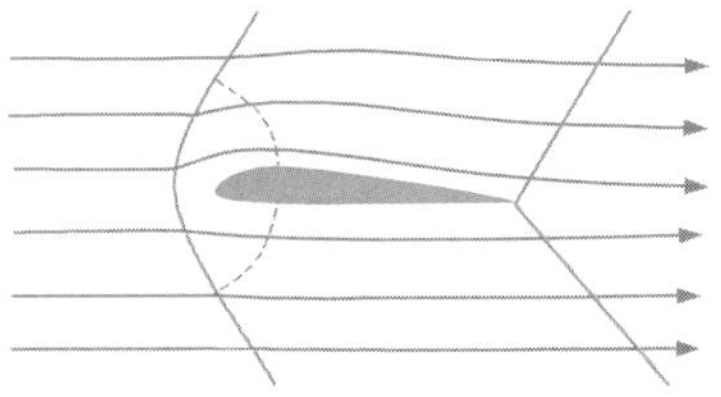

(d)超音速流れ

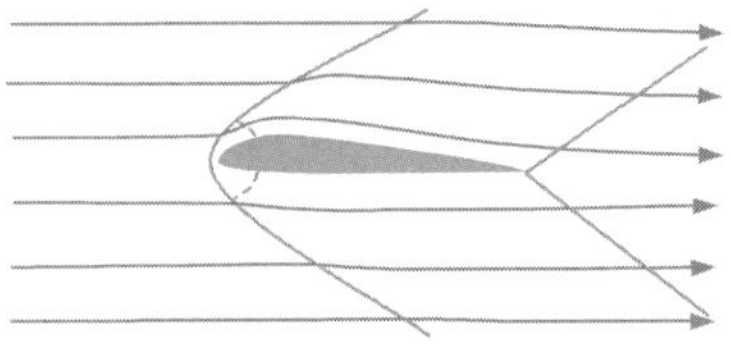

(e)極超音速流れ

図 11.2 流れの分類

【例題 11.1】 マッハ数 1.0, 1.2, 2.0, 5.0 に対するマッハ角 α を求めよ.

【解答】 $\alpha = \sin^{-1}\dfrac{1}{M}$ より，

$M = 1.0 \Leftrightarrow \alpha = 90^\circ \quad M = 1.2 \Leftrightarrow \alpha = 56.4^\circ$

$M = 2.0 \Leftrightarrow \alpha = 30^\circ \quad M = 5.0 \Leftrightarrow \alpha = 11.5^\circ$

マッハ数が大きいほどマッハ角は小さくなる.

11・2　圧縮性流れの基礎式（Fundamental equations）

本章で使用する記号
p :圧力 Pa
T :温度 K
ρ :密度 kg/m^3
a :音速 m/s
$\boldsymbol{u}$:速度 m/s
M :マッハ数
e :内部エネルギー J/kgK
h :エンタルピー J/kgK
s :エントロピー J/kgK
W :分子量 kg/kmol
$\Re$:一般気体定数 = 8314.3J/kmolK
R :気体定数 J/kgK
c_p :定圧比熱 J/kgK
c_v :定積比熱 J/kgK
α :マッハ角
n :ポリトロープ指数
κ :比熱比
f :自由度

11・2・1　熱力学的関係式 (Thermodynamic equations)

通常の気体は以下の状態方程式（equation of state）を満足する．このような気体を理想気体（ideal gas）と呼ぶ．

$$p = \rho\frac{\Re}{W}T = \rho RT \tag{11.3}$$

ここで $\Re = 8314.3\mathrm{J/kmolK}$ ：一般気体定数（universal gas constant），W ：分子量（kg/kmol），$R = \Re/W$ （J/kgK）：気体に固有の気体定数（gas constant）である．

気体の変化は一般にポリトロープ変化の式で表せる．

$$p = c\rho^n \tag{11.4}$$

c は定数であり n はポリトロープ指数と呼ばれる．等温変化は $n=1$,等圧変化は $n=0$,等容変化は $n=\infty$ である．等エントロピー変化では $n=\kappa$ となる．κ は比熱比（specific-heat ratio）で，定圧比熱（specific heat at constant pressure）と定積比熱（specific heat at constant volume）との比である．定圧比熱，定積比熱，および比熱比の定義を以下に示す．

定圧比熱：$$c_p = \left(\frac{\partial Q}{\partial T}\right)_p = \left(\frac{\partial h}{\partial T}\right)_p \quad \text{(J/kgK)} \tag{11.5(a)}$$

定積比熱：$$c_v = \left(\frac{\partial Q}{\partial T}\right)_v = \left(\frac{\partial e}{\partial T}\right)_v \quad \text{(J/kgK)} \tag{11.5(b)}$$

比熱比：$$\kappa = \frac{c_p}{c_v} \tag{11.5(c)}$$

通常，c_p，c_v は温度によらず一定である．このような気体を完全気体（perfect gas）と呼ぶ．完全気体では，エンタルピーと内部エネルギーは次式で表される．

エンタルピー：$$h = c_pT \tag{11.6(a)}$$

内部エネルギー：$$e = c_vT \tag{11.6(b)}$$

比熱比は分子エネルギーの自由度 f を用いて表すことができて，

$$\kappa = \frac{f+2}{f} \tag{11.7}$$

また，比熱は比熱比と気体定数を用いて次のように表すことができる．

$$c_p = \frac{\kappa}{\kappa-1}R,\quad c_v = \frac{1}{\kappa-1}R \tag{11.8}$$

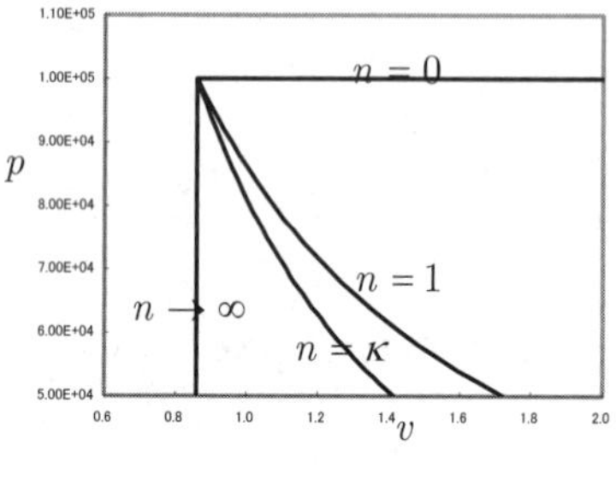

図 11.3　$p-v$曲線

【例題 11・2】等温変化，等圧変化，等容変化，等エントロピー変化を，ポリトロープ変化の式で表し，その変化に対するポリトロープ指数を決定せよ．

【解答】ポリトロープ変化の式を以下のようにおこう．

$p = c\rho^n$，c ：定数

ここで，ポリトロープ指数 n を，等温変化，等圧変化，等積変化，等エントロピー変化に対して求めよう．

①等温変化

T = 一定であるので，$p = \rho RT = \rho \times \mathrm{const.}$ より，$n = 1$

②等圧変化

$p=$ 一定であるので，$p=c\rho^n$ において $n=0$ でなければならない．

③等積変化

$\rho=$ 一定であるので，$p^{\frac{1}{n}}=c^{\frac{1}{n}}\rho=$ 一定であるので $n\to\infty$

④等エントロピー変化

$\Delta s=s_2-s_1=c_v\ln\frac{p_2}{p_1}-c_p\ln\frac{\rho_2}{\rho_1}=0$ の式を変形して $c_v\ln\frac{p_2}{p_1}=c_p\ln\frac{\rho_2}{\rho_1}$

$\therefore\frac{p_2}{p_1}=\left(\frac{\rho_2}{\rho_1}\right)^{\frac{c_p}{c_v}}=\left(\frac{\rho_2}{\rho_1}\right)^{\kappa}$ したがって $n=\kappa$

11・2・2　音速 (speed of sound)

管断面積一定の管内を伝ぱする微小変動の擾乱の伝播速度は次式で表される．

$$a=\sqrt{\frac{dp}{d\rho}} \tag{11.9}$$

音波による気体の変化は等エントロピー的であるので，上式の $dp/d\rho$ に等エントロピーの関係式 $p/\rho^{\kappa}=$ const. を代入すると，次の関係式が得られる．

$$a=\sqrt{\left(\frac{dp}{d\rho}\right)_s}=\sqrt{\frac{\kappa p}{\rho}}=\sqrt{\kappa RT} \tag{11.10}$$

上式は，音速 a が温度のみの関数であることを示している．

【Example 11・3】　A small sphere is fling horizontally at a height of 10m in air(Fig.11.4). The speed is 500m/s. The temperature of the air is 290K. An observer stands at the ground.

(1) Calculate the Mach number of the moving sphere.

(2) The observer will experience the shock wave generated by the sphere. Calculate the time of shock attack fromr the sphere passing straight overhead of the observer.

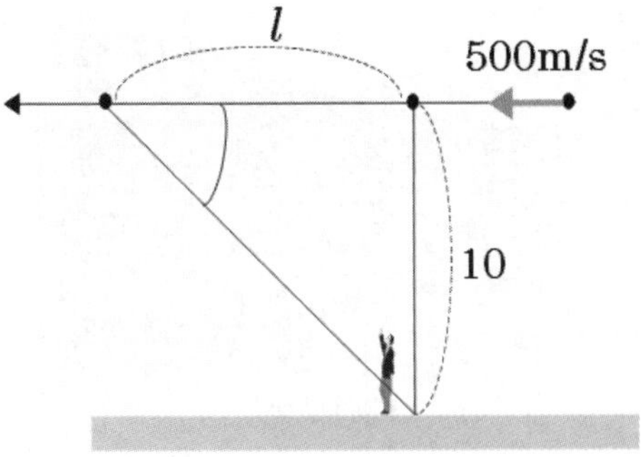

Fig.11 4　Example 11・3

【Solution】(1)speed of sound in the air: $a=\sqrt{\kappa RT}=\sqrt{1.4\cdot 287\cdot 290}=341$ m/s

Mach number of the sphere: $M=500/341=1.47$

(2)Mach angle: $\alpha=\sin^{-1}(1/1.47)=42.9$ degrees

Distance $l=10/\tan(42.9)=10.76$ m

So, the delayed time is

$\Delta t=10.76/500=0.0215$ s.

11・2・3　連続の式 (continuity equation)

断面積が流れ方向に変化し，任意の断面で流れが一様であると仮定できる流れを準一次元流れと呼ぶ．この場合の連続の式は以下のように表される．

$$\frac{\partial(\rho A)}{\partial t}+\frac{\partial(\rho uA)}{\partial x}=0 \tag{11.11}$$

定常流れの場合には，左辺第 1 項は消えて次式となる．

$$\dot{m}=\rho uA=\text{const.}\ \ (\text{kg/s}) \tag{11.12}$$

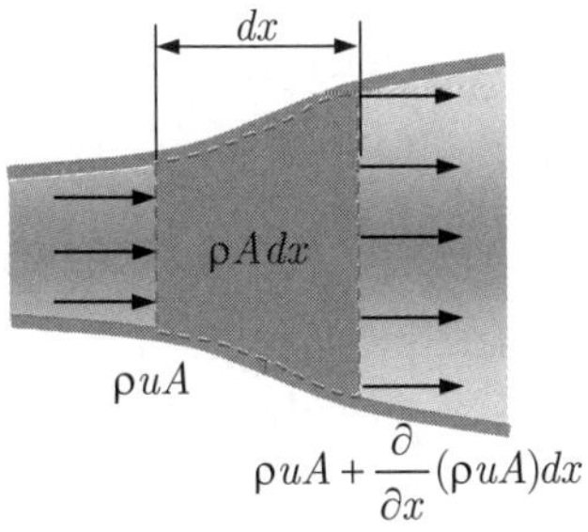

図 11.5 連続の条件

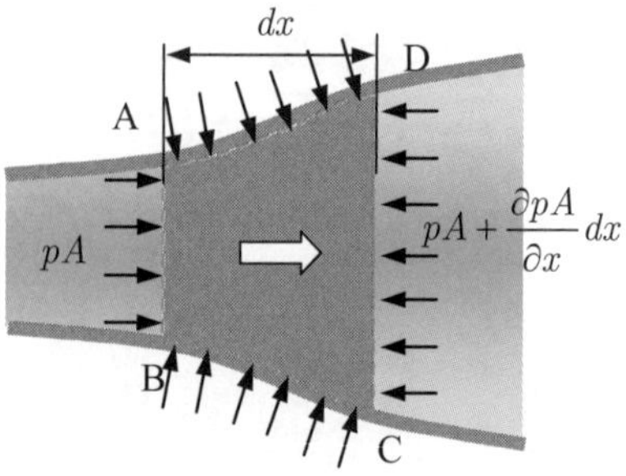

図 11.6　微小検査体積に作用する力

11・2・4　運動方程式（equation of motion）

図 11.6 に示す検査体積 ABCD を流れる非粘性圧縮性の流れにニュートンの第二法則を適用すると次式が得られる．

$$\frac{\partial \boldsymbol{u}}{\partial t}+\boldsymbol{u}\frac{\partial \boldsymbol{u}}{\partial x}=-\frac{1}{\rho}\frac{\partial p}{\partial x} \tag{11.13}$$

この式は，オイラーの運動方程式（Euler's equation）と呼ばれる．

11・2・5　運動量方程式 (momentum equation)

図 11.7 に示すように，断面①と断面②に囲まれた流体に関して，粘性や重力などによる体積力を無視し，運動量の保存則を適用すると次式が得られる．

$$\frac{\partial}{\partial t}\int_1^2 \rho \boldsymbol{u} A\,dx=\rho_1\boldsymbol{u}_1^2A_1-\rho_2\boldsymbol{u}_2^2A_2+p_1A_1-p_2A_2+\int_1^2 p\,dA \tag{11.14}$$

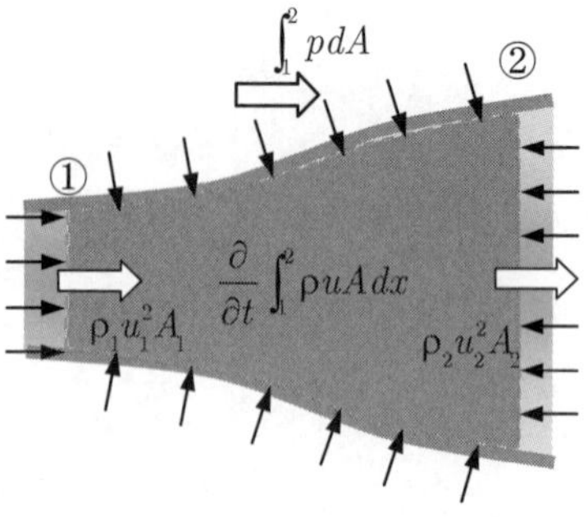

図 11.7 運動量の保存

11・2・6　エネルギーの式 (energy equation)

準一次元のエネルギーの保存則は次の形で与えられる(図 11.8).

$$\frac{\partial}{\partial t}\int_1^2 \rho A\left(e+\frac{1}{2}\boldsymbol{u}^2\right)dx$$

$$=\rho_1\boldsymbol{u}_1A_1\left(e_1+\frac{1}{2}\boldsymbol{u}_1^2\right)-\rho_2\boldsymbol{u}_2A_2\left(e_2+\frac{1}{2}\boldsymbol{u}_2^2\right)+p_1A_1\boldsymbol{u}_1-p_2A_2\boldsymbol{u}_2+\int_1^2\rho A\dot{Q}dx$$

$$=\rho_1\boldsymbol{u}_1A_1\left(e_1+\frac{1}{2}\boldsymbol{u}_1^2+\frac{p_1}{\rho_1}\right)-\rho_2\boldsymbol{u}_2A_2\left(e_2+\frac{1}{2}\boldsymbol{u}_2^2+\frac{p_2}{\rho_2}\right)+\int_1^2\rho A\dot{Q}dx \tag{11.15}$$

流れが定常で，かつ $\dot{Q}=0$ の場合には，上式は下記のように簡単になる．

$$\rho_1\boldsymbol{u}_1A_1\left(e_1+\frac{1}{2}\boldsymbol{u}_1^2+\frac{p_1}{\rho_1}\right)-\rho_2\boldsymbol{u}_2A_2\left(e_2+\frac{1}{2}\boldsymbol{u}_2^2+\frac{p_2}{\rho_2}\right)=0 \tag{11.16}$$

さらに，連続の条件 $\rho_1\boldsymbol{u}_1A_1=\rho_2\boldsymbol{u}_2A_2$ を用いて整理すると次式を得る．

$$e+\frac{1}{2}\boldsymbol{u}^2+\frac{p}{\rho}=h+\frac{1}{2}\boldsymbol{u}^2=h_0=\text{const.} \tag{11.17}$$

上式は断熱の流れにおいて任意の流線に沿って成り立つ式である．上式の h_0 は，全エンタルピーと呼ばれる．

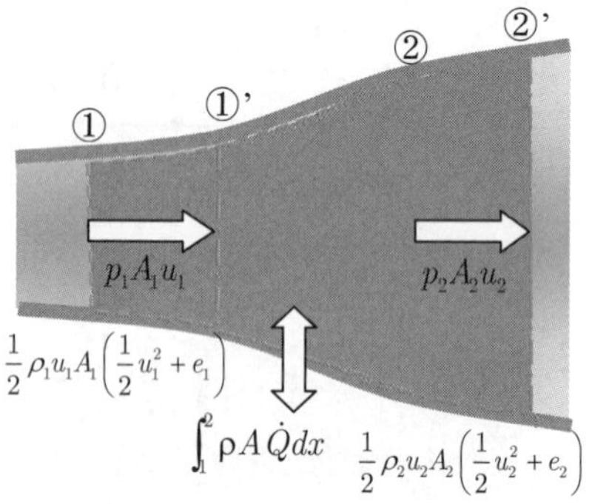

図 11.8 エネルギーの保存

11・2・7　流線とエネルギーの式(Streamlines and energy equation)

流れが非粘性で断熱の場合，流線に沿って次式が成り立つ．

$$\frac{1}{2}\boldsymbol{u}^2+h=\frac{1}{2}\boldsymbol{u}^2+c_pT=\frac{1}{2}\boldsymbol{u}^2+\frac{\kappa}{\kappa-1}RT=\frac{1}{2}\boldsymbol{u}^2+\frac{1}{\kappa-1}a^2=h_0 \tag{11.18}$$

断熱流れのエネルギーの式から，よどみ点基準などさまざまな基準状態の音速，速度が導かれる．

i) よどみ点基準($\boldsymbol{u}=0, M=0$)

流れを断熱的によどませた場合の，もとの流れとよどみ状態との間に次の関係が成り立つ．

$$h+\frac{1}{2}\boldsymbol{u}^2=h_0=c_pT_0=\frac{\kappa}{\kappa-1}\frac{p_0}{\rho_0}=\frac{1}{\kappa-1}a_0^2=\text{const.} \tag{11.19}$$

T_0 はよどみ点温度（stagnation temperature），または全温度（total temperature）と呼ばれる．同様によどみ点での圧力，密度をそれぞれよどみ点圧力

（stagnation pressure）p_0，よどみ点密度（stagnation density）ρ_0 と表す．

ii) 温度 0 の状態（$T = 0, a = 0, M \to \infty$）

流れの温度が 0 となったときの速度は，断熱流れの最大速度を与える．最大速度．$\boldsymbol{u}_{\max}$ は次式で求められる．

$$\boldsymbol{u}_{\max} = \sqrt{2c_p T_0} = \sqrt{\frac{2\kappa}{\kappa-1}RT_0} = \sqrt{\frac{2}{\kappa-1}}a_0 \tag{11.20}$$

iii) 臨界状態（$M = 1, \boldsymbol{u} = \boldsymbol{u}^* = a^*$）

流れの速度が音速に達した状態を臨界状態（critical state）と呼ぶ．臨界状態では次の関係がある．

$$\frac{1}{2}\boldsymbol{u}^{*2} + \frac{1}{\kappa-1}a^{*2} = \frac{\kappa+1}{2(\kappa-1)}a^{*2} = \frac{1}{\kappa-1}a_0{}^2 \tag{11.21}$$

$$\boldsymbol{u}^* = a^* = \sqrt{\frac{2}{\kappa+1}}a_0 \tag{11.22}$$

断熱変化は，$\boldsymbol{u}$ と a を変数とした平面上の楕円の方程式で表される．a 軸の切片 a_0 と $\boldsymbol{u}$ 軸の切片 $\boldsymbol{u}_{\max}$ との間には $\boldsymbol{u}_{\max} = \sqrt{2/(\kappa-1)}\,a_0$ の関係がある．空気の場合 $\boldsymbol{u}_{\max} \simeq \sqrt{5}a_0$ である．$\boldsymbol{u} = a$ は $M = 1$ の線で，この線より左側は亜音速，右側は超音速の領域である．

【例題 11・4】　図 11.9 のように，タンク内に温度 T_0，圧力 p_0 の空気が貯められている．この気体がタンクから音速で噴出しているときの気体 1kg 当たりの運動エネルギーと内部エネルギーおよびエンタルピーとの比を求めよ．また，貯気槽内の気体のエンタルピーの何％が運動エネルギーに変換されたことになるだろうか．

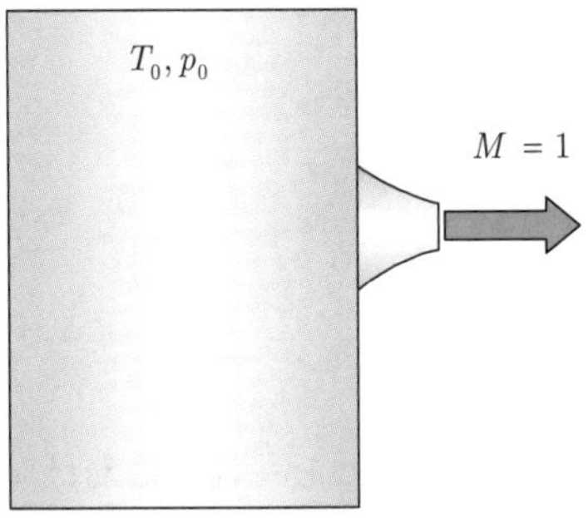

図 11.9　タンクから吹き出す気体

【解答】貯気槽のエンタルピーは，$\dfrac{\kappa}{\kappa-1}RT_0$．臨界状態では，

$$\frac{1}{2}\boldsymbol{u}^{*2} + \frac{1}{\kappa-1}a^{*2} = \frac{\kappa}{\kappa-1}RT_0, \quad \boldsymbol{u}^* = a^* = \sqrt{\frac{2}{\kappa+1}}a_0$$

の関係がある．運動エネルギーとエンタルピーの比は，

$$\frac{\frac{1}{2}\boldsymbol{u}^{*2}}{\frac{1}{\kappa-1}a^{*2}} = \frac{\kappa-1}{2} = 0.2$$

内部エネルギーとの比は，

$$\frac{\frac{1}{2}\boldsymbol{u}^{*2}}{\frac{1}{\kappa(\kappa-1)}a^{*2}} = \frac{\kappa(\kappa-1)}{2} = 0.56$$

である．運動エネルギーと貯気槽のエンタルピーとの比は，

$$\frac{\frac{1}{2}\frac{2}{\kappa+1}\kappa RT_0}{\frac{\kappa}{\kappa-1}RT_0} = \frac{\kappa-1}{\kappa+1} = \frac{1}{6} = 0.17$$

熱的なエネルギーのおよそ 17%が運動エネルギーに変換されていることになる．

11・3　等エントロピー流れ (Isentropic Flow)

等エントロピー流れは，断熱かつ可逆な流れである．一本の流線に沿ってエネルギー保存の関係が成り立ち，これから次の関係式が得られる．

$$\left(\frac{a_0}{a}\right)^2 = \frac{T_0}{T} = 1 + \frac{\kappa - 1}{2}M^2 \tag{11.23}$$

上式より，流線上の任意の点 1 と 2 の温度とマッハ数について次の関係が成り立つ．

$$\frac{T_1}{T_2} = \frac{2 + (\kappa - 1)M_2^2}{2 + (\kappa - 1)M_1^2} \tag{11.24}$$

さらに，等エントロピー変化をする流れにおいては次の関係がある．

$$\frac{p_1}{p_2} = \left(\frac{2 + (\kappa - 1)M_2^2}{2 + (\kappa - 1)M_1^2}\right)^{\frac{\kappa}{\kappa - 1}} \tag{11.25}$$

$$\frac{\rho_1}{\rho_2} = \left(\frac{2 + (\kappa - 1)M_2^2}{2 + (\kappa - 1)M_1^2}\right)^{\frac{1}{\kappa - 1}} \tag{11.26}$$

よどみ状態と任意の状態との関係は，上式をもとに次式が導かれる．

$$\frac{T_0}{T} = 1 + \frac{\kappa - 1}{2}M^2 \tag{11.27(a)}$$

$$\frac{p_0}{p} = \left(1 + \frac{\kappa - 1}{2}M^2\right)^{\frac{\kappa}{\kappa - 1}} \tag{11.27(b)}$$

$$\frac{\rho_0}{\rho} = \left(1 + \frac{\kappa - 1}{2}M^2\right)^{\frac{1}{\kappa - 1}} \tag{11.27(c)}$$

	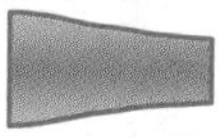		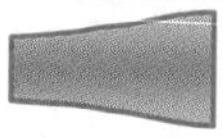	
マッハ数	M<1	M>1	M<1	M>1
速度 u	↗	↘	↘	↗
圧力 p	↘	↗	↗	↘
密度ρ	↘	↗	↗	↘
温度 T	↘	↗	↗	↘
音速 a	↘	↗	↗	↘
マッハ数 M	↗	↘	↘	↗

図 11.10 等エントロピー流れにおける断面積変化と諸量の変化の関係

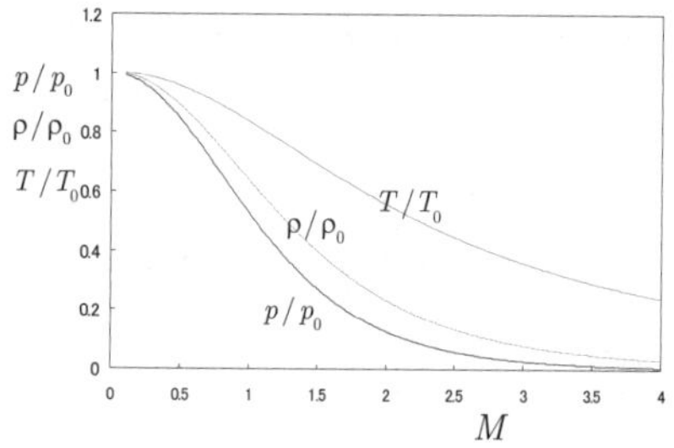

図 11.11 等エントロピー流れにおける諸量とマッハ数の関係

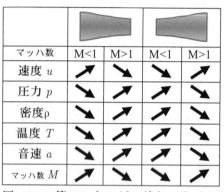

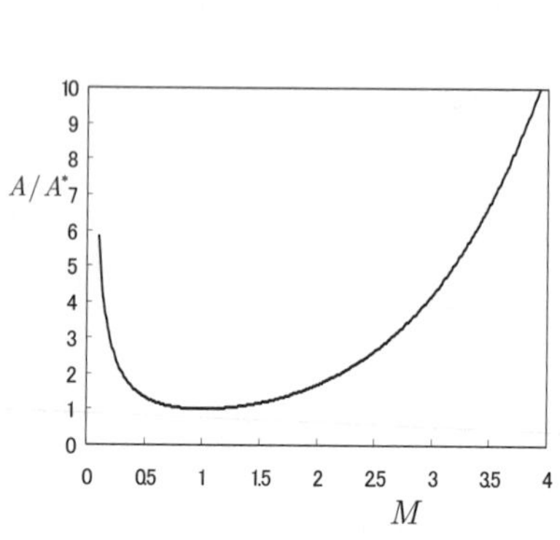

図 11.12 マッハ数と断面積変化

マッハ数と断面積変化の関係は，微小検査体積について連続の式，運動量の式および等エントロピー式から求められる．連続の式，運動量の式はそれぞれ，以下のようになる．

$$d(\rho \boldsymbol{u} A) = 0 \tag{11.28}$$

$$pA + \rho \boldsymbol{u}^2 A + pdA = pA + d(pA) + \rho \boldsymbol{u}^2 A + d(\rho \boldsymbol{u}^2 A) \tag{11.29}$$

これと等エントロピーの関係式から，断面積とマッハ数の関係式が得られる．

$$\frac{A_1}{A_2} = \frac{M_2}{M_1}\left[\frac{(\kappa - 1)M_1^2 + 2}{(\kappa - 1)M_2^2 + 2}\right]^{\frac{\kappa + 1}{2(\kappa - 1)}} \tag{11.30}$$

ノズル内のある断面①において，流れのマッハ数と圧力，密度，温度が既知である場合，ノズル内の任意の断面②のマッハ数 M_2 は，その断面①との断面積比と M_1 から求めることができる．次に，その他の諸量は式(11.24),(11.25)および(11.26)から求められる．

一方，断面積変化とマッハ数との関係を見ると，マッハ数が 1 のときに断面積は最小値をとる．次に示すようなラバルノズルにおいて超音速流れが形成される場合，断面積が最小となる位置で必ずマッハ数が 1 となることを示している．ノズルの断面積最小となる部分はスロート（throat）と呼ばれる．

ノズルを通過する質量流量は次式で表される．

$$\dot{m} = \rho \boldsymbol{u} A = \rho_0 a_0 A M \left(1 + \frac{\kappa - 1}{2}M^2\right)^{-\frac{\kappa + 1}{2(\kappa - 1)}} \tag{11.31}$$

ノズルを通過する流量は，スロートにおける音速の条件で決まり，下流圧力を下げてもそれ以上は増加しない．ノズルによって流し得る最大流量は，$A = A^*$，$M = 1$のときで，

$$\dot{m}_{\max} = \rho^* a^* A^* = \rho_0 a_0 A^* \left(1 + \frac{\kappa - 1}{2}\right)^{-\frac{\kappa+1}{2(\kappa-1)}} \tag{11.32}$$

となる．ノズルのスロート部で流れのマッハ数が 1 に達する現象をチョーキングと呼ぶ．

【例題11・3】　ノズル内の流れについて考える．先細のノズルがよどみ圧1MPaのタンクに接続され,中の気体が流出している．タンクは十分に大きく，出口で流れはチョークしている．ただし，気体は空気で，タンクの気体の温度は350Kとする

1)ノズル出口での圧力，温度，密度を求めよ．

2) 先細ノズルに末広ノズルを接続して，マッハ数2の気流を得たい．先細ノズルの先端の直径をdとしたとき, 末広ノズルの出口の径Dをいくらにすればよいか．また，このときのノズル出口の圧力はいくらになるか．

【解答】 $T_0 = 350\,\mathrm{K}$，$p_0 = 1\times10^6\,\mathrm{Pa}$，$\rho_0 = 1\times10^6/350\cdot287 = 9.96\ (\mathrm{kg/m^3})$

$$\frac{T_0}{T} = 1 + \frac{\kappa-1}{2}M^2 = 1.2\text{，}\quad T = T_0/1.2 = 291\ (\mathrm{K})$$

$$\frac{p_0}{p} = (1.2)^{\frac{1.4}{0.4}} = 1.89\text{，}\quad p = p_0/1.89 = 529\ (\mathrm{kPa})$$

$$\frac{\rho_0}{\rho} = (1.2)^{\frac{1}{0.4}} = 1.57\text{，}\quad \rho = \rho_0/1.57 = 6.34\ (\mathrm{kg/m^3})$$

式(11.30)において$M_1 = 1$，　$M_2 = 2$として計算すれば,

$$\frac{\frac{\pi}{4}d^2}{\frac{\pi}{4}D^2} = \frac{M_2}{M_1}\left[\frac{(\kappa-1)M_1^2+2}{(\kappa-1)M_2^2+2}\right]^{\frac{\kappa+1}{2(\kappa-1)}} = 0.592$$

したがって，$D = 1.30d$となる．

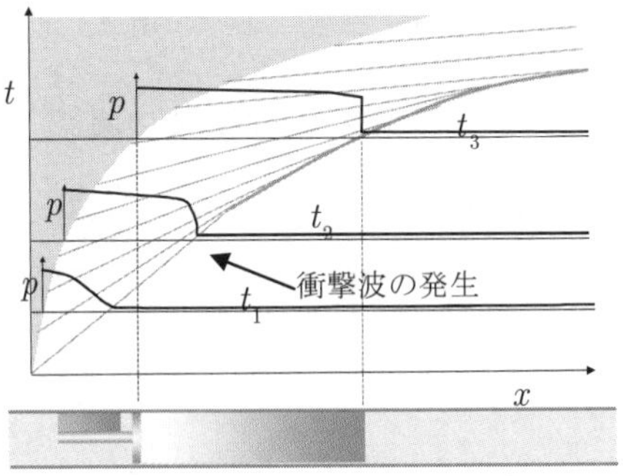

図 11.13　ピストンの運動による発生する衝撃波

11・4　衝撃波の関係式 (Shock relations)

11・4・1　衝撃波の発生 (Shock generation)

衝撃波は，圧縮波の集積によって発生する．図 11.13 には，断面積一定の管内でピストンが等加速度運動をする場合に形成される衝撃波の様子を示した．ピストンの運動によりピストン前方の気体は圧縮され，ピストンの加速運動とともに，連続した圧縮波が発生し，後続の圧縮波は前方の圧縮波に追いつき，衝撃波が形成される．同様な現象は，超音速流れの凹面壁においても発生する．図 11.14 は，一様な超音速流れの中に置かれた凹面壁まわりの流れの様子を示したものである．流れは，凹面壁に沿って偏向されるマッハ波を発生する．マッハ波は集積し斜め衝撃波（oblique shock wave）が形成される．

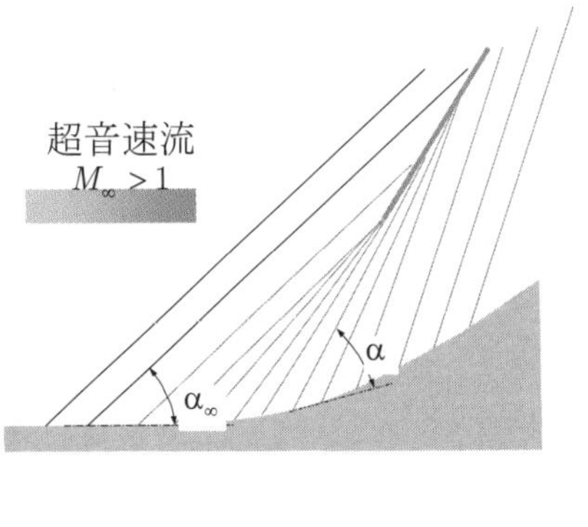

図 11.14 凹面壁における衝撃波の発生

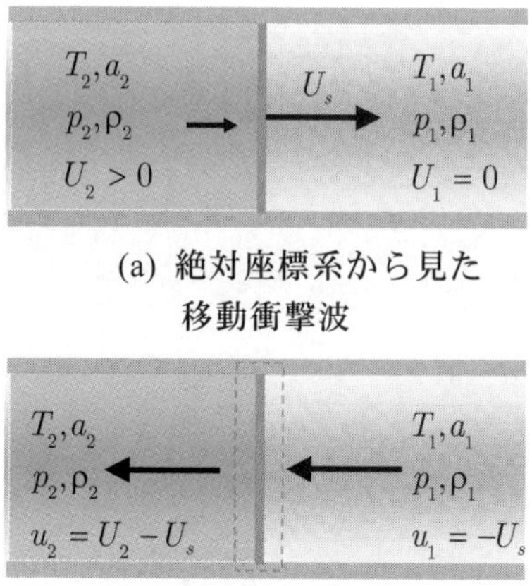

(a) 絶対座標系から見た移動衝撃波

(b) 衝撃波静止の座標系

図 11.15 垂直衝撃波

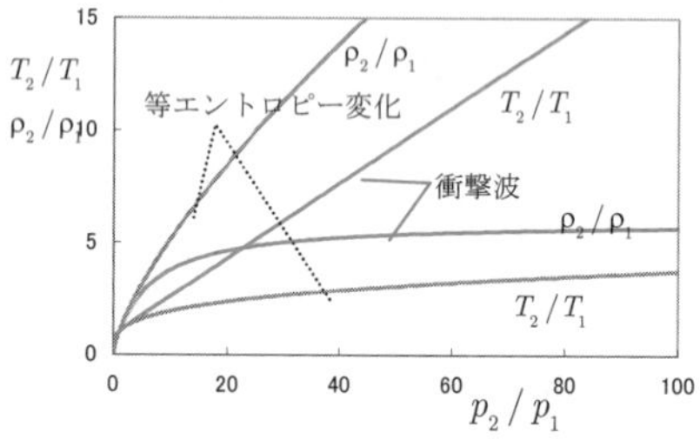

図 11.16 ランキン・ユゴニオの関係

11・4・2　垂直衝撃波の関係式 (Normal shock relations)

一定管断面積の管内で形成される静止衝撃波の前後の関係式は以下の通りである．衝撃波上流と下流の気体の速度，温度，圧力，密度をそれぞれ，$\boldsymbol{u}_1, T_1, p_1, \rho_1$，および $\boldsymbol{u}_2, T_2, p_2, \rho_2$ とする．垂直衝撃波の場合には，衝撃波前後で断面積は一定であるので，連続の式，運動量の式，エネルギーの式は次のように表される．

$$\rho_1 \boldsymbol{u}_1 = \rho_2 \boldsymbol{u}_2 \tag{11.33}$$

$$\rho_1 \boldsymbol{u}_1^2 + p_1 = \rho_2 \boldsymbol{u}_2^2 + p_2 \tag{11.34}$$

$$\rho_1 \left(e_1 + \tfrac{1}{2}\boldsymbol{u}_1^2\right)\boldsymbol{u}_1 + p_1 \boldsymbol{u}_1 = \rho_2 \left(e_2 + \tfrac{1}{2}\boldsymbol{u}_2^2\right)\boldsymbol{u}_2 + p_2 \boldsymbol{u}_2 \tag{11.35}$$

これらの式から，密度比と温度比を圧力比で表した式はランキン・ユゴニオの関係式と呼ばれる．

$$\frac{\rho_2}{\rho_1} = \frac{\dfrac{\kappa+1}{\kappa-1}\dfrac{p_2}{p_1} + 1}{\dfrac{p_2}{p_1} + \dfrac{\kappa+1}{\kappa-1}} = \frac{\boldsymbol{u}_1}{\boldsymbol{u}_2}, \quad \frac{T_2}{T_1} = \frac{\dfrac{p_2}{p_1} + \dfrac{\kappa+1}{\kappa-1}}{\dfrac{\kappa+1}{\kappa-1} + \dfrac{p_1}{p_2}} \tag{11.36}$$

衝撃波上流のマッハ数をもとにした関係式は次のようになる．

式(11.33)から(11.35)を用いてプラントルの式 (Prandtl's equation) が得られる．

$$a^{*2} = \boldsymbol{u}_1 \boldsymbol{u}_2 \quad \text{または} \quad M_2^* = \frac{1}{M_1^*} \tag{11.37}$$

一方，エネルギーの式より式(11.38)が得られ，プラントルの式から式(11.39)が得られる．

$$M^{*2} = \frac{(\kappa+1)M^2}{2 + (\kappa-1)M^2} \tag{11.38}$$

$$M_2^2 = \frac{1 + \dfrac{\kappa-1}{2} M_1^2}{\kappa M_1^2 - \dfrac{\kappa-1}{2}} \tag{11.39}$$

M_1 の極限値に対して M_2 は，以下のような値を取る．

$$M_1 \to 1 \quad \Rightarrow \quad M_2 \to 1$$
$$M_1 \to \infty \quad \Rightarrow \quad M_2 \to \sqrt{\frac{\kappa-1}{2\kappa}} \tag{11.40}$$

$M_1 = 1$ で，衝撃波は音波となる．$M_1 \to \infty$ の場合，M_2 は比熱比で決定される有限値に漸近する．

各状態量は M_1 と κ の関数として表される．

$$\frac{\rho_2}{\rho_1} = \frac{\boldsymbol{u}_1}{\boldsymbol{u}_2} = \frac{\boldsymbol{u}_1^2}{a^{*2}} = M_1^{*2} = \frac{(\kappa+1)M_1^2}{2 + (\kappa-1)M_1^2} \tag{11.41(a)}$$

$$\frac{p_2}{p_1} = 1 + \kappa M_1^2 \left(1 - \frac{\boldsymbol{u}_2}{\boldsymbol{u}_1}\right) = 1 + \frac{2\kappa}{\kappa+1}\left(M_1^2 - 1\right) \tag{11.41(b)}$$

$$\frac{T_2}{T_1}=\frac{p_2}{p_1}\frac{\rho_1}{\rho_2}=\left(1+\frac{2\kappa}{\kappa+1}\left(M_1^{\,2}-1\right)\right)\left(\frac{2+(\kappa-1)M_1^{\,2}}{(\kappa+1)M_1^{\,2}}\right) \qquad (11.41(c))$$

$$\begin{aligned}s_2-s_1&=c_p\ln\frac{T_2}{T_1}-R\ln\frac{p_2}{p_1}\\&=c_p\ln\left[\left(1+\frac{2\kappa}{\kappa+1}\left(M_1^{\,2}-1\right)\right)\left(\frac{2+(\kappa-1)M_1^{\,2}}{(\kappa+1)M_1^{\,2}}\right)\right] \qquad (11.41(d))\\&\quad-R\ln\left[1+\frac{2\kappa}{\kappa+1}\left(M_1^{\,2}-1\right)\right]\end{aligned}$$

全温度比，および全圧比は次の式で表される．

$$\frac{T_{02}}{T_{01}}=1 \qquad (11.42)$$

$$\frac{p_{02}}{p_{01}}=\frac{p_{02}}{p_2}\frac{p_2}{p_1}\frac{p_1}{p_{01}}=\left[\frac{(\kappa+1)M_1^{\,2}}{(\kappa-1)M_1^{\,2}+2}\right]^{\frac{\kappa}{\kappa-1}}\left[\frac{\kappa+1}{2\kappa M_1^{\,2}-(\kappa-1)}\right]^{\frac{1}{\kappa-1}} \qquad (11.43)$$

エントロピー変化を全温度と前圧で表すと次式となる．

$$s_2-s_1=s_{02}-s_{01}=c_p\ln\frac{T_{02}}{T_{01}}-R\ln\frac{p_{02}}{p_{01}}=-R\ln\frac{p_{02}}{p_{01}} \qquad (11.44)$$

＝＝＝＝＝　練習問題　＝＝＝＝＝＝＝＝＝＝＝＝＝＝＝＝＝＝＝＝＝＝＝

【11. 1】乾いた空気について，圧力 101.3kPa において温度 20℃および 100℃における密度を求めよ．ただし空気の気体定数は R ＝287.1J/kgK である．

【11. 2】次の気体について，温度 30℃ における音速を求めよ．

(a)空気　(b) 水素　(c) 二酸化炭素　(d) メタン

計算では表 11.1 の物性値を用いよ．

表 11.1　気体定数と比熱比

気体	気体定数 R J/kgK	比熱比 γ
Air	287.1	1.402
H_2	4124	1.406
CO_2	188.9	1.304
CH_4	518.25	1.31

【11. 3】分子量 80 の 2 原子分子からなる気体の温度 20℃における音速を求めよ．

【11. 4】C_p =500J/kgK，R =200J/kgKのとき，この気体の300Kにおける音速を求めよ．

【11. 5】タンクの中に空気を充填し，タンクに設けた小さな穴を開放して空気を噴出させ推力を得ようと思う．タンクの中を周囲の圧力の 10 倍まで圧縮するとき，1)空気を断熱的に圧縮する場合，2)徐々に圧縮して十分時間をかけ，等温的に圧縮する場合，の二つに対して，得られる気体の速度を比較せよ．ただし，穴から噴出する空気は音速で流れ出るものとする．

【11. 6】19 世紀初頭まで音は等温変化のもとに伝わると仮定された．等温変化によって伝ぱすると仮定したときの音速と，等エントロピー変化を仮定したときの音速との比を求めよ．

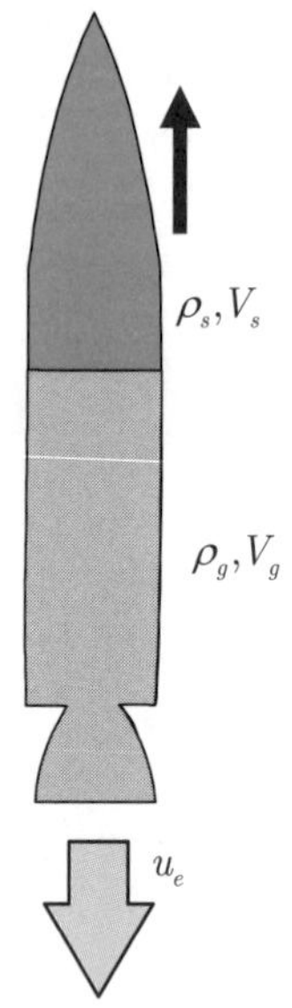

図 11.17　ロケット

【11. 7】固体燃料を使ったロケットについて考えよう．図 11.17 に示したように，固体燃料の密度を ρ_s，体積を V_s とする．燃料が燃焼したガスが密度 ρ_g で噴出している．ロケット内のガスの体積を V_g とする．ロケットから噴出するガスの速度を $\boldsymbol{u}_e$ とすると，このロケットの推力は

$$F = (\rho_s - \rho_g)\boldsymbol{u}_e \frac{dV_s}{dt}$$

で表されることを示せ．

【11. 8】ロケットが浮上し始めるときの運動方程式を求め，その解を求めよ．ロケットの全質量を M とする．M は，ガスの噴射とともに減少する．また，ロケットのガスの噴出速度を $\boldsymbol{u}_e$ とする．ただし，ロケットの初期の全質量を M_0 とする．

【11. 9】問題 11.8 において，最初の 1 秒間に消費される質量を $\boldsymbol{u}_e$ =300m/s, 3000m/s の二つの場合について求めよ．

【11. 10】$T = 350$K,　$p = 100$kPa の気体が速度 $\boldsymbol{u}$ =200m/s で流れている．これについて以下の諸量を求めよ．ただし，気体は空気とする．

(1)流れの音速とマッハ数

(2)気体のよどみ圧力とよどみ温度

【11. 11】静止している静温度 $T = 300$K,静圧 $p = 100$kPaの気体が流れ始め，マッハ数 $M = 2.0$となった．このときの，静圧，静温度を求めよ．

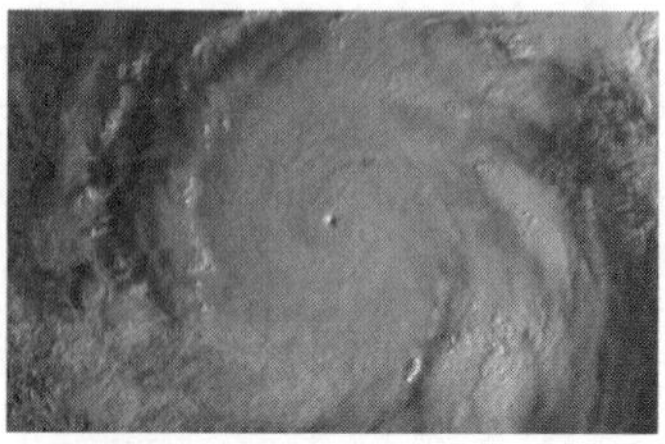

図 11.18 ハリケーン Wilma

【11. 12】2005 年 10 月 15 日，大西洋に発生したハリケーン，Wilma（図 11.18）は，中心気圧が 882hPa であり，それまでに大西洋で観測された最低圧力を記録した．観測された最大風速は 82m/s であった．この例を参考にして，以下の過程について考えてみよう．1013hPa, 300K の静止している空気が断熱的にこの圧力まで膨張すると仮定するとき，以下の問いに答えよ．

(1)空気を非圧縮性気体と考えたとき，この圧力差によって生じる空気の速度をベルヌイの式によって見積もれ．

(2)圧縮性を考慮したときに 1013hPa から 882hPa に空気が等エントロピー的に膨張するときのマッハ数を計算せよ．次に，このマッハ数まで膨張したときの温度を求めて，これを元に気流の速度を計算せよ．

【11. 13】窒素ガス N_2 を用いた極超音速風洞を考えよう．試験部において $M = 10$ の気流を流したい．風洞の上流側には大きな貯気槽があり 0.5MPa の N_2 ガスを蓄えることができる．試験部での N_2 ガスの温度と圧力はいくらになるか．このとき，窒素ガスは液化することがあるだろうか．貯気槽内の窒素の温度は 20℃とする．

第 11 章　練習問題

【11.14】貯気槽から完全気体が先細ノズルから流出している．貯気槽の圧力は周囲の圧力に対して十分高く，ノズルで流れはチョークしている．タンクの圧力を一定に保ったまま，タンクからの流量を制御するためにはどのような方法が考えられるか．ただし先細ノズルの形状は変化させない．

【11.15】先細ノズルが貯気槽につながれている．貯気槽の圧力は，周囲の圧力よりも十分に高く，ノズルの出口で流れは音速に達している．このときの出口速度を $\boldsymbol{u}_1$ とする．貯気槽において，気体に単位質量当たり Q の熱量を加えたところ出口の速度が $\boldsymbol{u}_2 = 2\boldsymbol{u}_1$ となった．このときも出口では流れの速度は音速に等しいものとする．気体は空気とする．
(1) Q を $\boldsymbol{u}_1$ を用いて表せ．
(2)（速度—音速）のグラフを用いて，熱量 Q を加える前後の貯気槽状態とノズル出口の状態を図示せよ．
(3)貯気槽の初期の温度 $T_{01} = 300$ K のとき，加えた熱量 Q はいくらか．

【11.16】圧力 p_1，温度 T_1，速度 $\boldsymbol{u}_1$ の気体が，物体表面で等エントロピー的に変化してよどむとき，次の問いに答えよ．
(1)気体の圧縮性を考慮したときのよどみ点の圧力 p_{0C} を求めよ．
(2)気体の圧縮性が無視できるときのよどみ点圧力 p_{0i} を求めよ．
(3) p_{0C} / p_{0i} を求め，これをマッハ数で表し，この比とマッハ数の関係をグラフで示せ．

【11.17】 図 11.19 に示したようにノズル内に流れが生じており，そこにピトー管と温度計を挿入して静圧，よどみ圧，およびよどみ温度を測定したところ，下のような値を得た．
静圧:60kPa,　全圧:100kPa,　よどみ温度:350K
(1)流れを非圧縮性と仮定して，計測点での気体の速度を求めよ．
(2)流れを圧縮性と仮定したときの，計測点での気体の速度を求めよ．
ただし，気体は空気とする．

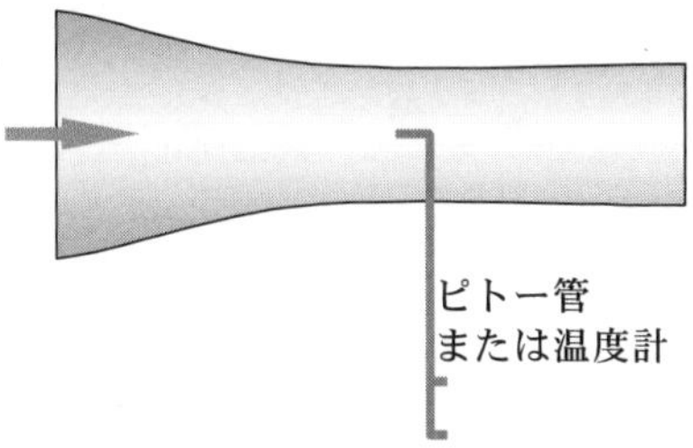

図 11.19　ノズル内の流れ

【11.18】等エントロピー流れの連続の式(11.28)と運動量の式(11.29)および等エントロピー関係式から，速度変化はマッハ数と断面積変化と次式で関係付けられる．

$$\frac{d\boldsymbol{u}}{\boldsymbol{u}} = \frac{1}{M^2 - 1}\frac{dA}{A}$$

この式は，$M \to 1$ のときに，右辺の項は発散すると考えられる．この微分方程式が $M \to 1$ においても成り立つための条件が物理的に要求するものは何か．

【11. 19】紙面に対して，右方向に 200m/s で一様な空気が流れている．この中を，速さ，500m/s で右方向に衝撃波が移動するのが観測された．気流の静温度は－173℃，静圧は 50kPa であることが測定によって確かめられた．この衝撃波について以下の諸量を計算せよ．

(1)観察者から見た気流のマッハ数

(2)衝撃波に相対的な衝撃波上流の気流の速度．

(3)衝撃波上流の音速

(4)衝撃波に対する上流の流れのマッハ数

(5)衝撃波が通過した後の気流の圧力

(6)衝撃波が通過した後の気流の密度

【11. 20】静温度 $T_1 = 150\text{K}$,静圧 $p_1 = 200\text{kPa}$で気流が速度 $\boldsymbol{v}_1 = 200\text{m/s}$で紙面に対し右方向に流れている．この気流中を衝撃波が左方向に移動するのが観察され，衝撃波の通過後に圧力が5倍になるのが計測された．このときの衝撃波マッハ数 Ms（衝撃波に相対的に流入する気流のマッハ数），および衝撃波の移動速度を求めよ．

練習問題解答

第 1 章解答

【1･1】 有効数字 4～5 桁で解答すると，(ア)27.778，(イ)1000，(ウ)1.9739，(エ)29.008，(オ)209.34，(カ)0.05815，(キ)407.89，(ク)2.2127×10^5

【1･2】 (ケ)粘度(粘性係数でもよい)，(コ)動粘度(動粘性係数でもよい)，(サ)境界層，(シ)粘性，(ス)主流，(セ)非粘性(「理想」は非圧縮性に限定されるので不正解)，(ソ)体積，(タ)質量，(チ)マッハ数，(ツ)超音速流れ，(テ)衝撃波

【1・3】 (1) $\mathrm{N(=kg\,m/s^2)}$　(2) J(=Nm)　(3) W(=J/s)

(4) kg m/s　(5) $\mathrm{kg\,m^2/s}$　(6) N·m　(7) $\mathrm{kg/m^3}$

(8) $\mathrm{Pa\cdot s = kg/(m\cdot s)}$　(9) $\mathrm{m^2/s}$　(10) Pa　(11) Pa

(12)なし（無次元量）　(13) 1/Pa

【1・4】 (1) 管壁から測った距離を $y\left(=R-r\right)$ とおくと，粘性によるせん断応力 τ は式(1.4)から，

$$\tau = \mu\frac{d\boldsymbol{u}}{dy} = -\mu\frac{d\boldsymbol{u}}{dr} = -\mu\boldsymbol{u}_{\max}\frac{d}{dr}\left(1-\frac{r^2}{R^2}\right) = \frac{2\mu\boldsymbol{u}_{\max}}{R^2}r$$

$r=R$ (管壁)のときに，壁面せん断応力 τ_w であるので，

$$\tau_w = \frac{2\mu\boldsymbol{u}_{\max}}{R}$$

(2) 求める力 F をとする．長さ L の内表面積($2\pi RL$)を τ_w にかけ，

$$F = \tau_w\cdot 2\pi RL = 4\pi\mu\boldsymbol{u}_{\max}L$$

【1・5】 The kinematic viscosity is 1.004×10^{-6} m^2/s.

The viscosity is 2.098×10^{-5} lbf•s/ft^2 or 1.004×10^{-3} Pa•s.

(Because $g = 9.80665\,\mathrm{m/s^2} = 32.17\ \mathrm{ft/s^2}$

and $1\,\mathrm{lbf} = 1\,\mathrm{lbm}\times 32.17\,\mathrm{ft/s^2} = 32.17\ \mathrm{lbm\cdot ft/s^2}$)

【1･6】 (1) 半径 r の位置の円板の周速は $U=r\omega$ であるので，この位置の壁面せん断応力 τ_w は式(1.3)より，

$$\tau_w = \mu\frac{U}{h} = \frac{\mu r\omega}{h}$$

半径 r の位置で半径方向の幅 dr の微小部分(ドーナツ状の部分)に働くトルク dT は，τ_w に面積 $2\pi r\,dr$ とうでの長さ r をかけ，

$$dT = \tau_w\cdot 2\pi r\cdot r\,dr = \frac{2\pi\mu\omega}{h}r^3\,dr$$

これを $r=0$ から $r=R$ まで r で積分することにより円板全体に働くトルク T が求まり，これが駆動軸にかかる．

$$T = \int_0^R \frac{2\pi\mu\omega}{h}r^3\,dr = \frac{2\pi\mu\omega}{h}\left[\frac{r^4}{4}\right]_0^R = \frac{\pi\mu\omega R^4}{2h}$$

(2) トルク T に角速度 ω をかけると動力 P が求まり，

$$P = T\omega = \frac{\pi\mu\omega^2R^4}{2h}$$

【1・7】 (1) 円柱側面の周速は $U=R\omega_0$ であるので，壁面せん断応力 τ_w は式(1.3)より，

$$\tau_w = \mu\frac{U}{h} = \frac{\mu R\omega_0}{h}$$

τ_w は円柱側面の表面上ではどこでも同じ大きさなので，これに側面積 $2\pi RL$ とうでの長さ R をかければトルク T が求まる．

$$T = \tau_w\cdot 2\pi RL\cdot R = \frac{2\pi\mu R^3L\omega_0}{h}$$

(2) 角速度 ω のときのトルクは，$T = \dfrac{2\pi\mu R^3L\omega}{h}$

回転運動の運動方程式は，　$I\dfrac{d\omega}{dt} = -T = -\dfrac{2\pi\mu R^3L\omega}{h}$

これを変数分離して解くと，　$\displaystyle\int\frac{d\omega}{\omega} = -\frac{2\pi\mu R^3L}{Ih}\int dt$

$\ln\omega = -\dfrac{2\pi\mu R^3L}{Ih}t + C$　（ただし，ln は自然対数，C は積分定数）

初期条件 $t=0$ のときに $\omega=\omega_0$ を代入して整理すると，

$\omega = \omega_0\exp\left(-\dfrac{2\pi\mu R^3L}{Ih}t\right)$　（ただし，$\exp X$ は指数関数で e^X ）

【1・8】 (1)平板間の高さ h の水に働く重力と表面張力による力がつり合うので，奥行き方向の長さ L についてつり合いの式を立てると，

$$\rho gsLh = 2LT\cos\theta \quad よって \quad h = \frac{2T\cos\theta}{\rho gs}$$

(2) 値を代入し，$h = 4.9\,\mathrm{mm}$.

【1・9】 (1) レイノルズの相似則より，実車と模型のレイノルズ数は原則として一致させたい．両者の動粘度が等しいこと($\nu_1=\nu_2$)を考慮すると，レイノルズ数の定義式(1.8)から，

$$\frac{U_1L_1}{\nu_1} = \frac{U_2L_2}{\nu_2} \quad より \quad U_1L_1 = U_2L_2$$

$$よって，\quad \frac{U_2}{U_1} = \frac{L_1}{L_2} = 5$$

つまり，速度は実車の 5 倍にすることが目標となる．ただし，U_2 が大きくなりすぎると圧縮性の影響が出て，流れが相似にならなくなる（マッハ数は約 0.3 以下に抑えたい）．

(2) 模型実験を水中で行う場合，

$$\frac{U_1L_1}{\nu_1}=\frac{U_2L_2}{\nu_2}$$ より

$$\frac{U_2}{U_1}=\frac{L_1\nu_2}{L_2\nu_1}=\frac{5\times1.004\times10^{-6}}{1\times15.01\times10^{-6}}=0.334$$

(1)の空気中で実験する場合と比べて流速は約 1/15 にすればよいことがわかる.

【1・10】 From Eq.(1.10)

$$a=\sqrt{K/\rho}=\sqrt{1.68\times10^5/0.166}=1.01\times10^3\,(\mathrm{m/s}).$$

【1・11】 (1)パイナンバーを$\pi=U^\alpha d^\beta \nu^\gamma m^\delta k^\varepsilon f^\zeta$と表すことにする.

まず，風速Uの指数を1として，$\pi_1=U d^\beta \nu^\gamma$とおき，長さ［L］，質量［M］，時間［T］の各次数が0になるようにすればよい.

［L］に関して；$1+\beta+2\gamma=0$，　［T］に関して；$-1-\gamma=0$

これらを解き，$\beta=1$，$\gamma=-1$．つまり，$\pi_1=Ud/\nu$となり，これはレイノルズ数であることがわかり，粘性の影響を表す無次元量である.

(2) 求めるパイナンバーを$\pi_2=m^\delta k^\varepsilon f$と表すと,

［M］に関して；$\delta+\varepsilon=0$,

［T］に関して；$-2\varepsilon-1=0$

これらを解き，$\delta=1/2$，$\varepsilon=-1/2$．つまり，$\pi_2=f\sqrt{m/k}$となる.

ここで，この系の固有振動数を$f_n=\sqrt{k/m}$とおくと，$\pi_2=f/f_n$になる．つまり，この$f\sqrt{m/k}$は振動数の比であり，現象の振動数fがどれくらい固有振動数f_nに近いのを表す値である.

(3) 求めるパイナンバーを$\pi_3=U^\alpha d^\beta f$と表すと,

［L］に関して；$\alpha+\beta=0$,

［T］に関して；$-\alpha-1=0$

これらを解き，$\alpha=-1$，$\beta=1$．つまり，$\pi_2=fd/U$となる．振動している場合は，通常，振動数fはカルマン渦の渦発生周波数に一致することが多く，その場合にはfd/Uはストローハル数に一致する(式(7.11)参照).

【1・12】 (1) $\mathrm{ML/T^2}$　(2) $\mathrm{M/LT^2}$　(3) $\mathrm{L^2/T}$　(4) $\mathrm{ML^2/T^2}$　(5) $\mathrm{ML^2/T^3}$

第2章解答

【2・1】 (ア)時間，(イ)体積，(ウ)流跡線，(エ)流線，(オ)自由渦，(カ)一様流，(キ)非定常流

【2・2】 式(2.2)のx，y成分が求めるα_xとα_yであり,

$$\alpha_x=\frac{\partial \boldsymbol{u}}{\partial t}+\boldsymbol{u}\frac{\partial \boldsymbol{u}}{\partial x}+\boldsymbol{v}\frac{\partial \boldsymbol{u}}{\partial y}=(-3x)\times(-3)+3y\times0=9x$$

$$\alpha_y=\frac{\partial \boldsymbol{v}}{\partial t}+\boldsymbol{u}\frac{\partial \boldsymbol{v}}{\partial x}+\boldsymbol{v}\frac{\partial \boldsymbol{v}}{\partial y}=(-3x)\times0+3y\times3=9y$$

【2・3】 x，y方向の伸びひずみ速度成分$\dot{\varepsilon}_x$，$\dot{\varepsilon}_y$は式(2.8)と式(2.9)より,

$$\dot{\varepsilon}_x=\frac{\partial \boldsymbol{u}}{\partial x}=\frac{\partial}{\partial x}(-3x)=-3$$

$$\dot{\varepsilon}_y=\frac{\partial \boldsymbol{v}}{\partial y}=\frac{\partial}{\partial y}(3y)=3$$

せん断ひずみ速度$\dot{\gamma}_{xy}$は式(2.10)より,

$$\dot{\gamma}_{xy}=\frac{\partial \boldsymbol{v}}{\partial x}+\frac{\partial \boldsymbol{u}}{\partial y}=\frac{\partial}{\partial x}(3y)+\frac{\partial}{\partial y}(-3x)=0+0=0$$

渦度ω_zは式(2.12)より,

$$\omega_z=\frac{\partial \boldsymbol{v}}{\partial x}-\frac{\partial \boldsymbol{u}}{\partial y}=\frac{\partial}{\partial x}(3y)-\frac{\partial}{\partial y}(-3x)=0$$

この流れは、x方向に縮み、y方向に伸び、せん断変形はなく、回転もない.

【2・4】 (1) From Eq.(2.2),

$$\alpha_x=-\frac{A^2x}{(x^2+y^2)^2},\ \alpha_y=-\frac{A^2y}{(x^2+y^2)^2}.$$

Therefore, $|\boldsymbol{\alpha}|=\sqrt{{\alpha_x}^2+{\alpha_y}^2}=\dfrac{A^2}{\left(\sqrt{x^2+y^2}\right)^3}$.

(2) From Eq.(2.7), $\dfrac{x^2+y^2}{Ax}dx=\dfrac{x^2+y^2}{Ay}dy$, $\dfrac{dx}{x}=\dfrac{dy}{y}$

Integration yields $\ln|x|=\ln|y|+C$, $y=C'x$ (C and C' are constants.)

This represents a family of straight lines as shown in Fig.A2.1.

(3) From Eqs.(2.8) and (2.9),

$$\dot{\varepsilon}_x=\frac{\partial}{\partial x}\left(\frac{Ax}{x^2+y^2}\right)=\frac{A(-x^2+y^2)}{(x^2+y^2)^2},$$

$$\dot{\varepsilon}_y=\frac{\partial}{\partial y}\left(\frac{Ay}{x^2+y^2}\right)=\frac{A(x^2-y^2)}{(x^2+y^2)^2}.$$

(4) From Eq.(2.10),

$$\dot{\gamma}_{xy}=\frac{\partial}{\partial x}\left(\frac{Ay}{x^2+y^2}\right)+\frac{\partial}{\partial y}\left(\frac{Ax}{x^2+y^2}\right)=-\frac{4Axy}{(x^2+y^2)^2}.$$

(5) From Eq.(2.12), $\omega_z=\dfrac{\partial}{\partial x}\left(\dfrac{Ay}{x^2+y^2}\right)-\dfrac{\partial}{\partial y}\left(\dfrac{Ax}{x^2+y^2}\right)=0$.

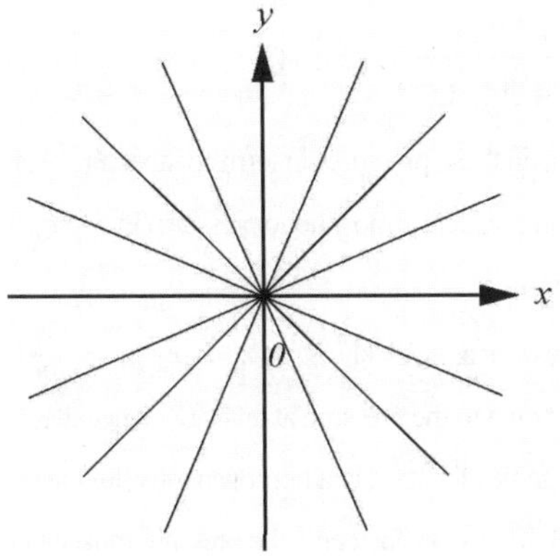

(a) stream line

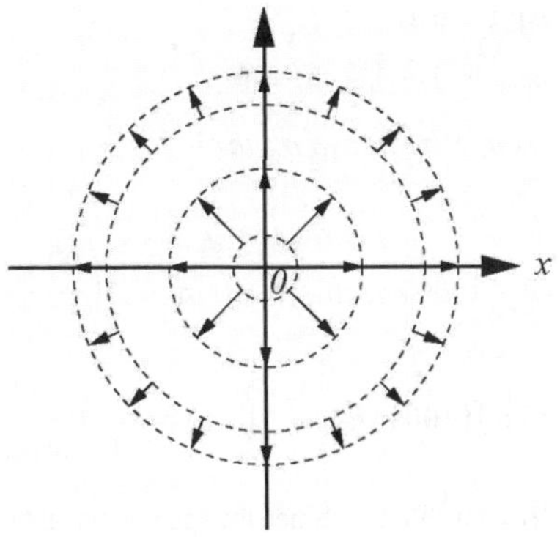

(b) velocity field

Fig.A2.1　Answer 2•4

【2・5】 (1) x 方向速度の式から図 A2.2(a)のようになる.（放物線の形となり，放物分布と呼ばれている.）

(2) 式(2.2)の x 成分と y 成分はそれぞれ

$$\alpha_x = \frac{\partial \boldsymbol{u}}{\partial t} + \boldsymbol{u}\frac{\partial \boldsymbol{u}}{\partial x} + \boldsymbol{v}\frac{\partial \boldsymbol{u}}{\partial y}$$

$$= A\,y\left(H-y\right) + \boldsymbol{u}\times 0 + 0\times\frac{\partial \boldsymbol{u}}{\partial y}$$

$$= A\,y\left(H-y\right)$$

$$\alpha_y = \frac{\partial \boldsymbol{v}}{\partial t} + \boldsymbol{u}\frac{\partial \boldsymbol{v}}{\partial x} + \boldsymbol{v}\frac{\partial \boldsymbol{v}}{\partial y} = 0\,.$$

(3) 式(2.8)と式(2.9)より，

$$\dot{\varepsilon}_x = \frac{\partial}{\partial x}\left\{At\,y\left(H-y\right)\right\} = 0\,,\quad \dot{\varepsilon}_y = \frac{\partial}{\partial y}\left(0\right) = 0\,.$$

(4) 式(2.10)より，

$$\dot{\gamma}_{xy} = \frac{\partial}{\partial x}\left(0\right) + \frac{\partial}{\partial y}\left\{At\,y\left(H-y\right)\right\} = At\left(H-2y\right).$$

図 A2.2(b)のように，せん断変形は中央（$y = H/2$）で0，平板に近づくほどせん断変形が大きいことがわかる.

(5) 式(1.4)より，$\tau = \mu\dfrac{d\boldsymbol{u}}{dy} = \mu\dot{\gamma}_{xy} = \mu At\left(H-2y\right)$.

せん断応力はせん断ひずみ速度に比例して，中央（$y = H/2$）で0，平板に近づくほどその絶対値が大きくなる.

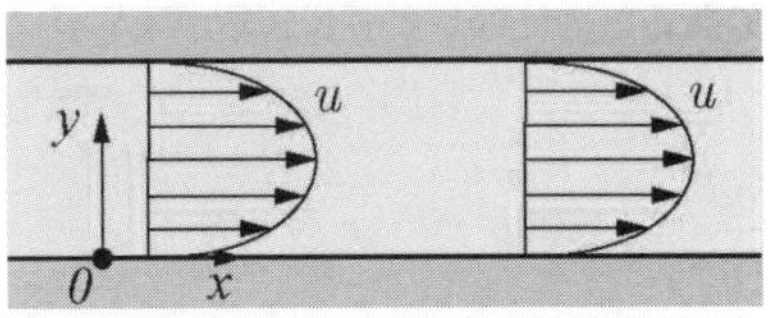

(a) 速度分布

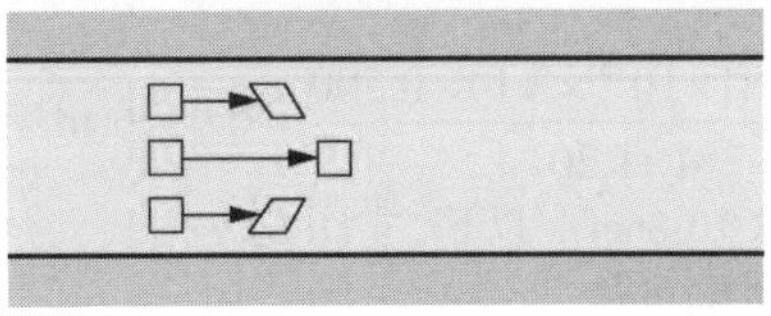

(b) せん断変形

図 A2.2　解答 2•5

【2・6】 (1) 式(2.10)より，

境界層内：

$$\dot{\gamma}_{xy} = \frac{\partial}{\partial x}\left(0\right) + \frac{\partial}{\partial y}\left\{\frac{3U}{2}\left(\frac{y}{\delta}\right) - \frac{U}{2}\left(\frac{y}{\delta}\right)^3\right\} = \frac{3U}{2\delta}\left(1-\frac{y^2}{\delta^2}\right).$$

主流：$\dot{\gamma}_{xy} = \dfrac{\partial}{\partial x}\left(0\right) + \dfrac{\partial}{\partial y}\left(U\right) = 0$

主流ではせん断変形はなく，壁に近づくほど大きくなる.

(2) 式(1.4)より，

境界層内：$\tau = \mu\dfrac{d\boldsymbol{u}}{dy} = \mu\dot{\gamma}_{xy} = \dfrac{3\mu U}{2\delta}\left(1-\dfrac{y^2}{\delta^2}\right)$.

主流：$\tau = \mu\dot{\gamma}_{xy} = 0$

(3) 主流ではせん断変形は起こらず，せん断応力は働いていない．つまり，粘性による影響は現れず非粘性流体として近似できることが確認できる．一方，境界層内ではせん断変形が起こり，せん断応力が働き，その大きさは壁に近づくほど大きくなる．境界層内の流れは粘性流体として扱う必要がある（図 A2.3）.

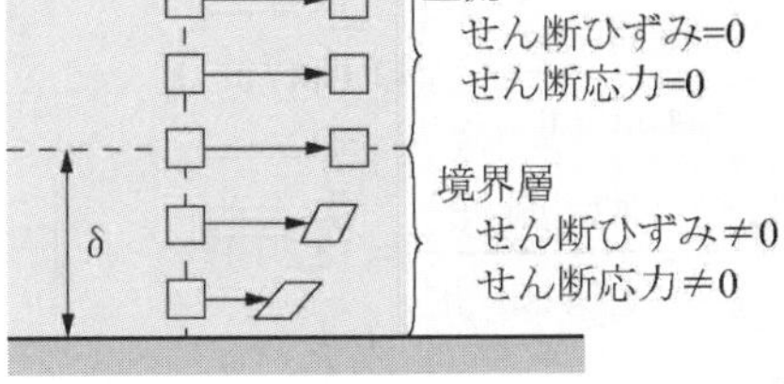

図 A2.3　物体表面付近の流れ

【2・7】 (1) 表 1.3 より，$15.01\times10^{-6}\ \mathrm{m^2/s}$.

(2) 流量の定義より，$\boldsymbol{v} = \dfrac{Q}{\left(\pi d^2/4\right)} = 12.7(\mathrm{m/s})$.

(3) 式(2.16)より，$Re = \dfrac{\boldsymbol{v}d}{\nu} = \dfrac{12.7\times0.100}{15.01\times10^{-6}} = 8.46\times10^4$.

(4) 乱流　レイノルズ数が 4000 よりはるかに大きいので.

【2・8】層流であるためにはレイノルズ数が臨界レイノルズ数以下であり，

$$Re = \frac{vd}{\nu} \leqq 2300$$

平均流速が $v = 4Q/\pi d^2$，動粘度が $\nu = \mu/\rho$ なので，

$$Q \leqq \frac{2300\mu\pi d}{4\rho}$$

$$= \frac{2300 \times 1.81 \times 10^{-5} \times 3.14 \times 0.500}{4 \times 1.20} = 0.0136(\mathrm{m}^3/\mathrm{s})$$

よって，流量は0.0136m³/s 以下にすればよい．

【2・9】 From Eq.(2.7),

$$-\left\{\left(x^2+y^2\right)/Ay\right\}dx = \left\{\left(x^2+y^2\right)/Ax\right\}dy$$

$$xdx = -ydy \, .$$

By integration, $x^2/2 = -y^2/2 + C$ (C is a constant).

Hence, the streamlines are represented by $x^2 + y^2 = R^2$ (a family of circles), where $R = \sqrt{2C}$.

【2・10】式(2.16)から，$Re = 1.49 \times 10^6$．レイノルズ数が4000をはるかに上回っており，乱流と考えられる．

【2・11】 From Eq.(2.16), $Re = 1.54 \times 10^4$.

($1\,\mathrm{lbf} = 1\,\mathrm{lbm} \times 32.17\,\mathrm{ft/s^2} = 32.17\,\mathrm{lbm \cdot ft/s^2}$)

第3章解答

【3・1】 The pressure variation can be found from Eq.(3.8b):

$$p = \gamma h + p_a$$

With p_a corresponding to the pressure at the free surface of the gasoline, then the pressure at the interface ① is

$$p_1 = s_{\mathrm{gasoline}}\gamma_w h + p_a = (0.68)(62.4\ \mathrm{lbf/ft^3})(15\,\mathrm{ft}) + p_a$$

$$= 636\ \mathrm{lbf/ft^2} + p_a$$

If we measure the pressure relative to the atmospheric pressure (gauge pressure), it follows that $p_a = 0$, and therefore

$$p_1 = 636\ (\mathrm{lbf/ft^2}) \ ,$$

$$p_1 = \frac{636\ \mathrm{lbf/ft^2}}{144\ \mathrm{in^2/ft^2}} = 4.42\ (\mathrm{lbf/in^2})$$

or $$\frac{p_1}{\gamma_w} = \frac{636\ \mathrm{lbf/ft^2}}{62.4\ \mathrm{lbf/ft^3}} = 10.2\ (\mathrm{ft})$$

We can now apply the same relationship to determine the pressure at the tank bottom ②, that is,

$$p_2 = \gamma_w h_w + p_1 = (62.4\ \mathrm{lbf/ft^3})(2\,\mathrm{ft}) + 636\ (\mathrm{lbf/ft^2})$$

$$= 761\ (\mathrm{lbf/ft^2}) \ ,$$

$$p_2 = \frac{761\ \mathrm{lbf/ft^2}}{144\ \mathrm{in^2/ft^2}} = 5.28\ (\mathrm{lbf/in^2})$$, or

$$\frac{p_1}{\gamma_w} = \frac{761\ \mathrm{lbf/ft^2}}{62.4\ \mathrm{lbf/ft^3}} = 12.2\ (\mathrm{ft})$$

If we wish to obtain these pressures in terms of absolute pressure, we could have to add the local atmospheric pressure (in appropriate units) to the previous results.

【3・2】 The pressure at level ① is $p_1 = p_{\mathrm{air}} + \rho_{\mathrm{oil}} g\left(h_1 + h_2\right)$. This pressure is equal to the pressure at level ②, since these two points are at the same elevation in a homogeneous fluid at rest. We move from level ② to the open end, the pressure must decrease by $\rho_{\mathrm{Hg}} g h_3$, and at the open end pressure is zero. Thus, the manometer equation can be expressed as

$$p_a + \rho_{\mathrm{oil}} g\left(h_1 + h_2\right) - \rho_{\mathrm{Hg}} g h_3 = 0$$

or $$p_a + s_{\mathrm{oil}}\rho_w g\left(h_1 + h_2\right) - s_{\mathrm{Hg}}\rho_w g h_3 = 0 \, .$$

For the values given

$$p_a = -(0.9)\left(1000\,\mathrm{kg/m^3}\right)\left(9.81\,\mathrm{m/s^2}\right)\left(\frac{90+15}{100}\,\mathrm{m}\right)$$

$$+(13.6)\left(1000\,\mathrm{kg/m^3}\right)\left(9.81\,\mathrm{m/s^2}\right)\left(\frac{22}{100}\,\mathrm{m}\right)$$

so that $p_a = 2.01 \times 10^4$ Pa . Since the specific weight of the air above the oil is much smaller than the specific weight of the oil, the gauge should read the pressure we have calculated ; that is,

$$p_{\mathrm{gauge}} = 2.01 \times 10^4/1000 = 20.1\ (\mathrm{kPa}) \, .$$

【3・3】 図心G の深さを y_g，圧力の中心の深さを y_c とすると，式(3.21b)より，$y_c = I_{xg}/\left(y_c A\right) + y_g$，ここで $I_{xg} = \left(\pi/4\right)\left(0.5\,\mathrm{m}\right)^4$，よって，

$$y_c - y_g = 0.08\,\mathrm{m} = \frac{\left(\pi/4\right)\left(0.5\,\mathrm{m}\right)^4}{y_g \pi \left(0.5\,\mathrm{m}\right)^2}$$ ．これより，

$$y_g = 0.781\,\mathrm{m} = 78.1\,\mathrm{cm} \, .$$

【3・4】 We consider a volume of fluid bounded by the curved section BC, the horizontal surface AB, and the vertical surface AC, as shown in Fig.A3.1(a). The volume has a length of 1 m.

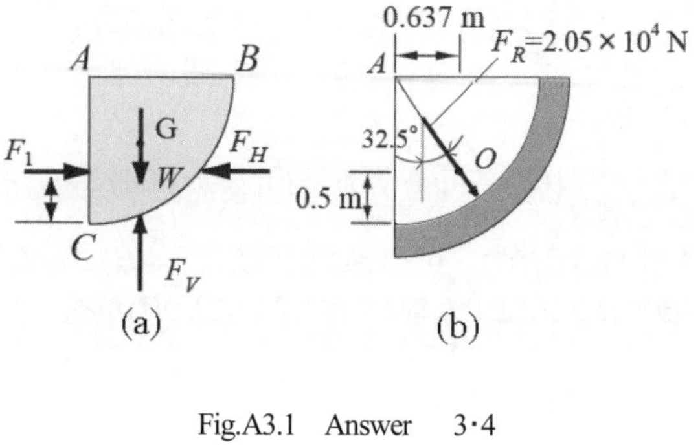

Fig.A3.1 Answer 3・4

The forces acting the volume are the horizontal force, F_1 , which acts on the vertical surface AC, the weight, W , of the fluid contained within the volume, and the horizontal and vertical components of the force of the conduit wall on the fluid, F_H and F_V, respectively.

The magnitude of F_1 is found from Eq.(3.20), as follows,

$$F_1 = \rho_w g h_g A = \left(1000\frac{\text{kg}}{\text{m}^3}\right)\left(9.81\frac{\text{m}}{\text{s}^2}\right)(0.75\,\text{m})(1.5\times1.0\,\text{m}^2)$$
$$= 1.10\times10^4\ (\text{N})$$

It is also easily found from Eq.(3.21b) that F_1 acts 0.5m above C as shown in Fig.A3.1(a). The weight, W, is

$$W = \rho_w g\times\text{volume} = \left(1000\frac{\text{kg}}{\text{m}^3}\right)\left(9.81\frac{\text{m}}{\text{s}^2}\right)\left(\frac{1}{4}\frac{\pi}{4}3^2\ \text{m}^2\right)(1\,\text{m})$$
$$= 1.73\times10^4\ (\text{N})$$

and acts through the center of gravity of the mass of fluid, which is located $\{4R/(3\pi)\} = \{4\times1.5/(3\pi)\} = 0.637\ \text{m}$ to the right of AC as shown. (Note, R is the radius of conduit.) Therefore, to satisfy equilibrium

$$F_H = F_1 = 1.10\times10^4\ (\text{N}),\quad F_V = W = 1.73\times10^4\ (\text{N})$$

and the magnitude of the resultant force is

$$F_R = \sqrt{(F_H)^2+(F_V)^2} = \sqrt{(1.10\times10^4)^2+(1.73\times10^4)^2}$$
$$= 2.05\times10^4\ (\text{N})$$

The force the water exerts on the conduit wall is equal, but opposite in direction, to the forces F_H and F_V shown in Fig.A3.1(a). This force acts through the point O at the angle shown in Fig.A3.1(b).

【3・5】まず円柱に作用する水平力 F_H と鉛直力 F_V を求める.

F_H =（曲面 AB に及ぼす左向きの水平分力）

　　－（曲面 CB に及ぼす右向きの水平分力）

ゆえに，式(3.22)を使用して，

$$F_H = 0.75\times1000\times9.81\times0.5\times(1.0\times2.0)$$
$$-1000\times9.81\times0.25\times(0.5\times2.0)$$
$$= 4.91\times10^3\ (\text{N})$$ -----左向きの力

F_V = （曲面 AB に及ぼす上向きの力）

　　＋（曲面 CB に及ぼす上向きの力）－（円柱の重量）

　＝（4分円 OAB の部分で排除された水の重量）

　　＋{(扇形 OCB−△OCD) の部分で排除された水の重量}

　　－（円柱の重量）

$$= 0.75\times1000\times9.81\times\pi\times1^2\times(1/4)\times2.0$$
$$+1000\times9.81\times2.0\times\left(\pi\times1^2\times\frac{60^\circ}{360^\circ}-\frac{1}{2}\times0.5\times1.0\times\sin60^\circ\right)$$
$$-3000 = 1.46\times10^4\ (\text{N})$$ ----上向きの力

よって，円柱に加えなければいけない水平力は右向きに 4.91×10^3 N，下向きに 1.46×10^4 N となる.

【3・6】In Fig.3.22(b), F_B is the buoyant force acting on the buoy, W is the weight of the buoy, and T is the tension in the cable. For equilibrium it follows that $T = F_B - W$. From Eq.(3.24), $F_B = \gamma_w V$ and for seawater with $\gamma_w = 10.1\,\text{kN/m}^3$ and $V = \pi d^3/6$ then

$$F_B = (10.1\times10^3\ \text{N/m}^3)\{(\pi/6)(2.0\,\text{m})^3\} = 4.23\times10^4\ (\text{N})$$

The tension in the cable can now be calculated as

$$T = 4.23\times10^4\ \text{N} - 0.950\times10^4\ \text{N} = 3.28\times10^4\ (\text{N})$$

【3・7】円筒の重心 G は，円筒の両端間の中心，すなわち，底面から 0.7m の位置にある．水面の下に沈む深さ h は，円筒の半径を r とすれば，式(3.24)より，$\gamma_w\times\pi r^2\times h = 12200\,\text{N}$．よって，$h = 12200/(9810\times\pi\times1^2) = 0.396\,\text{m}$ となる．浮力の中心 C は排除した流体の重心であるので，円筒の中心軸上で底面から $h/2 = 0.198\,\text{m}$ の位置にある．メタセンタの高さ $\overline{\text{GM}}$ は式(3.25) より，

$$\overline{\text{GM}} = \frac{I_y}{V} - \overline{\text{CG}} = \frac{\pi r^4/4}{\pi r^2\times h} - \overline{\text{CG}}$$
$$= \frac{\pi\times1^4/4}{\pi\times1^2\times0.396} - (0.7-0.198) = 0.129\,(\text{m})$$

したがって，$\overline{\text{GM}} > 0$ であるので，この円筒は安定であることがわかる．

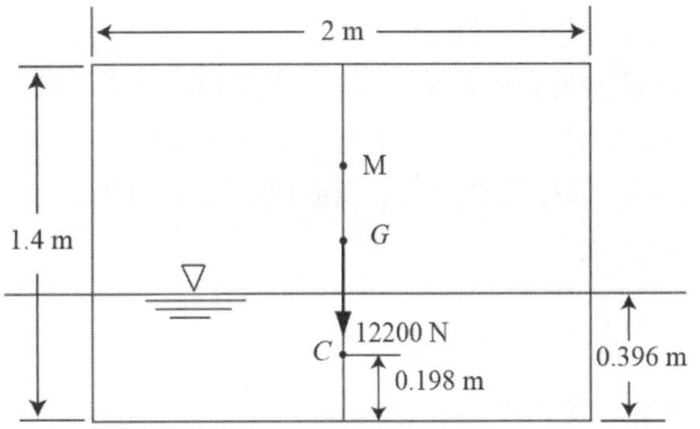

図 A3.2　解答 3・7

【3・8】U 字管とともに回転する座標系から見ると，U 字管内の液体は静止しているように見える．したがって，この問題は回転場における相対的平衡の問題となり，液柱の高さ z は強制渦の場合と同様に回転方物面上にあり，式(3.31)に従うことがわかる．すなわち，$z = z_0 + r^2\Omega^2/(2g)$ となる．ここで，z_0 は回転方物面の底の高さである．半径 $r = r_1$ で $z = z_1$，$r = r_2$ で $z = z_2$ とすると，上式より，$h = z_2 - z_1 = r_2^2\Omega^2/(2g) - r_1^2\Omega^2/(2g)$，よって

$$\Omega = \sqrt{2gh/(r_2^2 - r_1^2)}.$$

第4章解答

【4・1】パイプ直径が 0.020m であるので断面積 $A(=\pi(d/2)^2\ )$ は $\pi\ (0.020/2)^2\ =\ 3.14\times10^{-4}\ \mathrm{m}^2$ である．流速 U は 0.020m/s と与えられているので，体積流量 Q は式(4.2)より，

$$Q = AU = 3.14\times10^{-4}\times0.020$$
$$= 6.28\times10^{-6} = 6.3\times10^{-6}\ (\mathrm{m^3/s})$$

質量流量は式(4.4)より，

$$\dot{m} = \rho Q = 998\times6.28\times10^{-6}$$
$$= 6.27\times10^{-3} = 6.3\times10^{-3}\,(\mathrm{kg/s})$$

【4・2】パイプ直径が 0.1m であるので断面積 $A(=\pi(d/2)^2\ )$ は $\pi(0.1/2)^2\ = 8.0\times10^{-3}\ \mathrm{m}^2$ である．流量 Q が 0.080m³/s であるので，式(4.2)の体積流量の関係から，吹き出す速度は

$$U = Q/A = 0.08/8\times10^{-3} = 10\ (\mathrm{m/s})\,.$$

【4・3】パイプからの漏れがないので体積流量一定である．直径 $d_1\ = 0.10\mathrm{m}$ のパイプの断面積 A_1 は $\pi\ (\mathrm{d}_1/2)^2$ ，$U_1\ = 0.10\mathrm{m/s}$ ，直径 $d_2\ = 0.20\mathrm{m}$ のパイプの断面積 A_2 は $\pi\ (\mathrm{d}_2/2)^2$ と与えられているので．式(4.3)から，直径 $d_2 = 0.20\mathrm{m}$ のパイプ内の流速 U_2 は,

$$U_2 = \frac{A_1}{A_2}U_1 = \left(\frac{d_1}{d_2}\right)^2 U_1 = \left(\frac{0.1}{0.2}\right)^2\times0.1 = 0.025\ (\mathrm{m/s})\ .$$

【4・4】空気を理想流体と見なし，状態方程式から，入口（添字 1）と出口（添字 2）の密度 ρ は，それぞれ $\rho_1 = p_1/RT_1$，$\rho_2 = p_2/RT_2$ と表される．質量流量が一定であることから，式(4.5)より，

$$\frac{p_1A_1U_1}{RT_1} = \frac{p_2A_2U_2}{RT_2}$$

である．題意より，$p_1 = p_2$ であることから，出口速度 U_2 は

$$U_2 = \frac{A_1T_2}{A_2T_1}U_1 = \frac{0.280\times773}{0.140\times223}\times10 = 69\ (\mathrm{m/s})\,.$$

【4・5】太い管，細い管における諸量にそれぞれ添字 1，2 を付けて区別する．流量から式(4.2)を用いて，それぞれの管内の速度を求めると

$$U_1 = Q/A_1 =\ 0.05/\{\pi\times(0.1/2)^2\} = 6.37\ \mathrm{m/s}\,,$$
$$U_2 = Q/A_2 =\ 0.05/\{\pi\times(0.05/2)^2\} = 25.5\ \mathrm{m/s}$$,である．

管が水平におかれていることから，ベルヌーイの式(4.9)において，$z_1 = z_2$ である．したがって，

$$p_1 - p_2 = \frac{\rho}{2}\left(U_2^2 - U_1^2\right) = \frac{1.2}{2}\left(25.5^2 - 6.37^2\right) = 365\ (\mathrm{Pa})$$

【4・6】水槽の断面積 A，穴の断面積 A_0，水深 h となった状態から dt 時間に dh 水面が降下することを考える．穴からの噴出速度 v_0 はベルヌーイの式(4.10)から次のように表される．

$$v_o = \sqrt{2gh}$$

水位の降下と噴出量の関係は $-Adh = v_oA_odt$ であるので，水深の変化割合は

$$\frac{dh}{dt} = -\frac{A_o}{A}\sqrt{2gh}$$

したがって，初期の水深 H_0 から H になるまでの時間は上式を積分することによって次のように表される．

$$\int_{t_{H_0}}^{t_H} dt = -\frac{A}{A_o}\int_{H_0}^{H}\frac{1}{\sqrt{2gh}}dh$$
$$\therefore\ t_H - t_{H_0} = \frac{A}{A_o}\frac{2}{\sqrt{2g}}\left(\sqrt{H_0} - \sqrt{H}\right)$$

題意より，$t_{H0} = 0$ の時 $H_0 = 0.80\mathrm{m}$ であるので，すべて排水されるまでに要する時間 $t_{H=0}$ は

$$t_{H=0} = \frac{1^2}{0.04^2}\frac{2}{\sqrt{2g}}\left(\sqrt{0.8} - \sqrt{0}\right) = 252\ (\mathrm{s})$$

【4・7】圧力はゲージ圧力で考える．連続の式により，ピストンの移動速度 U_1 から針出口における流速 U_2 を求めると，

$$U_2 = \left(\frac{D}{d}\right)^2 U_1 = \left(\frac{0.020}{0.00026}\right)^2\frac{0.03}{60} = 2.96\,(\mathrm{m/s})$$

である．注射針内の摩擦を考慮して，損失のあるときのベルヌーイの式(4.11)をたてる．ピストンの速度 U_1 は U_2 に比べて十分小さく，また p_2 は大気圧なので 0 であり，

$$\frac{1}{\rho}(0 - \frac{4F}{\pi D^2}) + \left(\frac{{U_2}^2}{2} - 0\right) = -\frac{1}{\rho}\frac{64}{Re}\frac{L}{d}\frac{\rho {U_2}^2}{2}$$

$Re = U_2d/\nu$ を代入して整理すると，

$$F = \rho\frac{\pi D^2}{4}\left(\frac{{U_2}^2}{2} + \frac{32\nu LU_2}{d^2}\right) = 18.9 = 19\,(\mathrm{N})$$

【4・8】連続の式(4.3)とベルヌーイの式(4.9)から，問題の条件を代入して整理すると，

$$\frac{\rho U_1^2}{2}\left\{\left(\frac{d_1}{d_2}\right)^4 - 1\right\} + p_2 - p_1 = 0$$

となる．したがって，d_2 は

$$d_2 = \frac{d_1}{\sqrt[4]{\dfrac{2}{\rho U_1^2}(p_1 - p_2) + 1}}$$
$$= \frac{0.05}{\sqrt[4]{\dfrac{2}{1.23\times4.00^2}\times200 + 1}} = 2.33\times10^{\ 2}\ (\mathrm{m})$$

【4・9】ボールから見た相対座標系で考える．ベルヌーイの式(4.9)において，ボール上流では相対速度は

$$U_1 = 150\times10^3\ /3600 = 41.7\mathrm{m/s}$$

ボール先端では $U_2 = 0\mathrm{m/s}$ である．したがって，圧力差は,

$$p_2 - p_1 = \frac{1}{2}\rho U_1^2 = \frac{1}{2}\times1.23\times41.7^2 = 1.07\times10^3\ \ (\mathrm{Pa})$$

である．気圧に換算すると 0.0106atm 上昇する．

練習問題解答

【4・10】機体重量 290ton を翼面積 485m^2 で支えるためには翼上面と下面との圧力差 $p_1 - p_2 = 290\times10^3\times9.81/485 = 5.86\times10^3$ Pa が必要である．ベルヌーイの式(4.9)において，$U_2 = 1.5U_1$ であるので，式を整理すると，

$$p_2 - p_1 = \frac{1}{2}\rho U_1^2\left\{\left(\frac{U_2}{U_1}\right)^2 - 1\right\}$$

$$= \frac{1}{2}\rho U_1^2\left\{\left(\frac{1.5U_1}{U_1}\right)^2 - 1\right\} = \frac{1.25}{2}\rho U_1^2$$

したがって，

$$U_1 = \sqrt{\frac{2(p_1-p_2)}{1.25\rho}} = \sqrt{\frac{2\times5.86\times10^3}{1.25\times1.23}} = 87.3 \ \text{(m/s)}$$

時速に換算すると，314 km/h である．

【4・11】ベルヌーイの式(4.11)において，損失が無く，リザーバの水面位置が変化しなく，水面に作用する気圧差がないとすれば，単位質量流量の水において取り出せる動力は，

$$w_{\text{shaft}} = g(z_1 - z_2) = 9.8\times5 = 49 \ \text{\{W/(kg/s)\}}$$

である．質量流量 $\dot{m} = 700$ kg/s であり，取り出せる動力は，

$$L = \dot{m}w_{\text{shaft}} = 700\times49 = 3.43\times10^4 \ \text{(W)}.$$

【4・12】ベルヌーイの式(4.11)において，ファン前後の圧力差が無視できること，水平であること，入口速度は 0 と見なせることから，

$$w_{\text{shaft}} - loss = \frac{U_2^2}{2} \quad \text{であり，効率は} \quad \eta = \frac{w_{\text{shaft}} - loss}{w_{\text{shaft}}}$$

動力との関係は

$$L = \dot{m}w_{\text{shaft}} = \rho U_2\left(\frac{D_2}{2}\right)^2\pi\times w_{\text{shaft}}.$$

ここに，D_2 は排出口直径である．これらから U_2 は次のように求められる．

$$U_2 = \sqrt[3]{\frac{2\eta L}{\rho\left(\frac{D_2}{2}\right)^2\pi}} = \sqrt[3]{\frac{2\times0.6\times0.30\times10^3}{1.2\times\left(\frac{0.30}{2}\right)^2\pi}} = 16 \ \text{(m/s)}.$$

【4・13】流量 Q から入口および出口の管内の流速は式(4.2)によって，

$$U_1 = Q/\{\pi(d_1/2)^2\} = 0.002/\{\pi\times(0.08/2)^2\} = 0.4 \ \text{(m/s)}$$

$$U_2 = Q/\{\pi(d_2/2)^2\} = 0.002/\{\pi\times(0.05/2)^2\} = 1.0 \ \text{(m/s)}$$

である．単位質量流量当たりの動力 w_{shaft} は

$$w_{shaft} = \frac{L}{\dot{m}} = \frac{L}{\rho Q} = \frac{0.50\times10^3}{998\times0.002} = 250 \ \text{\{W/(kg/s)\}}$$

であるので，ベルヌーイの式(4.11)から圧力差は

$$p_2 - p_1 = \rho\left\{w_{\text{shaft}} - \left(\frac{U_2^{\,2}}{2} - \frac{U_1^{\,2}}{2}\right) - g(z_2 - z_1)\right\}$$

$$= 998\times\left\{250 - \left(\frac{1.0^2}{2} - \frac{0.4^2}{2}\right) - 9.8\times1\right\}$$

$$= 2.40\times10^5 \ \text{(Pa)}$$

【4・14】式(4.8)において，$q_{\text{netin}} = 0$，$z_2 - z_1 = 0$ であるので，出口流速 U_2 は

$$U_2 = \sqrt{2\left(w_{\text{shaft}} - (h_2 - h_1) + \frac{U_1^{\,2}}{2}\right)}$$

$$= \sqrt{2\times\left\{-50\times10^3 - \left(40\times10^3 - 100\times10^3\right) + 20^2/2\right\}}$$

$$= 143 \ \text{(m/s)}$$

【4・15】The cross-section area of the pipe is

$$A = (d/2)^2\pi = (0.100/2)^2\pi = 7.85\times10^{-3} \ \text{m}^2.$$

From Eq.(4.2), the velocity U is

$$U_2 = Q/A = 2.00\times10^{-3}/7.85\times10^{-3} = 0.254 \text{m/s}.$$

【4・16】Application of Eq.(4.9) to the flow leads to

$$\frac{\rho U_2^2}{2} = \frac{\rho U_1^2}{2} + (p_1 - p_2)$$

Thus, we obtain,

$$U_2 = \sqrt{U_1^2 + \frac{2}{\rho}(p_1 - p_2)}$$

$$= \sqrt{0.10^2 + \frac{2}{998}\times5.0\times10^5} = 32 \ \text{(m/s)}$$

【4・17】The velocity at the second point is determined by Eq. (4.3). Since the cross-section area A_2 is $2A_1$,

$$U_2 = (A_1/A_2)U_1 = (1/2)U_1.$$

Application of Eq.(4.9) to the flow leads to

$$p_2 = \frac{\rho U_1^2}{2}\left(1 - \frac{1}{2^2}\right) + p_1 + \rho g(z_1 - z_2)$$

$$= \frac{998\times2.00^2}{2}\left(1 - \frac{1}{2^2}\right) + 5.00\times10^4 + 998\times9.81\times8.00$$

$$= 1.30\times10^5 \ \text{(Pa)}$$

【4・18】When the flow rate of inflow Q is equal to that of outflow UA_0, the height H does not change. The velocity of the flow at the circular hole at the bottom is determined by $U = \sqrt{2gH}$. Thus, $Q = UA_o = \sqrt{2gH}A_o$. The height H is obtained as follows.

$$H = \frac{1}{2g}\left(\frac{Q}{A_o}\right)^2 = \frac{1}{2\times9.81}\left(\frac{1.5\times10^{-3}}{3\times10^{-4}}\right)^2 = 1.27 \ \text{(m)}$$

【4・19】The density of air at the inlet is calculated by the perfect-gas law.

$$\rho_1 = \frac{p_1}{RT_1} = \frac{6.00\times10^5}{287\times(273+200)} = 4.42 \ \text{(kg/m}^3\text{)}$$

The density of air at the exit is obtained from the conservation of mass expressed by Eq. (4.5).

$$\rho_2 = \frac{A_1 U_1}{A_2 U_2}\rho_1 = \frac{30.0}{55.8}\times 4.42 = 2.38\ (\mathrm{kg/m^3})$$

(1) The temperature at the exit is calculated from the perfect-gas law.

$$T_2 = \frac{p_2}{R\rho_2} = \frac{2.00\times 10^5}{287\times 2.38} = 293\ (\mathrm{K})$$

(2) The heat transfer rate per mass flowrate q_{netin} is calculated from the energy quation (4.8). Since the mass flowrate is

$$\dot{m} = \rho_1 A U_1 = 4.42\times\left(\frac{0.200}{2}\right)^2\times\pi\times 30.0 = 4.17\ (\mathrm{kg/s})\,,$$

the shaft work per mass flowrate is obtained as follows.

$$-w_{\mathrm{shaft}} = -L/\dot{m} = -500\times 10^3/4.17 = -1.20\times 10^5\ (\mathrm{J/kg})$$

The enthalpy for the perfect gas with constant c_{p}, is expressed by $h = c_{\mathrm{p}}T$ .Thus, application of Eq.(4.8) to the flow leads to

$$q_{\mathrm{netin}} = \left(h_2 - h_1\right) + \left(\frac{U_2^2}{2} - \frac{U_1^2}{2}\right) - \left(-w_{\mathrm{shaft}}\right)$$

$$= \left(1000\times 293 - 1000\times 473\right) + \left(\frac{55.8^2}{2} - \frac{30.0^2}{2}\right) + 1.20\times 10^5$$

$$= -5.90\times 10^4\ (\mathrm{J/kg})$$

The negative sign indicates that this system radiates heat.

【4・20】The velocity in the pipe is calculated from Eq. (4.2).

$$U = Q/A = 2.0\times 10^{-2}/\left(\pi 0.10^2/4\right) = 2.55\ (\mathrm{m/s})\,.$$

Application of Eq.(4.12) and (4.13) to the flow leads to

$$w_{\mathrm{shaft}} = gH + gh_{\mathrm{loss}} = 9.81\times 20 + 10\times\left(\frac{2.55^2}{2}\right) = 229\ (\mathrm{J/kg})\,.$$

The mass flowrate is calculated by the given volume flowrate.

$$\dot{m} = \rho Q = 998\times 2.0\times 10^{-2} = 20.0\ (\mathrm{kg/s})\,.$$

Thus, the power to drive the flow is calculated as follows.

$$L = \dot{m}w_{\mathrm{shaft}} = 20\times 229 = 4580\ (\mathrm{J/s = W})\,.$$

The input power required to drive the $\eta = 80\%$ efficient pump is

$$L_{\mathrm{input}} = \frac{L}{\eta} = \frac{4540}{0.8} = 5725\ (\mathrm{W}) = 5.7\ (\mathrm{kW})\,.$$

第５章解答

【5・1】連続の式(5.3)は,

$$\frac{\pi d_1^{\,2}}{4}\boldsymbol{v}_1 = \frac{\pi d_2^{\,2}}{4}\boldsymbol{v}_2\times 120 \qquad \text{よって,}$$

$$\boldsymbol{v}_1 = 120\left(\frac{d_2}{d_1}\right)^2\boldsymbol{v}_2 = 120\times\left(\frac{0.0007}{0.015}\right)^2\times 2 = 0.52\,(\mathrm{m/s})$$

【5・2】 出口での質量流量が２％増えるので，質量保存則の式(5.2)は,

$$1.02\rho_1 A_1 \boldsymbol{v}_1 = \rho_2 A_1 \boldsymbol{v}_2$$

比重量γは$\gamma = \rho g$の関係があるので，これを代入して整理すると,

$$\boldsymbol{v}_2 = \frac{1.02\gamma_1 A_1 \boldsymbol{v}_1}{\gamma_2 A_2} = \frac{1.02\times 0.072\times 10\times 300}{0.045\times 6} = 816\,(\mathrm{ft/s})$$

【5・3】断面②における流速$\boldsymbol{u}$の分布は次式で表される.

$$\boldsymbol{u} = \boldsymbol{u}_{max}\left\{1 - \left(r/r_0\right)^2\right\}$$

ここで，rは中心軸からの半径である. 各断面における流量は,

$$Q_1 = \pi r_0^{\,2}\,U$$

$$Q_2 = \int_0^{r_0}\boldsymbol{u}\cdot 2\pi r\,dr = 2\pi\boldsymbol{u}_{max}\int_0^{r_0}\left\{1 - \left(r/r_0\right)^2\right\}r\,dr = \frac{\pi}{2}r_0^{\,2}\,\boldsymbol{u}_{max}$$

流れは定常であり，流体は非圧縮性流体であるから，連続の式(5.3)より，$Q_1 = Q_2$となる. よって，$\boldsymbol{u}_{max}/U = 2$.

【5・4】We select a control volume that includes the water from the outlet of nozzle to the flow along the wall. The x axis is aligned with the jet.

From Eq.(5.7),

$$\rho Q\times 0 - \rho QU = F$$

$$F = -\rho QU = -\rho\frac{\pi d^2}{4}U^2 = -1000\times\frac{3.14\times 0.06^2}{4}\times 20^2$$

$$= -1130 = -1.13\times 10^3\ (\mathrm{N})$$

Because this is the force on water, the force on wall is 1130N.

【5・5】噴流と壁を含むように検査体積をとり，壁に垂直で壁を押す向きにx軸をとる. 壁に働く力の方向は壁に垂直になり，x方向である. 壁から水に働く力をF，噴流の速さを$\boldsymbol{v}$とおき，x方向の運動量方程式(5.7)は,

$$\rho Q\times 0 - \rho Q\boldsymbol{v}\sin 60^\circ = F$$

ここで，流量は$Q = \left(\pi d^2/4\right)\boldsymbol{v}$であり,

$$F = -\rho\frac{\pi d^2}{4}\boldsymbol{v}^2\sin 60^\circ$$

$$= -1000\times\frac{3.14\times 0.08^2}{4}\times 13^2\times\frac{\sqrt{3}}{2} = -735\,(\mathrm{N})$$

壁に働く力は，この反作用であるから 735N で壁を垂直に押す力となる.

【5・6】We select a control volume that includes the water flow from the inlet to the outlet of curved wall. Take the x axis as horizontal and the y axis as vertical. Since the force on wall is $\left(F_x,\ F_y\right)$, the force on water is $\left(-F_x,\ -F_y\right)$ reversely. From Eq.(5.7),

$$\rho QU\cos\theta - \rho QU = -F_x$$

$$\rho QU\sin\theta - \rho Q\times 0 = -F_y$$

Hence,

$$F_x = \rho QU\left(1 - \cos\theta\right)$$

$$= 1000\times 0.012\times 10\times\left(1 - \cos 20^\circ\right) = 7.24\,(\mathrm{N}) > 0$$

$$F_y = -\rho QU\sin\theta$$

$$= -1000\times 0.012\times 10\times\sin 20^\circ = -41.0\,(\mathrm{N}) < 0$$

F_x is rightward, and F_y is downward.

【5・7】From Eq.(5.7),

$$F_x = \rho Q\left(U_1 - U_2 \cos\theta\right)$$
$$= 1000 \times 0.012 \times \left(10 - 8.5\cos 20^\circ\right) = 24.2\,(\mathrm{N}) > 0$$

$$F_y = -\rho Q U_2 \sin\theta$$
$$= -1000 \times 0.012 \times 8.5 \sin 20^\circ = -34.9\,(\mathrm{N}) < 0$$

【5・8】平板と流体との間で働く力は圧力によるものだけとなり、平板に働く力（F とする）は平板に垂直でななめ右下の向きになる．流体に働く力は F の反作用、つまり $-F$ となる．平板に垂直な方向の運動量方程式(5.7)は，

$$0 - \rho Q U \sin\theta = -F$$

$$F = \rho Q U \sin\theta = 1000 \times 4 \times 10^{-3} \times 7 \sin 45^\circ = 19.8\,(\mathrm{N})$$

【5・9】(1) 噴流の断面積は，$A = Q/U$．検査体積を平板と同一の速度で動かし，これに対する相対速度で考える．噴流の進行方向に x 軸をとる．流入相対速度は $U-V$，相対流量は $A(U-V) = (Q/U)(U-V)$，出口側の相対速度の成分は 0，平板に働く力を F とすれば流体に働く力は $-F$ となる．噴流方向の運動量方程式(5.7)は，

$$0 - \rho \frac{Q\left(U-V\right)}{U}\left(U-V\right) = -F$$

$$F = \rho \frac{Q}{U}\left(U-V\right)^2$$

(2) 平板に働く力は F，速度（単位時間あたりの移動距離）は V なので，平板になされる仕事率（動力）を P おけば，

$$P = FV = \rho \frac{Q}{U}\left(U-V\right)^2 V$$

これをで微分し，

$$\frac{dP}{dV} = \rho \frac{Q}{U}\left(U^2 - 4UV + 3V^2\right) = \rho \frac{Q}{U}\left(U-V\right)\left(U-3V\right)$$

$V < U$ の範囲で P が最大となるのは，$U = 3V$，つまり，$V/U = 1/3$ のときである．

【5・10】(1) 噴流の断面積は，$A = Q/U$．検査体積を平板と同一の速度で動かし，相対速度で考える．噴流の進行方向に x 軸をとる．流入相対速度は $U-V$，相対流量は $A(U-V) = (Q/U)(U-V)$，出口側の相対速度の x 成分は $-(U-V)\cos\theta$，平板に働く力を F とすれば流体に働く力は $-F$ となる．噴流方向の運動量方程式(5.7)は，

$$-\rho \frac{Q\left(U-V\right)^2}{U}\cos\theta - \rho \frac{Q\left(U-V\right)^2}{U} = -F$$

$$F = \rho \frac{Q}{U}\left(U-V\right)^2\left(1+\cos\theta\right)$$

(2)平板になされる仕事率（動力）を P おけば，

$$P = FV = \rho \frac{Q}{U}\left(U-V\right)^2 V\left(1+\cos\theta\right)$$

これを V で微分して P の増減を調べると、最大となるのは $V/U = 1/3$ のときである（【5・9】と同様）．

【5・11】From the momentum equation, Eq.(5.7),

$$\rho \frac{\pi d^2}{4} U^2 - 0 = F$$

$$F = \rho \frac{\pi d^2}{4} U^2 = \rho \frac{4Q^2}{\pi d^2}$$
$$= 1.94 \times \frac{4 \times 0.8^2}{3.14 \times \left(1.5/12\right)^2} = 101\,(\mathrm{lbf}) \ \left(= 450\,(\mathrm{N})\right)$$

【5・12】 ベルヌーイの定理から直径 d の断面における噴流の速度 U は，

$$U = \sqrt{2gH}$$

図 A5.1 の破線のように検査体積をとる．

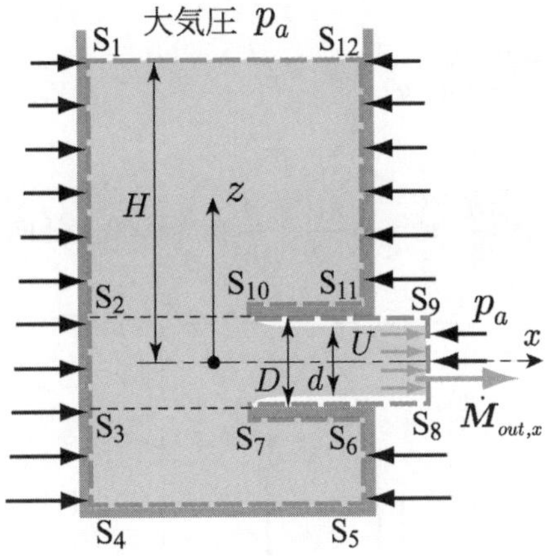

図 A5.1 検査体積と x 方向の運動量法則

直径 d の流出部で流速を一様とみなせば，流出する液体の運動量は，

$$\dot{M}_{\mathrm{out},\,x} = U\rho U \frac{\pi}{4} d^2 = \rho g H \frac{\pi}{2} d^2$$

一方，流入側では，$\dot{M}_{\mathrm{in},\,x} = 0$ である．

圧力をゲージ圧力で考えることにすれば，S_2S_3 部の中心位置の圧力は $\rho g H$，S_8S_9 部の圧力は大気圧で 0，その他の部分では左右対称な圧力分布となる．したがって，圧力によって流体に働く水平方向の力 F_x は

$$F_x = \rho g H \frac{\pi}{4} D^2$$

以上から運動量方程式(5.7)は,

$$\rho g H \frac{\pi}{2} d^2 - 0 = \rho g H \frac{\pi}{4} D^2 \quad \text{となり,}$$

$$d = D/\sqrt{2} = 0.15/\sqrt{2} = 0.106\,(\text{m}) = 106\,(\text{mm})$$

【5・13】 前問【5・12】の解答において，圧力によって流体に働く水平方向の力が変わるので成り立たなくなる．つまり，図 A5.1 の S_5S_6 部および $S_{11}S_{12}$ 部の穴に近い部分の流体は流速を持ち，静止流体中で水面からの深さによって決まる圧力よりも小さな圧力となる．したがって，これらの部分では左右の壁の圧力がつり合わず，前問の解答とは異なる．

【5・14】 図 A5.2 のように検査体積をとる．ただし，検査体積はロケットと同一速度で運動させ，これに対する相対速度で考える．ベルヌーイの式(4.10)から噴出速度は,

$$\boldsymbol{v} = \sqrt{\frac{2p}{\rho} + 2gh}$$

流入側の運動量は 0, 流体に働く力は $-F$ であり（推力は F），鉛直上向きの運動量方程式(5.7)をたてると,

$$\rho\left(\frac{\pi d^2}{4}\boldsymbol{v}\right)(-\boldsymbol{v}) - 0 = -F$$

$$F = \rho \frac{\pi d^2}{4}\boldsymbol{v}^2 = \rho \frac{\pi d^2}{2}\left(\frac{p}{\rho} + gh\right) > 0 \quad (\text{上向き})$$

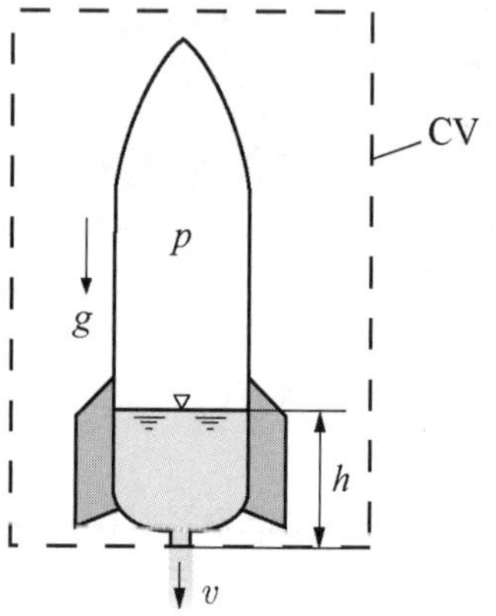

図 A5.2 検査体積

【5・15】壁に働く力を F とおき，流出方向を正として運動量の式をたてると,

$$\rho \frac{\pi d^2}{4} U_2^{\,2} - 0 = -F$$

よって、

$$F = -\rho \frac{\pi d^2}{4} U_2^{\,2} = -1.2 \times \frac{3.14 \times 0.3^2}{4} \times 22^2 = -41.0\,(\text{N})$$

F が負であるので，壁には排出方向とは逆向き（左向き）に力が働く．

【5・16】 We select a control volume that includes the entire bend and the water contained in the bend. Application of the x component of the momentum equation to the control volume yields

$$-U_2\,\rho Q - U_1\,\rho Q = p_1 A_1 + p_2 A_2 + F_x$$

where F_x is the horizontal anchoring force acting on the bend. From the continuity equation the velocities at the inlet and outlet of the bend are given as

$$U_1 = \frac{Q}{A_1} = \frac{6}{\pi \times (10/12)^2/4} = 11.0\,(\text{ft/s})$$

$$U_2 = \frac{Q}{A_2} = \frac{6}{\pi \times (5/12)^2/4} = 44.0\,(\text{ft/s})$$

From the Bernoulli's equation, (by 20psi=2880lbf/ft^2)

$$p_2 = p_1 + \frac{\rho}{2}\left(U_1^{\,2} - U_2^{\,2}\right) = 2880 + \frac{1.94}{2}\left(11.0^2 - 44.0^2\right)$$
$$= 1119\,(\text{lbf/ft}^2) = 7.77\,(\text{psi})$$

Thus, we obtain

$$F_x = -p_1 A_1 - p_2 A_2 - \rho Q\left(U_2 + U_1\right)$$
$$= -20 \times \frac{\pi \times 10^2}{4} - 7.77 \times \frac{\pi \times 5^2}{4} - 1.94 \times 6 \times (11.0 + 44.0)$$
$$= -2.36 \times 10^3\,(\text{lbf}) \;\left(= -1.05 \times 10^4\,(\text{N})\right)$$

【5・17】 (1) 断面①において流れは軸対称であると考え，中心からの半径を r、その位置の流速を $\boldsymbol{u}$，$R = d_1/2$ とすれば,

$$Q = \int_0^R \boldsymbol{u} \cdot 2\pi r\,dr = 2\pi \boldsymbol{u}_{max} \int_0^R \left\{1 - (r/R)^2\right\} r\,dr$$
$$= \frac{\pi}{2} R^2 \boldsymbol{u}_{max} = \frac{\pi}{8} d_1^{\,2} \boldsymbol{u}_{max}$$

よって，出口における流速は,

$$U = \frac{4Q}{\pi d_2^{\,2}} = \frac{d_1^{\,2}}{2 d_2^{\,2}} \boldsymbol{u}_{max} = 31.25\,(\text{m/s})$$

(2) フランジを締結させる力を F とおく．断面②では大気圧（$p_2 = 0\,\text{Pa}$）であり，断面①から断面②の間の流体に対する運動量方程式は,

$$\rho Q U - \rho \int_0^R \boldsymbol{u}^2 \cdot 2\pi r\,dr = p_1 \frac{\pi d_1^{\,2}}{4} - F$$

$$\rho Q U - 2\pi\rho \boldsymbol{u}_{max}^{\;\;2} \int_0^R \left(1 - \frac{r^2}{R^2}\right)^2 r\,dr = p_1 \frac{\pi d_1^{\,2}}{4} - F$$

$$\rho Q U - 2\pi\rho \boldsymbol{u}_{max}^{\;\;2} \frac{R^2}{6} = p_1 \pi R^2 - F$$

$$F = p_1 \pi R^2 + \frac{1}{3}\pi R^2 \rho \boldsymbol{u}_{max}{}^2 - \rho QU = 394\,(\mathrm{N})$$

【5・18】 領域を十分大きくとるので，AB 上，BC 上および DA 上で x 方向速度は U となる．AB の長さを $2L$ とする．以下、単位厚さあたりで考える．

各辺の流量は，

$$Q_{AB} = 2UL\,, \qquad Q_{CD} = \int_{-L}^{L} \boldsymbol{u}\, dy\,,$$

$$Q_{BC} + Q_{DA} = Q_{AB} - Q_{BC} = 2UL - \int_{-L}^{L} \boldsymbol{u}\, dy$$

各辺の単位時間当たりに流出入する運動量は，

$$\dot{M}_{AB} = 2\rho U^2 L \quad (\mathrm{in}), \qquad \dot{M}_{CD} = \rho \int_{-L}^{L} \boldsymbol{u}^2\, dy \quad (\mathrm{out}),$$

$$\dot{M}_{BC} + \dot{M}_{DA} = \rho U\left(2UL - \int_{-L}^{L} \boldsymbol{u}\, dy\right) \quad (\mathrm{out})$$

以上の結果を用い，運動量方程式より，

$$F_D = \dot{M}_{in} - \dot{M}_{out} = \rho U \int_{-L}^{L} \boldsymbol{u}\, dy - \rho \int_{-L}^{L} \boldsymbol{u}^2\, dy$$
$$= \rho \int_{-L}^{L} (U - \boldsymbol{u})\boldsymbol{u}\, dy$$

【5・19】ノズル接続部から出口までの水を検査体積とする．連続の式は，

$Q = U_1 A_1 = U_2 A_2$　よって，

$$U_1 = \frac{Q}{A_1} = \frac{0.1}{0.02} = 5\,(\mathrm{m/s}),$$

$$U_2 = \frac{Q}{A_2} = \frac{0.1}{0.008} = 12.5\,(\mathrm{m/s})$$

フランジからノズルに加えるべき鉛直方向の力を F (上向きを正)とし，出口および接続部の運動量の鉛直成分は，

$$\dot{M}_{\mathrm{out},\,z} = (U_2 \cos\theta)\rho Q$$
$$= (12.5 \times \cos 45°) \times 1000 \times 0.1 = 883.9\,(\mathrm{N})$$

$$\dot{M}_{\mathrm{in},\,z} = U_1 \rho Q = 5 \times 1000 \times 0.1 = 500\,(\mathrm{N})$$

鉛直方向の運動量の式は，ゲージ圧力を用い，F_{BW} を水の重量，F_{BN} をノズル重量として，

$$\dot{M}_{\mathrm{out},\,z} - \dot{M}_{\mathrm{in},\,z} = p_1 A_1 + F - F_{BW} - F_{BN}$$

$$F = \dot{M}_{\mathrm{out},\,z} - \dot{M}_{\mathrm{in},\,z} - p_1 A_1 + F_{BW} + F_{BN}$$
$$= 883.9 - 500 - 50 \times 10^3 \times 0.02 + 0.01 \times 1000 \times 9.81 + 150$$
$$= -368\,(\mathrm{N})$$

つまり，下向きに 368N 以上の力で支える必要がある．

【5・20】 図 A5.3 に示す破線のように検査体積をとる．時計まわりを正として，角運動量方程式をたてる．

$$T = \rho Q\left(r_2 \boldsymbol{v}_2 \cos\alpha_2 - r_1 \boldsymbol{v}_1 \cos\alpha_1\right)$$
$$= 1000 \times (0.2/60)\left\{\left(0.08 \times 14 \cos 25°\right) - \left(0.05 \times 8 \cos 60°\right)\right\}$$
$$= 2.72\,(\mathrm{N\,m})$$

$$P = T\omega = 2.72 \times (1000 \times 2 \times 3.14/60) = 284\,(\mathrm{W})$$

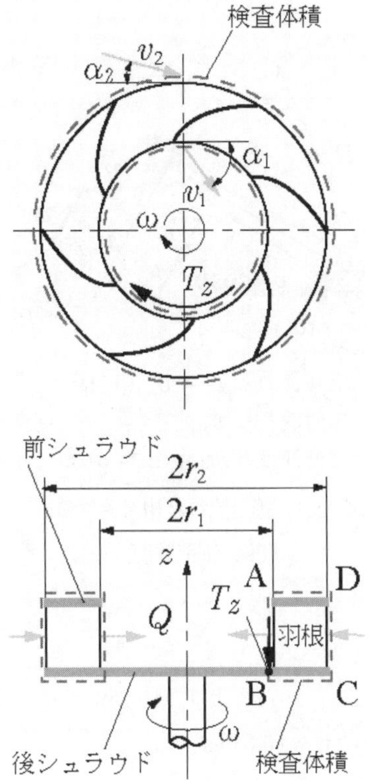

図 A5.3　羽根車(水車)

【5・21】スプリンクラーの回転部を取り囲むように，絶対座標系に固定された検査体積を設定する．ノズル出口から流出する水の速度ベクトルを絶対座標系で $\boldsymbol{v}$，スプリンクラーとともに回転する相対座標系で $\boldsymbol{v}_{\mathrm{rel}}$ と表記すると，図 A5.4 に示すように，次式が成り立つ．

$$\boldsymbol{v} = \boldsymbol{v}_{\mathrm{rel}} + \boldsymbol{u}$$

ここで，$\boldsymbol{u}$ は絶対座標系で記述されたノズル出口の回転速度ベクトルである．連続の式により

$$|\boldsymbol{v}_{\mathrm{rel}}| = v_{\mathrm{rel}} = \frac{Q/2}{\pi d^2/4} = \frac{(0.014/60)/2}{\pi \times 0.005^2/4} = 5.94\,(\mathrm{m/s})$$

絶対速度ベクトル $\boldsymbol{v}$ の周方向成分 v_θ は，図 A5.4 の関係から

$$v_\theta = v_{\mathrm{rel}} \cos\beta - \omega R$$

したがって，検査体積に対して回転軸（z 軸）まわりの角運動量方程式を適用すると

$$-R v_\theta \rho Q = -T_z$$

以上から，スプリンクラーの回転角速度 ω は次のように求められる．

$$\omega=\left(v_{\rm rel}\cos\beta-\frac{T_z}{\rho QR}\right)\frac{1}{R}$$
$$=\left(5.94\times\cos 30°-\frac{0.09}{1000\times(0.014/60)\times0.1}\right)\frac{1}{0.1}$$
$$=12.9\,(\text{rad/s})$$

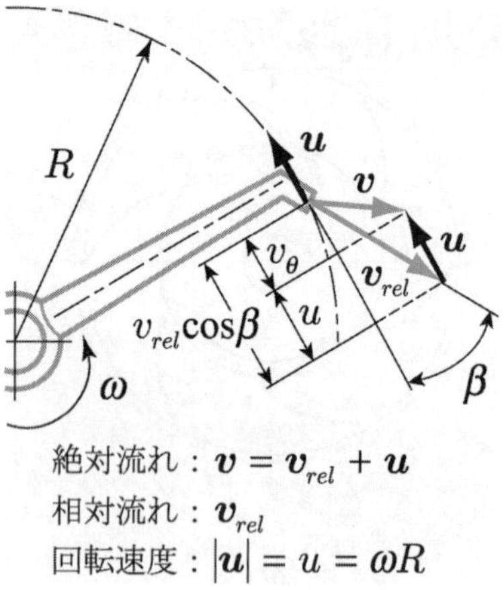

図 A5.4　絶対流れと相対流れの関係（練習問題 5･21）

第 6 章解答

【6・1】(1) $\Delta h=\Delta p/\rho g$ より，10.2 m

(2) 式(6.5)より，10.0 m/s

【6・2】(1) 式(6.4)より，1.13 m/s

(2) 8.84×10^{-5} m^3/s

【6・3】

$$Q=5000\,\text{gpm}=(5000\,\text{gpm})\left(\frac{1\,\text{min}}{60\,\text{s}}\right)\left(0.13368\frac{\text{ft}^3}{\text{gal}}\right)$$
$$=11.14\,(\text{ft}^3/\text{s})$$

$$v=\frac{4Q}{\pi d^2}=14.18\,(\text{ft/s})$$

$$\Delta h=\frac{\Delta p}{\rho g}=\lambda\frac{l}{d}\frac{v^2}{2g}$$

Also, $\gamma=\rho g=62.4$ lbf/ft^3 (specific weight of water) and $g=32.17$ ft/s^2,

$$\Delta p=\frac{\gamma\lambda l v^2}{2dg}=\frac{62.4\times0.0173\times100\times14.18^2}{2\times1\times32.17}=337.4\,(\text{lbf/ft}^2)$$

Answer is (C)

【6・4】(1) 式(6.4)より，0.826 m

(2) 式(6.5)より，2.03×10^{-2}

【6・5】左液面を 1，円管出口を 2 として式(6.4)をたて，式(6.5)を代入する．

$$\frac{p_1}{\rho g}+\frac{v_1^2}{2g}+z_1=\frac{p_2}{\rho g}+\frac{v_2^2}{2g}+z_2+\Delta h$$

$$0+0+H_1=\frac{\rho g H_2}{\rho g}+\frac{v^2}{2g}+0+\lambda\frac{L}{d}\frac{v^2}{2g}$$

$$v=\sqrt{\frac{2g(H_1-H_2)}{1+(\lambda L/d)}}$$

$$Q=\frac{\pi d^2}{4}v=\frac{3.14\times0.100^2}{4}\sqrt{\frac{2\times9.81\times(4.00-3.00)}{1+(0.030\times8.00/0.100)}}$$
$$=0.00785\times2.402=0.0189(\text{m}^3/\text{s})$$

【6・6】

$$Re=\frac{\rho vL}{\mu}\propto\frac{\text{mass velocity}}{\mu}\propto\frac{\text{inertial forces}}{\text{viscous forces}}.$$

Therefore, answer is (D)

【6・7】$d=2.0\,\text{in}=0.1667\,\text{ft}$.

From $Re=\dfrac{vd}{\nu}=\dfrac{\rho vd}{\mu}$,

$$v=\frac{\mu Re}{\rho d}=\frac{3.8\times10^{-7}\times1\times10^4}{0.00234\times0.1667}=9.74\,(\text{ft/s})$$

Answer is (D)

【6・8】臨界レイノルズ数 $Re_C=vd/\nu=2300$ より平均流速は $v=Re_C\nu/d$ となり，最大流量は

$$Q=\frac{\pi d^2}{4}v=\frac{\pi d\,Re_C\,\nu}{4}$$
$$=\frac{3.14\times0.010\times2300\times1.60\times10^{-6}}{4}$$
$$=2.89\times10^{-5}(\text{m}^3/\text{s})$$

【6・9】断面内の平均流速は $v=3.18$ m/s．20 ℃の水なので表 1.3 より，$\nu=1.0\times10^{-6}$ m^2/s であり，$Re=vd/\nu=9.55\times10^5$ となる．臨界レイノルズ数 2300 よりはるかに大きいので乱流となる．式(6.20)より $\lambda=0.0117$．式(6.22)の $1/n$ 乗則で速度分布を近似することにすれば，$n=3.45Re^{0.07}=9.0$ なので，半径 50 mm，75 mm，100 mm における流速は，それぞれ $u=3.63$ m/s，$u=3.58$ m/s，$u=3.54$ m/s．

【6・10】式(6.5)を変形しで $\Delta h=20$ m を代入する．

$$\Delta h=\lambda\frac{l}{d}\frac{v^2}{2g}=\lambda\frac{l}{d}\frac{1}{2g}\left(\frac{4Q}{\pi d^2}\right)^2 \quad \text{を変形して，}$$

$$d^5=5.29\times10^{-3}\lambda \qquad \text{(A)}$$

いま仮に $\lambda=0.03$ と仮定する（この値は適当でよい）．また，水の動粘度は表 1.3 より $\nu=1.00\times10^{-6}$ m^2/s なので，

$d=0.174$ m，$v=3.37$ m/s，$Re=5.85\times10^5$

表面粗さ$k_s = 0.15\,\text{mm}$を使って，コールブルックの式(6.23)の右辺に以上の仮定した値を代入して左辺のそのときのλの値を求めると$\lambda = 0.0194$となる.

この値を初めに仮定した値に変えて以上の計算を繰り返す．数回繰り返すと，

$d = 0.160\,\text{m}$，$v = 3.98\,\text{m/s}$，$\lambda = 0.0198$

に収束する．よって，内径は160 mm にすればよい.

【6・11】$\rho = 0.96\times10^3\,\text{kg/m}^3$，$\mu = 7.78\times10^{-3}\,\text{Pa}\cdot\text{s}$を用いると$\nu = \mu/\rho = 8.10\times10^{-6}\,\text{m}^2/\text{s}$であるから，

$Re = vd/\nu = 3.33\times10^4$となり，

ブラジウスの式(6.19)より$\lambda = 0.0234$.

式(6.5)より，

$$\Delta h = \frac{\Delta p}{\rho g} = \lambda\frac{l}{d}\frac{v^2}{2g} = 0.0234\times\frac{1500}{0.15}\times\frac{1.8^2}{2\times9.81} = 38.6\,(\text{m})$$

圧力損失は，

$\Delta p = \rho g\,\Delta h = 3.64\times10^5\,(\text{Pa}) = 3.64\times10^2\,(\text{kPa})$.

【6・12】 From Eq.(6.10) for laminar flow in a pipe,

$\bar{v} = \dfrac{v_{max}}{2}$, Answer is (C)

【6・13】管内の半径rと$(r+dr)$で囲まれた微小環状断面$2\pi r dr$を通る流量は$2\pi rudr$である．これを積分すると，流量Qは次のように求められる.

$$Q = \int_0^{r_0} 2\pi r u\,dr = 2\pi U_0\int_0^{r_0}\left(1-\frac{r}{r_0}\right)^{1/n} r\,dr$$

$$= \frac{2n^2\pi}{(2n+1)(n+1)}U_0 r_0^2$$

$Q = \pi r_0^2 v$であるから，$v = \dfrac{2n^2 U_0}{(2n+1)(n+1)}$

式(6.22)において$Re = 4\times10^3$では$n = 7$，$Re = 1.1\times10^5$では$n = 8$，$Re = 2\times10^6$では$n = 10$の値をとると実験とよく一致した速度分布になる.

【6・14】2つの冷却器出入口間の圧力差が等しいので，内部の管内の損失ヘッドΔhが等しいとする．並列の配管であるから，

$$\Delta h = \lambda_1\frac{l_1}{d_1}\frac{v_1^2}{2g} = \lambda_2\frac{l_2}{d_2}\frac{v_2^2}{2g}$$

$$Q_1 = \frac{\pi d_1^2}{4}v_1 n_1,\quad Q_2 = \frac{\pi d_2^2}{4}v_2 n_2$$

2つの流量比を$\varphi = Q_1/Q_2$とおくと，$\varphi = \dfrac{n_1 d_1^2}{n_2 d_2^2}\sqrt{\dfrac{\lambda_2 l_2 d_1}{\lambda_1 l_1 d_2}}$

$$\psi = \left(n_1^2 d_1^2/n_2^2 d_2^2\right)\sqrt{\lambda_2 l_2 d_1/\lambda_1 l_1 d_2}$$

まず$k_s/d = 0.01$，$Re\to\infty$のときλの値($\lambda_1 = \lambda_2 = 0.039$)を用いて第1次近似値を求めると，$\varphi = 0.260$.

以下，順に，

$Q_1 = 10.3\times10^{-3}\,\text{m}^3/\text{s}$，$Q_2 = 39.7\times10^{-3}\,\text{m}^3/\text{s}$，

$Re_1 = 2.63\times10^5$，$Re_2 = 4.21\times10^5$

$\lambda_1 = 0.039$，$\lambda_2 = 0.039$　となり，収束する.

よって，$Q_1 = 10.3\,\ell/\text{s}$，$Q_2 = 39.7\,\ell/\text{s}$

【6・15】平均流速は$v = 4Q/\pi d^2 = 3.18\,(\text{m/s})$，

$\nu = 1.0\times10^{-6}\,\text{m}^2/\text{s}$，

したがって，$Re = vd/\nu = 3.18\times10^5$となる.

(1) 黄銅管の場合，ニクラゼの式(6.20)を用いると

$\lambda = 0.0142$

$$\Delta h = \lambda\frac{l}{d}\frac{v^2}{2g} = 7.32\,(\text{m})$$

(2) $k_s/d = 0.001$のときは図6.15より，$\lambda = 0.0205$.

$$\Delta h = \lambda\frac{l}{d}\frac{v^2}{2g} = 10.6\,(\text{m})$$

(3) コンクリート管の粗さが$k_s = 1\,\text{mm}$なので，$k_s/d = 0.01$.

さらに，図6.15より$\lambda = 0.038$なので

$$\Delta h = \lambda\frac{l}{d}\frac{v^2}{2g} = 19.6\,(\text{m})$$

【6・16】(1) 図6.21より圧力回復率は$\eta = 0.76$であり，式(6.31)より損失係数を求めると$\zeta = 0.225$．したがって，式(6.29)より$\Delta h = 0.18\,\text{m}$.

(2) 内径 3.0m の管では$v_{1.5} = 1.78\,\text{m/s}$となり，急拡大の損失ヘッドの式(6.26a)より，

$$\Delta h = \frac{(v_1 - v_{1.5})^2}{2g} + \frac{(v_{1.5} - v_2)^2}{2g} = 0.28\,\text{m}$$

(3) 式(6.26a)より，$\Delta h = \dfrac{(v_1 - v_2)^2}{2g} = 0.46\,\text{m}$

【6・17】ポンプ出口，ノズル入口，ノズル出口をそれぞれ添え字 0，1，2 で表す．高さ$h = 35.0\,\text{m}$まで噴水を上げるのに必要なノズル出口の流速は，

$v_2 = \sqrt{2gh} = 26.2\,(\text{m/s})$

一方，ノズル入口と出口の間のエネルギー式は(p_2は大気圧なので0 Pa)

$$\frac{p_1}{\rho g} + \frac{v_1^2}{2g} = \frac{(v_2/C_V)^2}{2g} + h_n$$

ただし，ノズル部の長さをh_nとした．ポンプ出口とノズル入口でエネルギー式を立てると($v_0 = v_1$を考慮)，

$$\frac{p_0}{\rho g} = \frac{p_1}{\rho g} + z_2 + \lambda\frac{l}{d}\frac{v_1^2}{2g}$$

ただし，$z_1 = 3 - h_n$，$p_0 = 1.4\times10^6\,\text{Pa}$である.

これらから，v_1を求めると$v_1 = 5.79\,\text{m/s}$．ノズル入口と出口の連続の式から，$\dfrac{\pi d_1^2}{4}v_1 = \dfrac{\pi d_2^2}{4}v_2 = Q$　より，

$d_2 = 0.0353\,\text{m} = 35.3\,\text{mm}$

ゆえに流量は，$Q = 0.0256\,\text{m}^3/\text{s}$

ポンプの揚程（水に与えるべきエネルギーをヘッドで表したもの）は，

$$H = \frac{p_0}{\rho g} + \frac{v_1^2}{2g} + z_0 = 149.4\,(\text{m})$$

軸動力は，$L = \dfrac{\rho g Q H}{\eta} = 5.36\times 10^4\,(\text{W}) = 53.6\,(\text{kW})$

【6・18】(1) 式(6.39a)と式(6.39b)において $\lambda_1 = \lambda_2 = \lambda_3 = 0$ を代入する．

$$p_1 + \frac{\rho v_1^2}{2} = p_2 + \frac{\rho v_2^2}{2} + \zeta_{12}\frac{\rho v_1^2}{2}$$

$$p_1 + \frac{\rho v_1^2}{2} = p_3 + \frac{\rho v_3^2}{2} + \zeta_{13}\frac{\rho v_3^2}{2}$$

$Q_3/Q_1 = 0.5$ であるから図 6.33 より損失係数を求めると，$\zeta_{12} = 0$（図では ζ_1），$\zeta_{13} = 0.9$（図では ζ_2）となり，

$$\frac{p_1 - p_2}{\rho g} = \frac{v_2^2 - v_1^2}{2g} + \zeta_{12}\frac{v_1^2}{2g} = -0.61\,(\text{m})$$

$$\frac{p_1 - p_3}{\rho g} = \frac{v_3^2 - v_1^2}{2g} + \zeta_{13}\frac{v_1^2}{2g} = 0.12\,(\text{m})$$

(2) $Q_3/Q_1 = 0.75$ であるから図 6.33 より損失係数を求めると，$\zeta_{12} = 0.2$（図では ζ_1），$\zeta_{13} = 1.1$（図では ζ_2）となり，

$$\frac{p_1 - p_2}{\rho g} = -0.60\,(\text{m}),\quad \frac{p_1 - p_3}{\rho g} = 0.54\,(\text{m})$$

ここで，$p_1 - p_2 < 0$ となるのは，分岐後に流速が減少し圧力が増すことを示している．

【6・19】合流前を添え字 1，合流後を 2，拡大後を 3 で表すことにする．各流量を断面積で割り平均流速を求めると，$v_1 = 1.27\,\text{m/s}$，$v_2 = 1.78\,\text{m/s}$，$v_3 = 0.792\,\text{m/s}$ となる．

水槽 A から水槽 B に至るまでの損失ヘッド Δh は

$$\begin{aligned}
\Delta h &= \left(\zeta_1 + \lambda_1\frac{l_1}{d_1} + \zeta_2\right)\frac{v_1^2}{2g} + \left(\zeta_C + \lambda_2\frac{l_2}{d_2} + \zeta_3\right)\frac{v_2^2}{2g} \\
&\quad + \frac{(v_2 - v_3)^2}{2g} + \left(\lambda_3\frac{l_3}{d_3} + 1\right)\frac{v_3^2}{2g} \\
&= \left(0.5 + 0.02\times\frac{15}{0.1} + 0.2\right)\frac{1.27^2}{2\times 9.81} \\
&\quad + \left(0.3 + 0.02\times\frac{25}{0.1} + 0.3\right)\frac{1.78^2}{2\times 9.81} \\
&\quad + \frac{(1.78 - 0.792)^2}{2\times 9.81} + \left(0.02\times\frac{10}{0.15} + 1\right)\frac{0.792^2}{2\times 9.81} \\
&= 0.305 + 0.907 + 0.050 + 0.074 \\
&= 1.34\,(\text{m})
\end{aligned}$$

となる．第 4 項のカッコ内の 1 は水槽 B に入る際の速度ヘッドが損失となるからである．したがって，ポンプの実揚程(圧力ヘッドの上昇分）H は水位の差 30 m を加えて，$H = 31.34 = 31.3\,(\text{m})$ となる．

この実揚程に $\rho Q g$ をかけると流体に加えるべき単位時間あたりのエネルギーが求められる．これを効率で割ることによって軸動力 L が求まり，

$$L = \frac{\rho g Q H}{\eta} = 6129 = 6.13\,(\text{kW})$$

【6・20】(1) 弁 2 が全閉のため流体は管 1，3 を流れる．したがって，損失ヘッドが出口からの水面高さに等しくなる．

$$100 = \lambda_1\frac{l_1}{d_1}\frac{v_1^2}{2g} + \lambda_3\frac{l_3}{d_3}\frac{v_3^2}{2g} + \frac{v_3^2}{2g} + \zeta_V\left(\frac{v_1^2}{2g} + \frac{v_3^2}{2g}\right)$$

また，$Q = \dfrac{\pi d_1^2}{4}v_1 = \dfrac{\pi d_3^2}{4}v_3$

以上より，v_3 を消去して v_1 を求めると，

$v_1 = 14.6\,\text{m/s}$，$Q = 1.84\,\text{m}^3/\text{s}$

(2) 上と同様に管 2，3 の流れを考えると

$v_2 = 15.9\,\text{m/s}$，$Q = 0.78\,\text{m}^3/\text{s}$

(3) それぞれの管路の流量を Q_1，Q_2，Q とし，合流点でのヘッドを h_j とすれば

$$100 - h_j = \left(\lambda_1\frac{l_1}{d_1} + \zeta_V\right)\frac{v_1^2}{2g} = 20.0Q_1^2$$

$$70 - h_j = \left(\lambda_2\frac{l_2}{d_2} + \zeta_V\right)\frac{v_2^2}{2g} = 105.9Q_2^2$$

$$h_j = \left(\lambda_3\frac{l_3}{d_3} + \zeta_V\right)\frac{v_3^2}{2g} + \frac{v_3^2}{2g} = 9.53Q^2$$

$$Q = Q_1 + Q_2$$

いま，$Q_1 = \alpha Q$，$Q_2 = (1-\alpha)Q$ とおいて上式に代入し，α を求めると

$\alpha = 0.77$，$Q = 2.16\,\text{m}^3/\text{s}$

この場合，計算はまず α のある値を仮定し，管 1, 2 における h_j を求める．2 つの管における h_j が等しくなければ α を補正して繰り返し計算をする．

(4) 合流点のヘッドが $h_j = 70\,\text{m}$ になれば，管 2 の流れは 0 になる．よって，管 1 のヘッドが 30 m になる場合であるから，

$$30 = \left(\lambda_1\frac{l_1}{d_1} + \zeta_V\right)\frac{v_1^2}{2g}$$

より $v_1 = 9.7\,\text{m/s}$，流量は $Q = 1.22\,\text{m}^3/\text{s}$．

【6・21】(1) 正三角形の場合，断面積 $A=\left(\sqrt{3}/4\right)a^2$，周囲の長さ $L=3a$．したがって

水力半径は，$m=\dfrac{A}{L}=\dfrac{\sqrt{3}}{12}a$

よって等価直径は，$d_h=4m=\dfrac{\sqrt{3}}{3}a$

(2) 長方形の場合，$A=ab$，$L=2(a+b)$．したがって，

$$m=\frac{ab}{2(a+b)},\qquad d_h=4m=\frac{2ab}{a+b}$$

(3) 2 重管の場合，$A=\pi\left(r_2^{\,2}-r_1^{\,2}\right)$，$L=2\pi(r_1+r_2)$．したがって，

$$m=\frac{r_2^{\,2}-r_1^{\,2}}{2(r_1+r_2)}=\frac{r_2-r_1}{2},\qquad d_h=4m=2(r_2-r_1)$$

【6・22】 By $20.75\,\text{in}=(20.75/12)\,\text{ft}=1.73\,\text{ft}$,

$$d_h=\frac{4A}{L}=\frac{4\times\frac{1}{2}\times1.73\times\frac{\sqrt{3}}{2}\times1.73}{3\times1.73}=1.00\,(\text{ft})$$

$$Q=6000\,\text{gpm}=(6000\,\text{gpm})\left(\frac{1\,\text{min}}{60\,\text{s}}\right)\left(0.13368\frac{\text{ft}^3}{\text{gal}}\right)$$

$$=13.37\,(\text{ft}^3/\text{s})$$

$$\boldsymbol{v}=\frac{Q}{A}=\frac{13.37}{\frac{1}{2}\times1.73\times\frac{\sqrt{3}}{2}\times1.73}=10.32\,(\text{ft/s})$$

$$\Delta h=\frac{\Delta p}{\rho g}=\lambda\frac{l}{d_h}\frac{\boldsymbol{v}^2}{2g}$$

Also, $\gamma=\rho g=62.4\,\text{lbf/ft}^3$ (specific weight of water)

and $g=32.17\,\text{ft/s}^2$,

$$\Delta p=\frac{\gamma\lambda l\boldsymbol{v}^2}{2d_h g}=\frac{62.4\times0.017\times100\times10.32^2}{2\times1\times32.17}=176\,(\text{lbf/ft}^2)$$

Answer is (C)

【6・23】出口の圧力は大気圧であり $p=0\,\text{Pa}$．$Re=1.5\times10^5$ であり，ニクラゼの式(6.20)より $\lambda=0.0163$ となる．管の長さ 30 m の間の摩擦損失は $\Delta h=4.49\,\text{m}$．出口より 30 m 上流の断面は出口より 22.98 m 低いところにあるので，そこでの圧力は

$$p=(22.98+4.49)\times9.81\times1000=2.69\times10^2\,(\text{kPa})$$

【6・24】(1) 管の長方形断面では等価直径 $d_h=0.150\,\text{m}$，$\boldsymbol{v}=15.0\,\text{m/s}$，$Re=1.50\times10^5$ となり，ニクラゼの式(6.20)より，$\lambda=0.0163$ となる．式(6.5)より圧力損失は，

$$\Delta p=\rho g\,\Delta h=1.47\times10^3\,(\text{Pa})$$

(2) $d=0.1955\,\text{m}$，$Re=1.95\times10^5$ となり，ニクラゼの式(6.20)より，$\lambda=0.0155$ となる．

$$\Delta p=1.07\times10^3\,(\text{Pa})$$

【6・25】(1) 式(6.42)より，

$$d_h=\frac{4A}{L}=\frac{4ab}{2a+b}=\frac{4\times100\times600}{2\times100+600}=300(\text{mm})$$

(2) 区間の両端 L をそれぞれ 1，2 として式(6.4)をたてる．

$$\frac{p_1}{\rho g}+\frac{\boldsymbol{v}_1^{\,2}}{2g}+z_1=\frac{p_2}{\rho g}+\frac{\boldsymbol{v}_2^{\,2}}{2g}+z_2+\Delta h$$

$$0+\frac{\boldsymbol{v}^2}{2g}+L\sin\theta=0+\frac{\boldsymbol{v}^2}{2g}+0+\lambda\frac{L}{d_h}\frac{\boldsymbol{v}^2}{2g}$$

$$\boldsymbol{v}=\sqrt{\frac{2gd_h\sin\theta}{\lambda}}$$

$$Q=A\sqrt{\frac{2gd_h\sin\theta}{\lambda}}$$

$$=0.1\times0.6\sqrt{\frac{2\times9.81\times0.3\sin5^\circ}{0.02}}$$

$$=0.303=0.30\,(\text{m}^3/\text{s})$$

第 7 章解答

【7・1】抗力の定義式（7.1）より，抗力は，

$$D=\frac{1}{2}C_D\rho U^2S$$

表 7.1 より，基準面積 S は，

$$S=dl=0.1\times0.5=0.05\,(\text{m}^2)$$

また，長さと直径の比が $l/d=5$ であることから，表 7.1 より抗力係数は，

$$C_D=0.74$$

したがって，円柱に作用する抗力は，

$$D=\frac{1}{2}\times0.74\times1.2\times4^2\times0.05=0.36\,(\text{N})$$

【7・2】抗力係数は，

$$C_D=\frac{D}{\frac{1}{2}\rho U^2S}=\frac{20}{\frac{1}{2}\times1.2\times10^2\times0.25}=1.33$$

抗力係数が 1 を越えており，圧力抗力が支配的な鈍頭物体であると考えられる．

【7・3】球に作用する重力 mg と抗力 D がつりあった状態であるため，

$$mg=D=\frac{1}{2}C_D\rho U^2S$$

ストークス法則を代入し，この式を相対速度 U について整理した上で数値を代入すると，

$$\frac{\pi}{6}d^3\rho_m g=\frac{1}{2}\frac{24\nu}{Ud}\rho U^2\frac{\pi}{4}d^2$$

$$U=\frac{\rho_m g d^2}{18\rho\nu}=\frac{2000\times9.81\times\left(1\times10^{-5}\right)^2}{18\times1.2\times1.5\times10^{-5}}=6.05\times10^{-3}\ (\text{m/s})$$

と終端速度が求まる（ただし，ρ_m は球の密度である）.

この終端速度から，SPM 粒子は極めて沈降しにくく，いつまでも空気中を浮遊することがわかる.

【7・4】式(7.5)より，

$$L=\frac{1}{2}C_L\rho U^2S=\frac{1}{2}\times(-0.1)\times1.2\times\left(\frac{300\times10^3}{3600}\right)^2\times1$$
$$=-417\ (\mathrm{N})$$

【7・5】ストローハル数の定義式(7.11)を用い，またストローハル数を 0.2 と仮定すると，カルマン渦の周波数は,

$$f=\frac{S_tU}{d_t}=\frac{0.2\times80\times10^3/3600}{0.04}=111\ (\mathrm{Hz})$$

なお，このときのレイノルズ数は,

$$Re=\frac{Ud}{\nu}=\frac{80\times10^3/3600\times0.04}{1.5\times10^{-5}}=5.93\times10^4$$

このレイノルズ数は 5×10^2 から 2×10^5 の範囲にあるため，ストローハル数を 0.2 とした仮定が満たされていることが明らかである.

また，インライン振動の周波数はカルマン渦の周波数の 2 倍であるため，111Hz および 222Hz が設計上避けるべき周波数である.

なお，実際の設計においては，曲げ振動の 1 次，2 次，・・・成分，ねじり振動の 1 次，2 次，・・・成分といった機械力学的な振動モードも考慮する必要があることを付記しておく.

【7・6】From Table 1, the drag coefficient is 1.12. Using Eq.(7.1), we can obtain the drag force as

$$D=\frac{1}{2}\times1.12\times1.2\times(10.0)^2\times1\times1=67.2\ (\mathrm{N}).$$

【7・7】From Eq.(7.1), the drag can be calculated as

$$D=\frac{1}{2}\times0.32\times1.2\times(100\times10^3/3600)^2\times2.5=370\ (\mathrm{N})$$

.【7・8】First, let's calculate the terminal velocity with using the Stokes law (see Problem【7・3】).

$$U=\frac{(\rho_m-\rho)gd^2}{18\rho\nu}=\frac{(2300-900)\times9.81\times\left(0.5\times10^{-3}\right)^2}{18\times900\times3.0\times10^{-6}}=0.07064(\mathrm{m/s})$$

Since the particle near the fluid surface goes down with this velocity along most of the path, it takes

$$T=\frac{H}{U}=\frac{20}{0.07064}=283\ (\mathrm{s})$$

to reach the bottom.

【7・9】The Reynolds number is

$$Re=\frac{Ud}{\nu}=\frac{20\times0.01}{1.5\times10^{-5}}=1.33\times10^4.$$

Since this Reynolds number is in between 5×10^2 and 2×10^5, the Strouhal number is 0.2. Therefore, the shedding frequency is

$$f=\frac{S_tU}{d}=\frac{0.2\times20}{0.01}=400\ (\mathrm{Hz}).$$

【7・10】The Reynolds number can be obtained as

$$Re=\frac{Ud}{\nu}=\frac{12\times0.01}{1.0\times10^{-6}}=1.2\times10^5.$$

Hence the Strouhal number is 0.2.

The frequency of Karman vortex is

$$f=\frac{S_tU}{d_t}=\frac{0.2\times12}{0.01}=240\ (\mathrm{Hz}).$$

As the frequency of inline oscillation is twice as large as that of Karman vortex, 480Hz is the solution.

第 8 章解答

【8・1】この渦運動を図 A8.1 のような直角座標で考えると

$$\boldsymbol{v}_x=-\boldsymbol{v}_\theta\sin\theta=-\frac{Ar\sin\theta}{r^2}=-\frac{\mathrm{A}y}{x^2+y^2}$$
$$\boldsymbol{v}_y=\boldsymbol{v}_\theta\cos\theta=\frac{Ar\cos\theta}{r^2}=\frac{\mathrm{A}x}{x^2+y^2}\qquad(\mathrm{A})$$

式(8.9)，(8.10)よりひずみ速度テンソルと渦度テンソルは

$$\dot{\gamma}=\begin{pmatrix}2\dfrac{\partial \boldsymbol{v}_x}{\partial x} & \dfrac{\partial \boldsymbol{v}_x}{\partial y}+\dfrac{\partial \boldsymbol{v}_y}{\partial x}\\ \dfrac{\partial \boldsymbol{v}_y}{\partial x}+\dfrac{\partial \boldsymbol{v}_x}{\partial y} & 2\dfrac{\partial \boldsymbol{v}_y}{\partial y}\end{pmatrix}$$
$$=\begin{pmatrix}\dfrac{2\mathrm{A}xy}{(x^2+y^2)^2} & -\dfrac{2\mathrm{A}(x^2-y^2)}{(x^2+y^2)^2}\\ -\dfrac{2\mathrm{A}(x^2-y^2)}{(x^2+y^2)^2} & -\dfrac{2\mathrm{A}xy}{(x^2+y^2)^2}\end{pmatrix}\qquad(\mathrm{B})$$

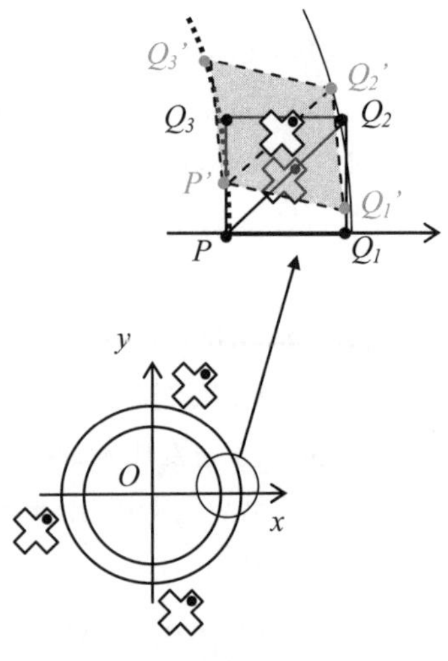

図 A8.1　自由渦による変形
練習問題 8・1

$$\boldsymbol{\omega}=\begin{pmatrix} 0 & \dfrac{\partial v_x}{\partial y}-\dfrac{\partial v_y}{\partial x} \\ \dfrac{\partial v_y}{\partial x}-\dfrac{\partial v_x}{\partial y} & 0 \end{pmatrix}=\begin{pmatrix} 0 & 0 \\ 0 & 0 \end{pmatrix} \qquad \text{(C)}$$

となる．渦度テンソルの全成分がゼロとなることから回転運動は存在しないことがわかる． $x=1, y=0$ の点 P 近傍では，

$$\dot{\gamma}=\begin{pmatrix} 0 & -2\mathrm{A} \\ -2\mathrm{A} & 0 \end{pmatrix} \qquad \text{(D)}$$

3 つの流体要素 $\mathrm{PQ_1}$, $\mathrm{PQ_2}$, $\mathrm{PQ_3}$ に対して $d\boldsymbol{r}=(dx,\ dy)$ はそれぞれ $(1,0)$, $(1,1)$, $(0,1)$ であり、単位時間あたりの変形（点 Q の点 P に対する移動）を式(8.12)より求めると

$\mathrm{PQ_1}$ は $\begin{pmatrix} dx \\ dy \end{pmatrix}=\begin{pmatrix} 1 \\ 0 \end{pmatrix}$ より

$$\begin{pmatrix} dv_x \\ dv_y \end{pmatrix}=\frac{1}{2}\dot{\gamma}\begin{pmatrix} dx \\ dy \end{pmatrix}=\begin{pmatrix} 0 & -2\mathrm{A} \\ -2\mathrm{A} & 0 \end{pmatrix}\begin{pmatrix} 1 \\ 0 \end{pmatrix}=\begin{pmatrix} 0 \\ -2\mathrm{A} \end{pmatrix} \qquad \text{(E)}$$

$\mathrm{PQ_2}$ は $\begin{pmatrix} dx \\ dy \end{pmatrix}=\begin{pmatrix} 1 \\ 1 \end{pmatrix}$ より

$$\begin{pmatrix} dv_x \\ dv_y \end{pmatrix}=\begin{pmatrix} 0 & -2\mathrm{A} \\ -2\mathrm{A} & 0 \end{pmatrix}\begin{pmatrix} 1 \\ 1 \end{pmatrix}=\begin{pmatrix} -2\mathrm{A} \\ -2\mathrm{A} \end{pmatrix} \qquad \text{(F)}$$

$\mathrm{PQ_3}$ は $\begin{pmatrix} dx \\ dy \end{pmatrix}=\begin{pmatrix} 0 \\ 1 \end{pmatrix}$ より

$$\begin{pmatrix} dv_x \\ dv_y \end{pmatrix}=\begin{pmatrix} 0 & -2\mathrm{A} \\ -2\mathrm{A} & 0 \end{pmatrix}\begin{pmatrix} 0 \\ 1 \end{pmatrix}=\begin{pmatrix} -2\mathrm{A} \\ 0 \end{pmatrix} \qquad \text{(G)}$$

四角の流体要素 $\mathrm{PQ_1Q_2Q_3}$ は渦運動により周方向に移動しながら時間 Δt 後に $\mathrm{P'Q'_1Q'_2Q'_3}$ の菱形の形状に変形する．一方，流体の中にプラス形状のマーカーをおくと，マーカーが回転軸のまわりを回る間，マーカー自身は回転しない．渦度が回転角速度の2倍となる強制渦の場合は対照的に図A8.2のようにマーカーは回転しながら回転軸のまわりを回る．

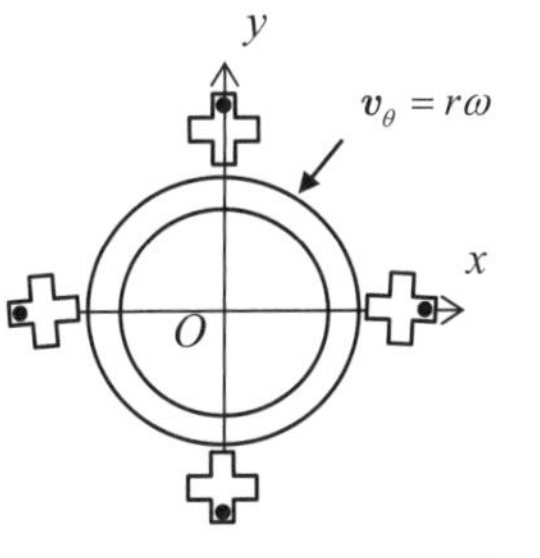

図 A8.2　強制渦による回転
練習問題 8･1

【8・2】図 A8.3 の x 方向の力のつり合いを考えると，

$$f_x\cdot S_{ABC}=(-p+\tau_{xx})\cdot S_{OBC}+\tau_{yx}\cdot S_{AOC}+\tau_{zx}\cdot S_{ABO}$$

$$f_x=(-p+\tau_{xx})\cdot\frac{S_{OBC}}{S_{ABC}}+\tau_{yx}\cdot\frac{S_{AOC}}{S_{ABC}}+\tau_{zx}\cdot\frac{S_{ABO}}{S_{ABC}} \qquad \text{(A)}$$

ここで，S_{ABC}，S_{OBC}，S_{AOC}，S_{ABO} は三角形 ABC, OBC, AOC, ABO の各面積である．三角形 ABC が三角形 OBC となす角(∠APO)は図 A8.4 より単位法線ベクトル $\boldsymbol{n}$ が x 軸となす角度 θ に等しく，その余弦は方向余弦 n_x に等しい．同じ関係が n_y と n_z にも成り立つから，

$$f_x=(-p+\tau_{xx})\cdot n_x+\tau_{yx}\cdot n_y+\tau_{zx}\cdot n_z \qquad \text{(B)}$$

f_y と f_z についても同様な関係が成り立つので，式(8.59)が成り立つ．

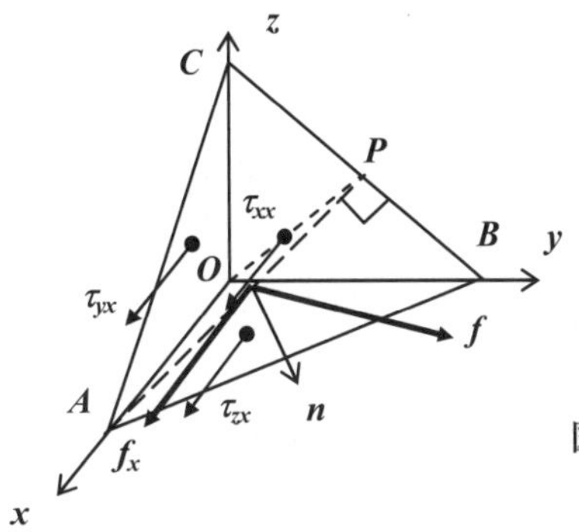

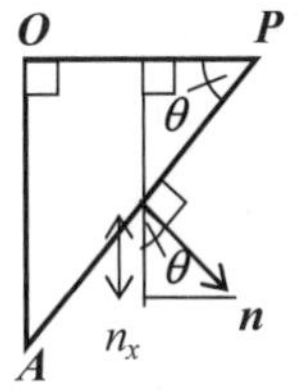

図 A8.4　三角形の交差角と方向余弦の関係

図 A8.3　x 方向の力のつり合い
練習問題 8･2

【8・3】連続の式より

$$\frac{\partial v_x}{\partial x}+\frac{\partial v_y}{\partial x}=0 \qquad \text{(A)}$$

発達した流れであるから，

$$\partial v_x/\partial x=0 \qquad \therefore \partial v_y/\partial y=0,\ \ v_y=\mathrm{C}$$

$y=\pm h$ で $v_y=0$ より，定数 C はゼロとなる．ナビエ・ストークスの式は

$$0=-\frac{\partial p}{\partial x}+\mu\frac{d^2 v_x}{dy^2} \qquad \text{(B)}$$

$$0=-\frac{\partial p}{\partial y} \qquad \text{(C)}$$

となる．式(C)より，圧力 p は x のみの関数である．一方，式(B)の右辺第 2 項は発達した流れの条件より y のみの関数である．よって圧力 p は x の 1 次関数であり，$dp/dx=$ 一定，である．式(B)を積分すると

$$v_x=\frac{1}{2\mu}\frac{dp}{dx}y^2+\mathrm{C_1}y+\mathrm{C_2}$$

$y=\pm h$ で $v_x=0$ より積分定数 $\mathrm{C_1}$ と $\mathrm{C_2}$ を求めると

$$v_x=\frac{h^2}{2\mu}\left(-\frac{dp}{dx}\right)\left\{1-\left(\frac{y}{h}\right)^2\right\} \qquad \text{(D)}$$

となる．次に，平均流速 U は流路奥行き方向の単位幅について考えると，

$$U=\frac{Q}{H}=\frac{1}{H}\int_{-h}^{h}\frac{h^2}{2\mu}\left(-\frac{dp}{dx}\right)\left\{1-\left(\frac{y}{h}\right)^2\right\}dy=\frac{H^2}{12\mu}\left(-\frac{dp}{dx}\right)$$

速度分布は

$$\boldsymbol{v}_x=\frac{3U}{2}\left\{1-\left(\frac{y}{h}\right)^2\right\} \qquad \text{(E)}$$

となり，最大速度$U_{\max}=3U/2$となることがわかる．管摩擦係数λとレイノルズ数Reとの関係は次のようになる．

$$\lambda=H\frac{-dp/dx}{\rho U^2/2}=\frac{24\mu}{\rho HU}=\frac{24}{Re} \qquad \text{(F)}$$

【8・4】境界条件は

$$y=0\ :\ \boldsymbol{v}_x=0,\quad y\to\infty:\ \boldsymbol{v}_x=U\cos\omega t \qquad \text{(A)}$$

であり，ナビエ・ストークスの式は

$$\rho\frac{\partial \boldsymbol{v}_x}{\partial t}=-\frac{\partial p}{\partial x}+\mu\frac{\partial^2\boldsymbol{v}_x}{\partial y^2},\quad 0=\frac{\partial p}{\partial y} \qquad \text{(B)}$$

である．壁から十分離れた位置では速度は$\boldsymbol{v}_x=U\cos\omega t$で，$y$方向に変化しないから，圧力$p$は

$$\frac{\partial p}{\partial x}=-\rho\frac{\partial \boldsymbol{v}_x}{\partial t}=\rho\omega U\sin\omega t,\quad \therefore p=\rho\omega U\,x\sin\omega t \qquad \text{(C)}$$

と得られる．一方，$\boldsymbol{v}_x$に対して

$$\boldsymbol{v}_x=U\cos\omega t+\boldsymbol{u} \qquad \text{(D)}$$

とおくと，$\boldsymbol{u}$に対しては

境界条件　$y=0\ :\ \boldsymbol{u}=-U\cos\omega t,\quad y\to\infty:\boldsymbol{u}=0$　(E)

運動方程式　$\rho\dfrac{\partial\boldsymbol{u}}{\partial t}=\mu\dfrac{\partial^2\boldsymbol{u}}{\partial y^2}$　(F)

が成り立つ．$\boldsymbol{u}$は図 A8.5 に示すように$-U\cos\omega t$で振動する平板によって駆動される流れを示している．

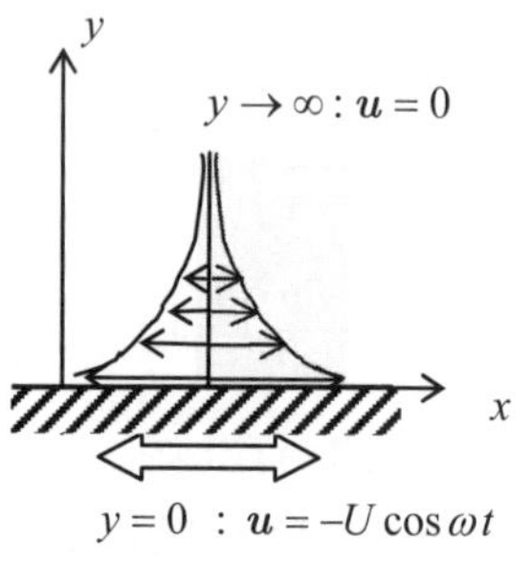

図 A8.5　練習問題 8.4.

この振動平板による流れ$\boldsymbol{u}$に圧力こう配による流れ成分$U\cos\omega t$を加えた流れが求める解である．振動平板上に座標系を取れば，振動平板により駆動される流れの速度$\boldsymbol{u}$(式(F))は$\boldsymbol{v}_x$(式(B))からちょうど座標の移動速度を差し引いた速度に等しいが，圧力こう配がない点で両者の流れの解は異なっている．静止座標と$U\cos\omega t$で振動する座標との間ではガリレイ変換は成り立たないので，このような違いが生ずる．

まず，$\boldsymbol{u}$を求めよう．三角関数の扱いを簡単にするため複素関数$e^{i\omega t}=\cos\omega t+i\cdot\sin\omega t$を用いて式(E)の境界条件を

境界条件　$y=0:\boldsymbol{u}=-U\,\mathrm{Real}(e^{i\omega t})$,

$y\to\infty:\boldsymbol{u}=0$　(G)

と表す．Real()は複素数の実部を取ることを表すが，以降簡単のため省略する．式(F)の一般解は，動粘度$\nu=\mu/\rho$を用いると，

$$\boldsymbol{u}=(\mathrm{C}_1e^{(i\omega/\nu)^{1/2}y}+\mathrm{C}_2e^{-(i\omega/\nu)^{1/2}y})e^{i\omega t}$$
$$=(\mathrm{C}_1e^{(1+i)(\omega/2\nu)^{1/2}y}+\mathrm{C}_2e^{-(1+i)(\omega/2\nu)^{1/2}y})e^{i\omega t} \qquad \text{(H)}$$

である．境界条件(G)から定数C_1とC_2を決定し，

$$\delta=\left(\frac{2\nu}{\omega}\right)^{1/2},\ \eta=\frac{y}{\delta} \qquad \text{(I)}$$

とおいて，実部を取ると

$$\boldsymbol{u}/U=-e^{-\eta}\cos(\omega t-\eta) \qquad \text{(J)}$$

が得られる．例えば，周波数 1 Hz(ω=2π rad/s)，動粘度$\nu=10^{-6},10^{-5},10^{-4}$ m^2/s として，$t=0$のときの速度$\boldsymbol{u}/U$をyに対してプロットすると図 A8.6 のようになる．$u/U\sim-e^{-\eta}$と近似すると，$u/U\sim-e^{-1}(\cong-0.37)$になる$y$は$\eta=y/\delta=1$より$\delta$に等しい．$\delta$は下の壁の振動が粘性により伝えられる高さの目安を表す．$\boldsymbol{v}_x$に対する解は式(D)，(J)より

$$\boldsymbol{v}_x/U=\cos\omega t-e^{-\eta}\cos(\omega t-\eta) \qquad \text{(K)}$$

となる．$t=0$のときの式(K)は，図 A8.6 の例で示すと図の上の目盛り$\boldsymbol{v}_x/U$でみた速度分布と等しい．

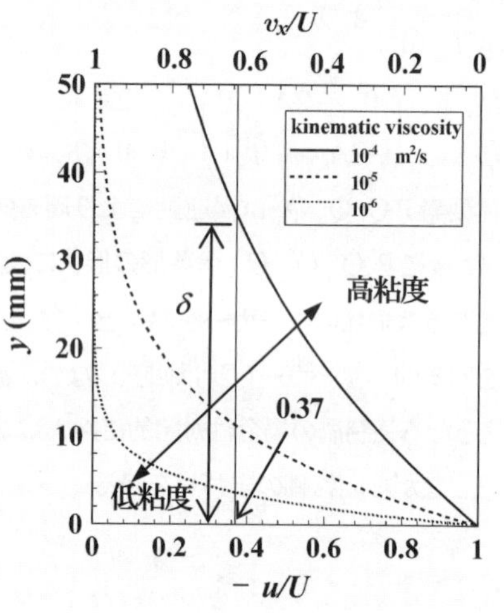

図 A8.6　練習問題 8・4

【8・5】Since the oscillating plate is enough large, the flow is uniform in the x direction. The continuity equation gives

$$\frac{\partial \boldsymbol{v}_y}{\partial y}=-\frac{\partial \boldsymbol{v}_x}{\partial x}=0\ ,\quad \partial\boldsymbol{v}_y/\partial y=0,\quad \boldsymbol{v}_y=\mathrm{C}\quad\therefore \boldsymbol{v}_y=0$$

(A)

Navie-Stokes equation reduces to

$$\rho\frac{\partial \boldsymbol{v}_x}{\partial t}=\mu\frac{\partial^2\boldsymbol{v}_x}{\partial y^2} \qquad \text{(B)}$$

The amplitude of the oscillatory plate is $A\sin\omega t$, and thus the velocity is

$$\boldsymbol{v}_x=\omega A\cos\omega t \qquad \text{(C)}$$

The boundary conditions are given by

$$v_x = \mathrm{Real}(Ue^{i\omega t}) \ \ at\ y = 0\ and\ \ v_x = 0\ \ at\ y = h \qquad \text{(D)}$$

where $U = \omega A$. The motion of equation has the same general solution as Eq. (H) in Problem 8.4. That is,

$$v_x = (C_1 e^{(1+i)(\omega/2\nu)^{1/2} y} + C_2 e^{-(1+i)(\omega/2\nu)^{1/2} y})e^{i\omega t} \qquad \text{(E)}$$

From the boundary conditions, the velocity profile is

$$\frac{v_x}{U} = \mathrm{Real}\left(\frac{\sinh\{(1+i)\eta_o(1-y/h)\}}{\sinh\{(1+i)\eta_o\}} e^{i\omega t} \right) \qquad \text{(F)}$$

Where, $\eta_0 = h(\omega/2\nu)^{1/2}$. The velocity profile at $t = 0$ is as follows.

$$\frac{v_x}{U} = \frac{V_R}{\cosh^2\eta_o - \cos^2\eta_o} \qquad \text{(G)}$$

Where,

$$\begin{aligned} V_R &= \sinh\{\eta_o(1-y/h)\}\sinh\eta_o \cos\{\eta_o(1-y/h)\}\cos\eta_o \\ &\quad + \cosh\{\eta_o(1-y/h)\}\cosh\eta_o \sin\{\eta_o(1-y/h)\}\sin\eta_o \end{aligned} \qquad \text{(H)}$$

The velocity profiles for three kinematic viscosities are plotted in Fig. A8.7. The profile approaches a linear profile with increasing the viscosity. The higher viscosity yields the smaller η_0 . In Eqs. (G) and (H),

$$\eta_o \to 0: \ \ V_R \to 2\eta_o^{\ 2}\left(1 - \frac{y}{h}\right) + O(\eta_o^{\ 4}) \ \ \text{and}$$

$$\cosh^2\eta_o - \cos^2\eta_o = (\cosh 2\eta_o - \cos 2\eta_o)/2 \to 2\eta_o^{\ 2} + O(\eta_o^{\ 4}) \quad \text{(I)}$$

Thus, when $\eta_0 \to 0$ or $h \ll (\nu/\omega)^{1/2}$, the velocity becomes a linear profile $(1 - y/h)$, and the flow is considered as quasi-steady. The highest kinematic viscosity of 10^{-4} m^2/s in Fig.A8.7 yields $\eta_o =$ 0.217. By the contrast, in the case of $\eta_o(1-y/h) \gg 1$, the constant C_1 in Eq. (E) approaches zero, and the solution agrees with the Eq. (J) in Problem 8.4.

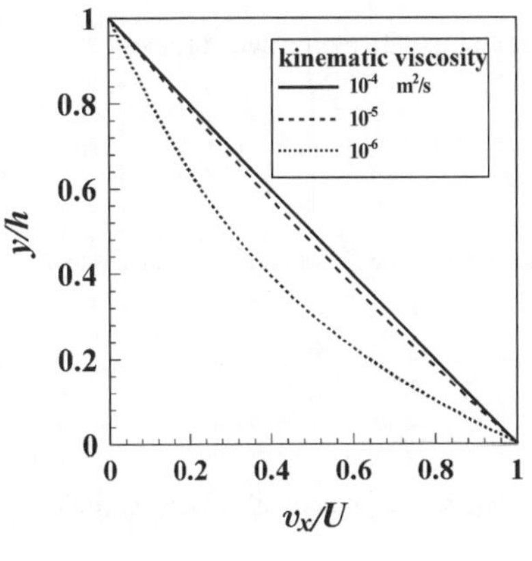

Fig. A8.7 Problem 8•5

【8・6】When a sphere of radius R moves with a velocity of U in a fluid of viscosity μ , the drag on the sphere is given by Stokes's law as follows.

$$F_D = 6\pi\mu RU \qquad \text{(A)}$$

The centrifugal force on a red blood cell changes in the radial direction r as follows.

$$\frac{4\pi R^3}{3}(\rho_o - \rho)r\omega^2 \qquad \text{(B)}$$

Where, ρ_o and ρ are the densities of the red blood cell and the dispersing plasma respectively. The velocities of red blood cells change in the radial direction, and inertial force exerts on the cell with the viscous drag. However, the red blood cells move so slowly that the inertial force is neglected. The balance of the viscous drag and the centrifugal force yields

$$6\pi\mu RU = \frac{4\pi R^3}{3}(\rho_o - \rho)r\omega^2 \qquad \text{(C)}$$

Assuming $U = dr/dt$,

$$\frac{1}{r}\frac{dr}{dt} = \frac{2R^2}{9\mu}(\rho_o - \rho)\omega^2 \qquad \text{(D)}$$

Integrating Eq. (D) from $r = r_1$ at $t = 0$ to $r = r_2$ at $t = T$,

$$\ln\frac{r_2}{r_1} = \frac{2R^2}{9\mu}(\rho_o - \rho)\omega^2 T$$

Thus, the time T is

$$T = \frac{9\mu}{2R^2(\rho - \rho_o)\omega^2}\ln\frac{r_2}{r_1} \qquad \text{(E)}$$

Assuming $\mu = 1.8$ mPa·s, $R = 2.8$ μm, $\rho = 1.09\times10^3$ kg/m^3, $\rho_0 = 1.03\times10^3$ kg/m^3, $\omega = 6000/60\times2\pi$ rad/s, $r_1 = 5$ cm, and $r_2 = 7$,

$$T = \frac{9\times1.8\times10^{-3}}{2\times2.8^2\times10^{-12}\times(1.09-1.03)\times10^3\times(200\pi)^2}\ln\frac{7}{5}$$
$$= 14.7 \ \text{(s)}$$

$$Re = \frac{\rho DU}{\mu} = \frac{1.03\times10^3\times5.6\times10^{-6}}{1.8\times10^{-3}}\times\frac{0.02}{14.7} = 4.36\times10^{-3}$$

The Reynolds number is enough lower than one, and thus the Stokes approximation is valid.

【8・7】(1) 式(C)を式(A)に代入すると,

$$\mathrm{B} = \frac{1}{2\mu}\frac{dp}{dz}\frac{a^2b^2}{a^2+b^2}$$

式(C)を式(B)に代入すると,

$$\mathrm{A} = -\mathrm{B}$$

よって, $v_z = \dfrac{1}{2\mu}\dfrac{a^2b^2}{a^2+b^2}\left(-\dfrac{dp}{dz}\right)\left\{1 - \left(\dfrac{x^2}{a^2} + \dfrac{y^2}{b^2}\right)\right\}$

(2) 流量Qは,

$$Q=\int_{-b}^{b}\int_{-a}^{a}v_z dxdy$$
$$=\frac{1}{2\mu}\frac{a^2b^2}{a^2+b^2}\left(-\frac{dp}{dz}\right)\int_{-b}^{b}\int_{-a}^{a}\left\{1-\left(\frac{x^2}{a^2}+\frac{y^2}{b^2}\right)\right\}dxdy$$
$$=\frac{1}{2\mu}\frac{a^2b^2}{a^2+b^2}\left(-\frac{dp}{dz}\right)\frac{1}{\cos\alpha}\int_0^b\int_0^{2\pi}\left(1-\frac{r^2}{b^2}\right)rd\theta dr$$
$$=\frac{\pi}{4\mu}\frac{a^3b^3}{a^2+b^2}\left(-\frac{dp}{dz}\right)$$

(3)平均流速vは

$$v=\frac{Q}{S}=\frac{1}{4\mu}\frac{a^2b^2}{a^2+b^2}\left(-\frac{dp}{dz}\right)$$

となる. 平均流速と速度分布との関係は

$$v_z=2v\left\{1-\left(\frac{x^2}{a^2}+\frac{y^2}{b^2}\right)\right\}$$

第9章解答

【9・1】指数aと形状係数Hには,

$$H=\frac{2+a}{a}$$

なる関係が成り立つ(例題9.2参照). したがって,

$$H=\frac{2+a}{a}=1.4 \qquad よって,\ a=5.0$$

【9・2】レイノルズ数を求めると,

$$R_e=\frac{120\times10^3/3600\times1.3}{1.5\times10^{-5}}=2.9\times10^6$$

このレイノルズ数は, 一般的な平板の臨界レイノルズ数の式(9.9)を超えているので, 乱流に遷移している可能性が高い.

実際には, さまざまな影響因子(例えば, ボンネットの凸凹, 主流乱れなど)が存在するため, 層流境界層が維持されることもあり得ることに注意して欲しい.

【9・3】題意により, 境界層方程式(9.6)

$$\frac{\partial u}{\partial t}+\boldsymbol{u}\frac{\partial \boldsymbol{u}}{\partial x}+\boldsymbol{v}\frac{\partial \boldsymbol{u}}{\partial y}=-\frac{1}{\rho}\frac{\partial p}{\partial x}+\nu\frac{\partial^2\boldsymbol{u}}{\partial y^2}$$

の右辺第1項(圧力こう配項)と右辺第2項(粘性拡散項)のみが釣合うことになる. よって,

$$-\frac{1}{\rho}\frac{\partial p}{\partial x}+\nu\frac{\partial^2\boldsymbol{u}}{\partial y^2}=0$$

$\boldsymbol{u}$はyのみの, pはxのみの関数となるので, 偏微分は常微分とでき,

$$-\frac{1}{\rho}\frac{dp}{dx}+\nu\frac{d^2\boldsymbol{u}}{dy^2}=0$$

y方向に積分することにより

$$\boldsymbol{u}=\frac{1}{2\mu}\frac{dp}{dx}y^2+C_1y+C_2 \qquad (C_1,\ C_2:積分定数)$$

境界条件より積分定数を決定する. まず, $y=0$で$\boldsymbol{u}=0$より, $C_2=0$. また, $y=0$で$\tau_w=\mu(d\boldsymbol{u}/dy)$より, $C_1=\tau_w/\mu$. 以上より,

$$\boldsymbol{u}=\frac{1}{2\mu}\frac{dp}{dx}y^2+\frac{\tau_w}{\mu}y$$

【9・4】2次元後流の支配方程式は式(9.12)で与えられる.

$$\frac{\partial\overline{\boldsymbol{u}}}{\partial t}+\overline{\boldsymbol{u}}\frac{\partial\overline{\boldsymbol{u}}}{\partial x}+\overline{\boldsymbol{v}}\frac{\partial\overline{\boldsymbol{u}}}{\partial y}=-\frac{1}{\rho}\frac{\partial\overline{p}}{\partial x}+\nu\frac{\partial^2\overline{\boldsymbol{u}}}{\partial y^2}-\frac{\partial\overline{\boldsymbol{u}'^2}}{\partial x}-\frac{\partial\overline{\boldsymbol{u}'\boldsymbol{v}'}}{\partial y}$$

定常乱流かつ対称断面の現象を考えているので,

$$\frac{\partial}{\partial t}=\frac{\partial}{\partial y}=\frac{\partial^2}{\partial y^2}=0$$

また, 圧力は一様とみなせるので圧力こう配も無視できる. したがって, 式(9.12)は次の式に帰着する.

$$\overline{\boldsymbol{u}}\frac{d\overline{\boldsymbol{u}}}{dx}=-\frac{d\overline{\boldsymbol{u}'^2}}{dx} \qquad よって,\quad \frac{1}{2}\frac{d\overline{\boldsymbol{u}}^2}{dx}=-\frac{d\overline{\boldsymbol{u}'^2}}{dx}$$

これを積分して

$$\overline{\boldsymbol{u}'^2}=-\frac{1}{2}\overline{\boldsymbol{u}}^2+C \qquad (C:積分定数)$$

表9.1より, 2次元後流の最大速度差はxの-1/2乗に比例して変化するので, 一様流速をU, kを定数として

$$U-\overline{\boldsymbol{u}}=\frac{k}{\sqrt{x}}\ より,$$

$$\overline{\boldsymbol{u}'^2}=-\frac{1}{2}\left(U-\frac{k}{\sqrt{x}}\right)^2+C$$

【9・5】From Eq.(9.1), displacement thickness can be obtained as

$$\delta^*=\frac{1}{U}\int_0^\infty\left\{U-U\left(\frac{y}{\delta}\right)^{\frac{1}{7}}\right\}dy=\frac{1}{8}\delta.$$

Similarly, from Eq.(9.2), momentum thickness is

$$\theta=\frac{1}{U^2}\int U\left(\frac{y}{\delta}\right)^{\frac{1}{7}}\left\{U-U\left(\frac{y}{\delta}\right)^{\frac{1}{7}}\right\}dy=\frac{7}{72}\delta.$$

Using Eq.(9.4), shape factor can be calculated as

$$H=\frac{\delta^*}{\theta}=\frac{\frac{1}{8}\delta}{\frac{7}{72}\delta}=\frac{9}{7}.$$

【9・6】From the definition of critical Reynolds number Eq.(9.9),

$$R_{ecrit}=\frac{6\times x_t}{1.0\times10^{-6}}=1\times10^6,\ \therefore\ x_t=0.17\ (\mathrm{m})$$

Clearly, most of the boundary layer on the bottom surface of a tanker is turbulent.

【9・7】Referring the answer of Example (9.5), the boundary layer thickness can be obtained as

$$\delta = \sqrt{\frac{30\nu x}{U}} = \sqrt{\frac{30\times1.0\times10^{-6}\times2}{4}} = 3.9\times10^{-3}\ \text{(m)}.$$

【9・8】Turbulence eddies in turbulent boundary layer actively transfer energy from the free stream to the wall. This fact means that the fluid near the wall does not decelerate faster than in laminar boundary layer. And thus, turbulent boundary layer does not easily separate from the wall.

【9・9】From Table 9.1, the half width of a plane jet is proportional to the distance from the virtual origin. Setting the distance from the slot as x, and that between the slot and the virtual origin as x_0, the half width b can be expressed by

$$b = C\left(x - x_0\right). \qquad C\ \text{: integral constant}$$

Since $b = 0.20$ at $x = 0.50$, and $b = 0.30$ at $x = 1.0$, we get

$$0.2 = C\left(0.5 - x_0\right) \quad \text{and} \quad 0.3 = C\left(1.0 - x_0\right).$$

Solving these equations, $C = 0.20$ and $x_0 = -0.50$ can be obtained.

Hence,

$$b = 0.2\left(x + 0.5\right)\ \text{(m)}$$

From this relation, the half width at $x = 3$m is

$$b = 0.2\times\left(3.0 + 0.5\right) = 0.7\ \text{(m)}.$$

第10章解答

【10・1】(1) $f(z) = \boldsymbol{u} + i\boldsymbol{v} = x^2 + y^2$ とすれば,

$$\frac{\partial \boldsymbol{u}}{\partial x} = 2x\,,\quad \frac{\partial \boldsymbol{v}}{\partial y} = 0\,,\quad \frac{\partial \boldsymbol{u}}{\partial y} = 2y\,,\quad \frac{\partial \boldsymbol{v}}{\partial x} = 0$$

コーシー・リーマンの方程式を満足しないので，微分不可能であり，ポテンシャル流れではない．

(2) $f(z) = \boldsymbol{u} + i\boldsymbol{v} = z^2 = x^2 - y^2 + 2ixy$ とすれば,

$$\frac{\partial \boldsymbol{u}}{\partial x} = 2x\,,\quad \frac{\partial \boldsymbol{v}}{\partial y} = 2x\,,\quad \frac{\partial \boldsymbol{u}}{\partial y} = -2y\,,\quad \frac{\partial \boldsymbol{v}}{\partial x} = 2y$$

コーシー・リーマンの方程式を満足するので，微分不可能であり，ポテンシャル流れである．

【10.2】複素速度ポテンシャルを $W = Uz + m\log z$ とおこう．速度ポテンシャルと流れ関数は次のように表される．

$$W = \Phi + i\Psi = Uz + m\ln z$$
$$= Ure^{i\theta} + m(\ln r + i\theta)$$
$$= Ur\cos\theta + m\ln r + i(Ur\sin\theta + m\theta)$$
$$\therefore \Phi = Ur\cos\theta + m\ln r\,,\quad \Psi = Ur\sin\theta + m\theta$$

流線は，$\Psi = \text{const.}$の曲線を描くことによって求めることができる．

$\theta = 0$ では，$\Psi = 0$ であるので，流線は x 軸に重なる．流線は原点から発生して，x 軸の正の方向に向かう．$\theta = \pi$ では，$\Psi = m\pi$ となる．これも x 軸に重なるが単純ではない．速度を求めて，流れの様子を調べてみよう．

$$\boldsymbol{w} = \boldsymbol{u} - i\boldsymbol{v} = \frac{dW}{dz} = U + \frac{m}{z} = U + \frac{m}{r}e^{-i\theta},$$
$$= (U + \frac{m}{r}\cos\theta) - i(\frac{m}{r}\sin\theta)$$

$$\begin{cases} \boldsymbol{u} = U + \dfrac{m}{r}\cos\theta \\ \boldsymbol{v} = \dfrac{m}{r}\sin\theta \end{cases}$$

速度が0となる点を求めると,

$\boldsymbol{u} = U + \dfrac{m}{r}\cos\theta = 0$，$\boldsymbol{v} = \dfrac{m}{r}\sin\theta = 0$ の条件から,

$\theta = \pi$ のとき,

$U - \dfrac{m}{r} = 0$ であるので，$r = \dfrac{m}{U}$ の点によどみ点が存在する．

$\theta = \pi$ の時には,

$0 < r < \dfrac{m}{U}$ において $\boldsymbol{u} < 0$

$\dfrac{m}{U} < r < \infty$ において $\boldsymbol{u} > 0$

である．また,

$r \to \infty$ では，すべての θ に対して，$\boldsymbol{u} = U$ かつ $\boldsymbol{v} = 0$ であるので，流れは一様である．計算によって得られた流線を図A10.1に示す．

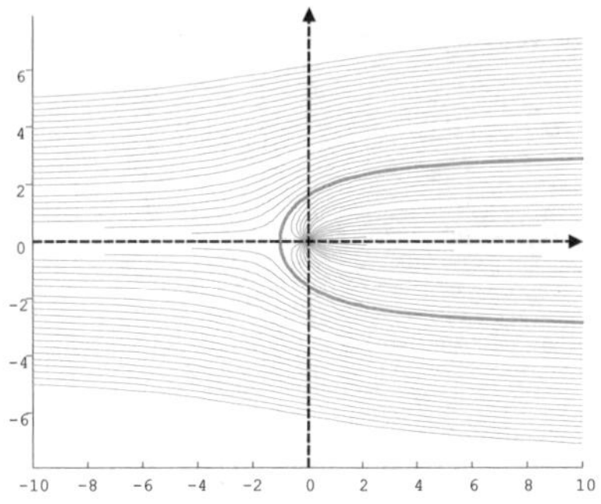

図A10.1　U字型流れ

【10.3】静止した流体中に翼をおいた場合から考えよう．この状態から流れが開始した時，翼まわりにポテンシャル流れが形成されたとする．初期状態では流れ場全体の循環は0なので，翼には揚力は発生しない．このポテンシャル流れにおいては翼のまわりには循環は発生しないが，実際はこのような流れは形成されない．その理由は，後縁付近のよどみ点が，翼後端に位置しないからである．翼の後端は，一般に鋭く尖っている．実際の流れでは，ここで，上側の流れと下側の流れが合流する．そのために，この条件を満たすように，翼まわりに循環が発生

する．これを図 A10.2 に示すように，右回りの循環 Γ^- としよう．初期状態では $\Gamma = 0$ であったので，翼から Γ^- と強さが同じで反対向きの循環 Γ^+ が放出される．これが下流に流れ去った後に初めて翼に揚力が発生する．

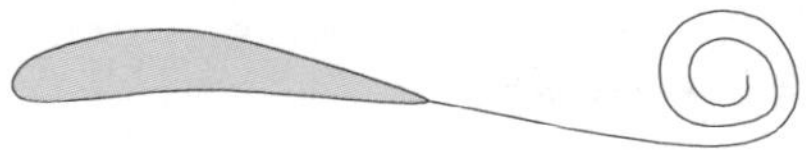

図 A10.2　翼まわりの流れ

> 注）翼が揚力を発生する理由として，翼上面の長さが下面の長さより長いために，連続の条件から，上面を流れる速度が大きくなるために，上面の圧力が下がり揚力が発生するという推論をする読者がいるかもしれないが，これは誤りである．翼後端で流れは不連続でも良いので上面の流れが速くなる必然性は無い．このことは，上面と下面の長さが等しい円弧翼の流れを考えればさらに明確になるであろう．

【10. 4】The complex velocity potential is

$$W = -i\frac{\Gamma}{2\pi}(\ln(z-i) + \ln(z+i)).$$

The velocity is presented in the next form.

$$\boldsymbol{w} = \boldsymbol{u} - i\boldsymbol{v} = \frac{dW}{dz} = -i\frac{\Gamma}{2\pi}\left(\frac{1}{(z-i)} + \frac{1}{(z+i)}\right)$$

The velocity of a vortex is induced by the other vortices except itself.

Therefore, the velocity of two vortices is determined as following.

$$\boldsymbol{w}_A = \boldsymbol{u}_A - i\boldsymbol{v}_A = -i\frac{\Gamma}{2\pi}\frac{1}{2i} = -\frac{\Gamma}{4\pi}$$

$$\boldsymbol{w}_B = \boldsymbol{u}_B - i\boldsymbol{v}_B = -i\frac{\Gamma}{2\pi}\frac{1}{-2i} = \frac{\Gamma}{4\pi}$$

$$\boldsymbol{w}_C = \boldsymbol{u}_C - i\boldsymbol{v}_C = -i\frac{\Gamma}{2\pi}\left(\frac{1}{1-i} + \frac{1}{1+i}\right) = -i\frac{\Gamma}{2\pi}$$

Therefore, the velocities at points A, B and C are

$$(\boldsymbol{u}_A, \boldsymbol{v}_A) = (-\frac{\Gamma}{4\pi}, 0),\ (\boldsymbol{u}_B, \boldsymbol{v}_B) = (\frac{\Gamma}{4\pi}, 0) \text{ and}$$

$$(\boldsymbol{u}_C, \boldsymbol{v}_C) = (0, \frac{\Gamma}{2\pi})$$

The velocity at the origin has zero. Then, the vortices rotates around the origin.

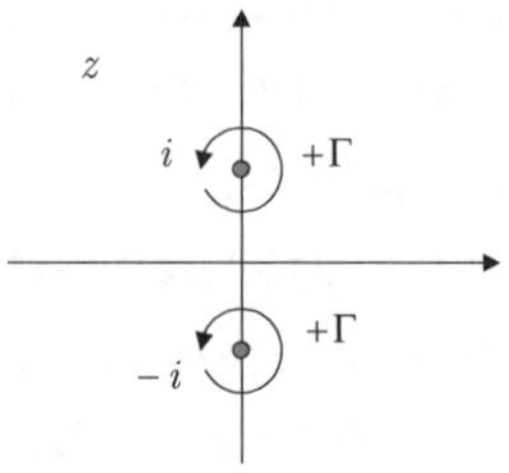

Fig.A10.3 Problem 10・4

【10. 5】The velocities at points A, B and C are

$$(\boldsymbol{u}_A, \boldsymbol{v}_A) = (\frac{\Gamma}{4\pi}, 0),\ (\boldsymbol{u}_B, \boldsymbol{v}_B) = (\frac{\Gamma}{4\pi}, 0) \text{ and}$$

$$(\boldsymbol{u}_C, \boldsymbol{v}_C) = (\frac{\Gamma}{2\pi}, 0)$$

The vortices move with the velocity of $\frac{\Gamma}{4\pi}$ to positive direction of x -coordinate.

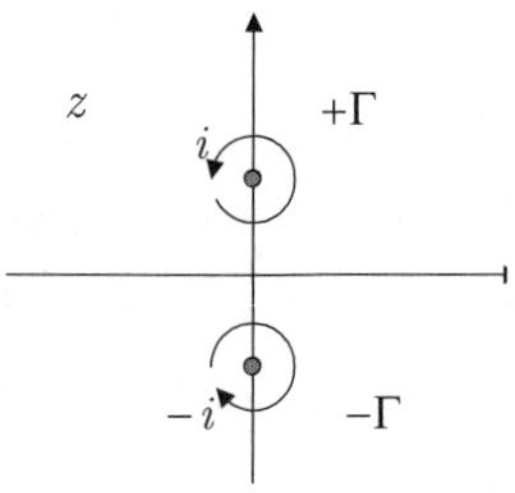

Fig.A10.4 Problem 10・5

【10. 6】

From $W = \sin z = \dfrac{e^{iz} - e^{-iz}}{2}$ and

$$e^{iz} = e^{i(x+iy)} = e^{-y+ix} = e^{-y}(\cos x + i\sin x),$$

$$\Phi = \mathrm{Re}(\sin z) = \sin x \cosh y$$

$$\Psi = \mathrm{Im}(\sin z) = \cos x \sinh y$$

The flow is shown in Fig.A10.5. The blue line is $\Psi = const.$ and black line $\Phi = const.$ A stream line can be replaced with a wall. The flow has periodic inlet and outlet.

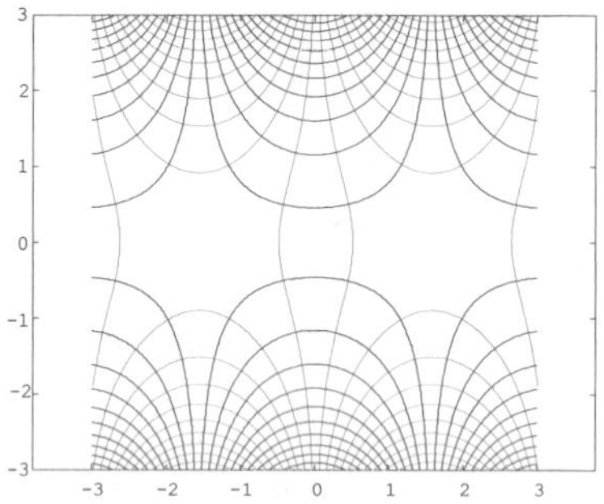

Fig.A10.5 $W = \sin z$

【10. 7】複素速度ポテンシャルは

$$W = \frac{Q}{2\pi}(\ln(z-a) - \ln(z+a))$$

である．点 $(a,0)$，$(-a,0)$ のそれぞれに極座標表示を用い，$z - a = r_1 e^{i\theta_1}$，$z + a = r_2 e^{i\theta_2}$ とすれば，

$$W = \Phi + i\Psi = \frac{Q}{2\pi}(\ln(r_1 e^{i\theta_1}) - \ln(r_2 e^{i\theta_2}))$$

$$= \frac{Q}{2\pi}(\ln\frac{r_1}{r_2} + i(\theta_1 - \theta_2))$$

$$\therefore \Phi = \frac{Q}{2\pi}\ln\frac{r_1}{r_2},\quad \Psi = \frac{Q}{2\pi}(\theta_1 - \theta_2)$$

$\Phi = \mathrm{const.}$ は，$r_1 / r_2 = \mathrm{const.}$ の曲線群であり，$\Psi = \mathrm{const.}$ は，点 $(a,0)$，$(-a,0)$ を通る $\theta_1 - \theta_2 = \mathrm{const.}$ の曲線群を表す．$r_1 / r_2 = \mathrm{const.}$ の曲線群はアポロニウス(Apollonius)の円であり，点 $(a,0)$，$(-a,0)$ を通る $\theta_1 - \theta_2 = \mathrm{const.}$ の曲線群は円周角の関係から円を表すことがわかる．

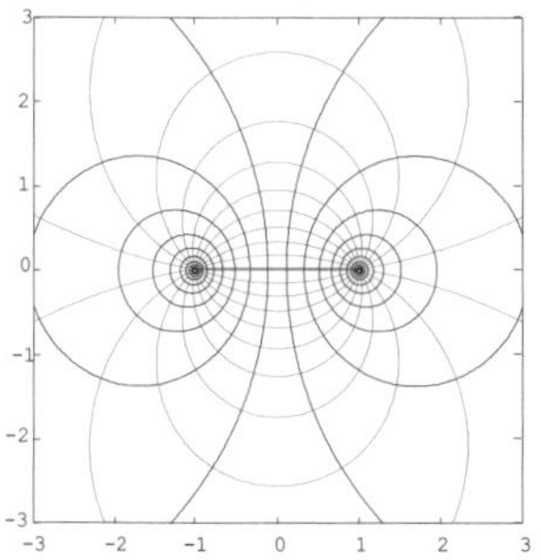

図 A10.6 わき出しと吸い込み

第 11 章解答

【11. 1】状態方程式$p = \rho RT$ より温度 20℃における密度は,

$$\rho = p / RT$$
$$= 1.013 \times 10^5 / (287.1 \times (20 + 273.15))$$
$$= 1.204 \quad (\mathrm{kg/m^3})$$

同様に温度 100℃における密度は

$$\rho = p / RT$$
$$= 1.013 \times 10^5 / (287.1 \times (100 + 273.15))$$
$$= 0.946 \quad (\mathrm{kg/m^3})$$

【11. 2】音速は, $a = \sqrt{\kappa RT}$ で求められるので, 上の表の気体定数と比熱比をそれぞれ代入することによって, 各気体の音速が計算できる.

Air：343.5 m/s　H_2：1303 m/s

CO_2：268.7 m/s　CH_4：446.1 m/s

【11. 3】分子量80の気体定数は, 一般気体定数から

$$R = \Re / W = 8314.3 / 80 = 103.93 \quad (\mathrm{J/kgK})$$

また, 気体は2原子分子であるので, 分子エネルギーの自由度を$f = 5$ とすれば, $\kappa = (f+2)/f = 1.4$ となる.

したがって,

$$a = \sqrt{\kappa RT} = \sqrt{1.4 \times 103.93 \times 293.15} = 206.5 \quad (\mathrm{m/s})$$

【11. 4】$C_v = C_p - R = 300$ (J/kgK),

$\kappa = C_p / C_v = 500 / 300 = 1.67$ であるので,

$$a = \sqrt{\kappa RT} = \sqrt{1.67 \times 200 \times 300} = 317 \quad (\mathrm{m/s})$$

【11. 5】(1)断熱圧縮の場合　周囲の空気の圧力と温度をそれぞれp_a, T_a とし, タンク内をp_0, T_0 としよう. 周囲の気体を断熱的に圧縮した場合,

$$\frac{p_0}{p_a} = \left(\frac{T_0}{T_a}\right)^{\frac{\kappa}{\kappa-1}} = 10, \quad T_0 = 10^{\frac{\kappa-1}{\kappa}} T_a = 1.93 T_a$$

である. したがって, 式(11.22)より,

$$\boldsymbol{u}_1^* = \sqrt{\frac{2}{\kappa+1}} a_0 = \sqrt{\frac{2\kappa}{\kappa+1} 10^{\frac{\kappa-1}{\kappa}} R T_a} = \sqrt{2.25 R T_a} \quad (\mathrm{m/s})$$

(2)等温圧縮の場合　圧縮して十分時間が経過した場合には, タンク内の気体の温度は周囲の温度と等しいと見て良い. この場合には,

$$\boldsymbol{u}_2^* = \sqrt{\frac{2}{\kappa+1}} a_a = \sqrt{\frac{2\kappa}{\kappa+1} R T_a} = \sqrt{1.16 R T_a} \quad (\mathrm{m/s})$$

したがって, タンク内温度は断熱圧縮による場合の方が高いので噴出速度は, 1)の場合の方が大きくなる.

【11. 6】気体中の擾乱の伝ぱ速度は, 式(11.9)のように表される. この式の$dp / d\rho$ を等温変化と等エントロピー変化に対して求めればよい.

等温変化は, 状態方程式において$T =$ 一定として, $p = c\rho$.

または, ポリトロープ変化の式においてポリトロープ指数を 1 とすることによって同様の式が得られる.

$$a^2 = \frac{dc\rho^n}{d\rho} = nc\rho^{n-1} = n\frac{p}{\rho} = nRT$$
$$a = \sqrt{nRT}$$

ポリトロープ指数$n = 1$ が等温変化, $n = \kappa$ が等エントロピー変化に対応するので, 等温変化の音速a_T, 等エントロピー変化の音速a_s は次のようになる.

$$a_T = \sqrt{RT}, \ a_s = \sqrt{\kappa RT}$$
$$\therefore a_s / a_T = \sqrt{\kappa}$$

【11. 7】ロケットの推力F は, ロケットから噴出するガスの運動量に等しい.

噴出する質量流量を$\dot{M}$ とすれば,

$$F = \dot{M} \boldsymbol{u}_e$$

である. $\dot{M}$ は, ロケット内のガスと固体燃料の質量の時間変化に等しいので,

$$\dot{M} = \frac{d}{dt}(\rho_g V_g + \rho_s V_s)$$

ここで, $V_g + V_s =$ 一定であるので,

$$\dot{M} = -(\rho_s - \rho_g)\frac{dV_g}{dt}$$

が得られる. 以上より,

$$F = -(\rho_s - \rho_g)\boldsymbol{u}_e \frac{dV_g}{dt}$$
$$= (\rho_s - \rho_g)\boldsymbol{u}_e \frac{dV_s}{dt}$$

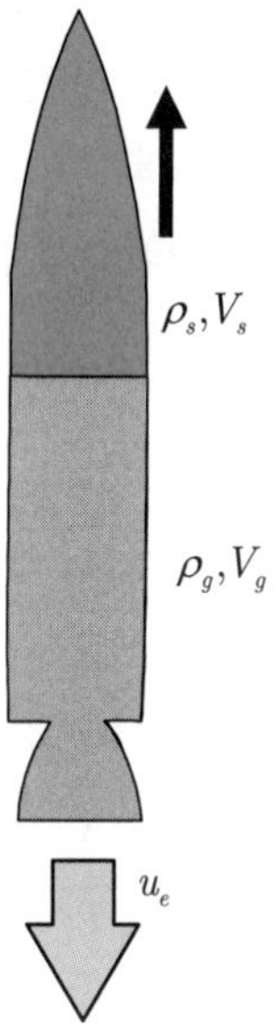

図 A11.1　ロケット

となる. このように, ロケットの推力は, ガスの噴出速度に比例し, かつ燃料の（または燃焼ガスの）体積の時間変化に比例する.

【11.8】ロケットの推力は，$F = \dot{M}\boldsymbol{u}_e$ である．これが，重力とつり合っているので，

$$\dot{M}u_e = -Mg$$

が運動方程式である．これを解くと，

$$\frac{1}{M}dM = -\frac{g}{\boldsymbol{u}_e}dt \qquad \therefore M = M_0 e^{-\frac{g}{\boldsymbol{u}_e}t}$$

ロケットの質量は，$\boldsymbol{u}_e$ が一定ならば，指数関数的に減少する．

【11.9】上の解を用いて，これをテーラー展開して近似的に計算しよう．

$$M = M_0 e^{-\frac{g}{\boldsymbol{u}_e}t} \approx M_0(1 - \frac{g}{\boldsymbol{u}_e}\Delta t + (\frac{g}{\boldsymbol{u}_e})^2 \Delta t^2 - \cdots)$$

となるので，g =9.8m/s^2，$\boldsymbol{u}_e$ =300m/s を代入すると，最初の 1 秒間で，

$M = M_0(1 - \frac{9.8}{300}) = 0.967$ となり，およそ 1/30 の質量が減少する．

$\boldsymbol{u}_e$ =3000m/s の場合には，

$M = M_0(1 - \frac{9.8}{3000}) = 0.9967$ であり，およそ1/300の質量が減少する．テーラー展開の表現から分かるように，ロケットを長く飛行させるためには，$\boldsymbol{u}_e$ を大きくすることが重要である．大まかに捉えると，燃料の消費は $\boldsymbol{u}_e$ に反比例して減少し，飛行時間は $\boldsymbol{u}_e$ に比例して長くなる．

【11.10】

(1) $a = \sqrt{\kappa RT} = \sqrt{1.4 \times 287.1 \times 350} = 375 \ \ (\mathrm{m/s})$

$$M = \boldsymbol{u}/a = 200/375.1 = 0.533$$

(2)よどみ圧，全温度

$$p_0 = p\left(1 + \frac{\kappa - 1}{2}M^2\right)^{\frac{\kappa}{\kappa-1}} = 121.3 \ \ (\mathrm{kPa})$$

$$T_0 = T\left(1 + \frac{\kappa - 1}{2}M^2\right) = 369.9 \ \ (\mathrm{K})$$

【11.11】 $\left(\frac{p_0}{p}\right) = \left(1 + \frac{\kappa - 1}{2}M^2\right)^{\frac{\kappa}{\kappa-1}}$ より

$$p = p_0 / 7.824 = 12.8 \ \ (\mathrm{kPa})$$

$\frac{T_0}{T} = 1 + \frac{\kappa - 1}{2}M^2$ より $T = T_0/1.8 = 166$ (K)

【11.12】(1) $p_0 = p + \frac{1}{2}\rho \boldsymbol{u}^2$ により計算する．空気の気体定数を 287.1J/kgK とすれば，

$\rho = 1013 \times 10^2 / 287.1 / 300 = 1.18$ (kg/m^3)であるので，

$$\boldsymbol{u} = \sqrt{2(p_0 - p)/\rho} = 149.2 \ \ (\mathrm{m/s})$$

(2) $\frac{p_0}{p} = \left(1 + \frac{\kappa - 1}{2}M^2\right)^{\frac{\kappa}{\kappa-1}}$ の式から，マッハ数を求めると

$$M = \left(\frac{2}{\kappa - 1}\left(\left(\frac{p_0}{p}\right)^{\frac{\kappa-1}{\kappa}} - 1\right)\right)^{\frac{1}{2}} = 0.45$$

このマッハ数まで空気が膨張した時の静温度は，

$\frac{T_0}{T} = 1 + \frac{\kappa - 1}{2}M^2$ の式から，

$$T = T_0(1 + \frac{\kappa - 1}{2}M^2)^{-1} = 288 \ \ (\mathrm{K})$$

このときの音速は

$$a = \sqrt{\kappa RT} = 243 \ \ (\mathrm{m/s})$$

よって気流の速度は，$\boldsymbol{u} = Ma = 153$ (m/s) となる．

【11.13】N_2の比熱比は，1.404である．

$\left(\frac{p_0}{p}\right) = \left(1 + \frac{\kappa - 1}{2}M^2\right)^{\frac{\kappa}{\kappa-1}}$ において $M = 10$ を代入すると，

$$p = p_0 / 40646 = 12.3 \ (\mathrm{Pa})$$

また，$\frac{T_0}{T} = 1 + \frac{\kappa - 1}{2}M^2$ の関係から同様にして，

$$T = T_0 / 21.2 = 13.8 \ \ (\mathrm{K})$$

$p = 12.3$ Pa，$T = 13.8$ K において窒素は液体である．(大気圧下での窒素の沸点は77.35 K，窒素の相変化については図A11.2参照)

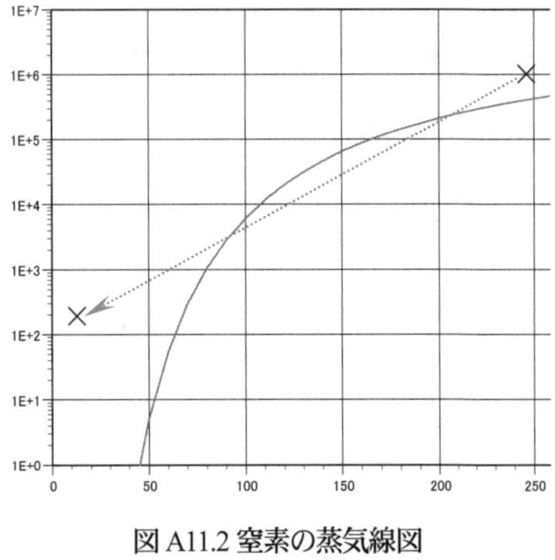

図 A11.2 窒素の蒸気線図

【11.14】ノズルから流出する流れは，ノズル出口でチョークしており，流量は，式(11.11)によって与えられる．ノズル出口の断面積を A^* とする．タンク内の状態量に添え字0をつけて表すと，流量は次式で求められる．

$$m_{\max} = \rho_0 a_0 A^* \left(1+\frac{\kappa-1}{2}\right)^{-\frac{\kappa+1}{2(\kappa-1)}}$$

上式において，状態方程式を使ってタンクの圧力 p_0 を用いて式を変形すると，

$$m_{\max} = \frac{p_0}{\sqrt{RT_0}}\sqrt{\kappa}A^* \left(1+\frac{\kappa-1}{2}\right)^{-\frac{\kappa+1}{2(\kappa-1)}}$$

したがって流量は，温度の1/2乗に反比例して変化する．流量を増やすためには，貯気槽を冷却する必要がある．

【11.15】(1)単位質量当たりの気体が持っているエネルギー保存の式は，式(11.17)で与えられる．出口で流れは音速に達しているので，$\boldsymbol{u}_1 = a_1$，$\boldsymbol{u}_2 = a_2$ と加えた熱量との関係から，

$$\frac{\kappa+1}{2(\kappa-1)}\boldsymbol{u}_1^2 + Q = \frac{\kappa+1}{2(\kappa-1)}\boldsymbol{u}_2^2 = 2\frac{\kappa+1}{(\kappa-1)}\boldsymbol{u}_1^2$$

$$\therefore Q = 3\frac{\kappa+1}{2(\kappa-1)}\boldsymbol{u}_1^2$$

(2)図 A11.3 参照

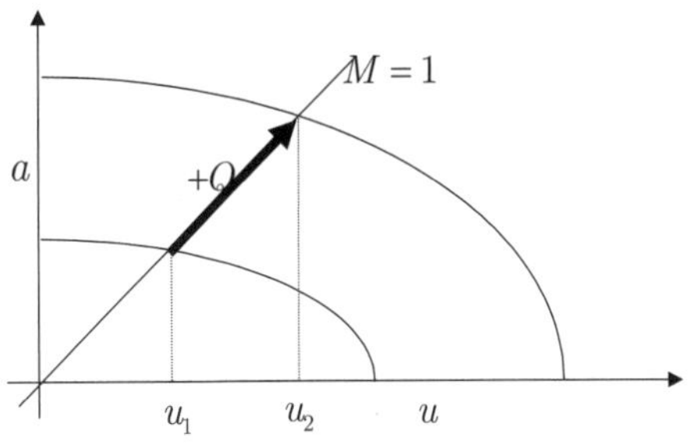

図 A11.3 問題 11.15 $\boldsymbol{u} - a$ 線図

(3)エネルギーの式から

$$\frac{\kappa}{\kappa-1}RT_{01} = \frac{\kappa+1}{2(\kappa-1)}\boldsymbol{u}_1^2$$

$$\therefore Q = 3\frac{\kappa+1}{2(\kappa-1)}\boldsymbol{u}_1^2 = \frac{3\kappa}{\kappa-1}RT_{01}$$

$$= \frac{3\times1.4}{1.4-1}\times 287.1\times 300 = 9.03\times10^5 \text{ (J/kg)}$$

【11.16】(1)式(11.27(b))より，

$$\frac{p_{0C}}{p_1} = \left(1+\frac{\kappa-1}{2}M_1^2\right)^{\frac{\kappa}{\kappa-1}} = \left(1+\frac{\kappa-1}{2}\frac{\boldsymbol{u}_1^2}{\kappa RT_1}\right)^{\frac{\kappa}{\kappa-1}}$$

(2)ベルヌイの式から $\frac{1}{2}\rho_1\boldsymbol{u}_1^2 + p_1 = p_0$ となる．ここで，状態方程式 $\rho_1 = p_1/RT_1$ を代入すると

$$\frac{p_{0i}}{p_1} = 1+\frac{1}{2}\frac{\boldsymbol{u}_1^2}{RT_1}$$

(3)上で求めた関係から，

$$\frac{p_{0C}}{p_{0i}} = \frac{\left(1+\dfrac{\kappa-1}{2}\dfrac{\boldsymbol{u}_1^2}{\kappa RT_1}\right)^{\frac{\kappa}{\kappa-1}}}{1+\dfrac{1}{2}\dfrac{\boldsymbol{u}_1^2}{RT_1}} = \frac{\left(1+\dfrac{\kappa-1}{2}M_1^2\right)^{\frac{\kappa}{\kappa-1}}}{1+\dfrac{\kappa}{2}M_1^2}$$

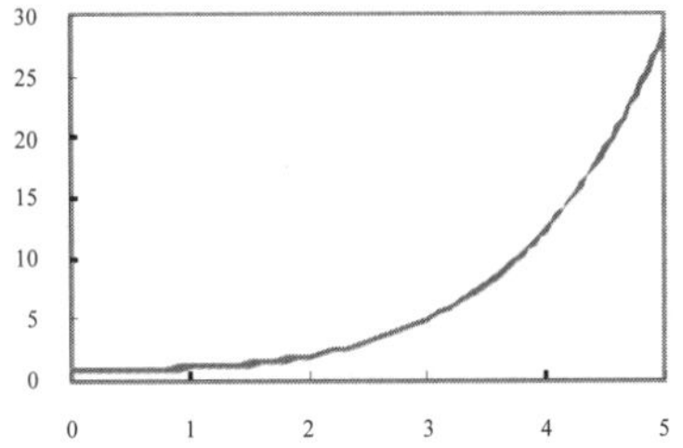

図 A11.4　練習問題 11.16

【11.17】

(1) 非圧縮性のベルヌーイの式，$\frac{1}{2}\boldsymbol{u}^2 + \frac{p}{\rho} = p_0$ より

$$\boldsymbol{u} = \sqrt{\frac{2}{\rho}(p_0 - p)} = \sqrt{\frac{2}{1.16}(100-60)\times10^3} = 262.61 = 263 \text{ (m/s)}$$

(2) $\left(\frac{p_0}{p}\right)^{\frac{\kappa-1}{\kappa}} = 1+\frac{\kappa-1}{2}M^2$ より M を求めると

$$M^2 = 0.7857 \simeq 0.786,\ M = 0.886$$

$T = T_0\left(1+\dfrac{\kappa-1}{2}M^2\right)^{-1} = 259.3$ (K) であるので，

$$\boldsymbol{u} = \sqrt{\kappa RT}M = \sqrt{1.4\times287.1\times259.3}\times0.886 = 286 \text{ (m/s)}$$

【11. 18】この微分方程式が成り立つためには，$M \to 1$ において $dA \to 0$ となる必要がある．すなわち，流れのマッハ数が1に近づいた場合には，断面積の変化が極めて小さくなければならない．特に $M=1$ においては，$dA=0$ であるので，スロートにおいて断面積変化は0(管路はなめらかで流れに対して平行)でなければならない．流路の最小断面積部がなめらかでない場合には，流れには剥離などが生じやすく，壁面に沿う流れは維持されない．

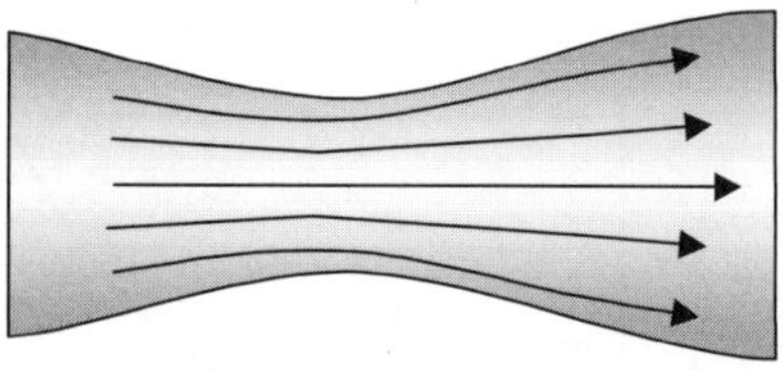

滑らかなスロート

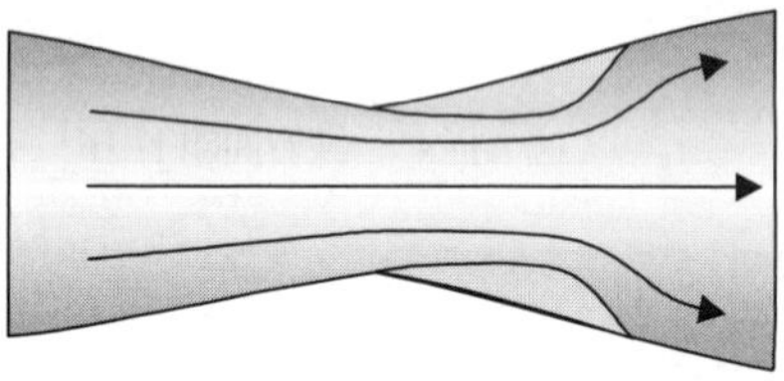

角のあるスロート

図 A11.5　練習問題 11.17

【11. 19】

(1) $a=\sqrt{1.4\times 287.1\times 100}=200$ (m/s)

$M=\boldsymbol{u}/a=200/200=1$

(2) $\boldsymbol{u}_1=500-200=300$ (m/s)

(3) $a=\sqrt{1.4\times 287.1\times 100}=200$ (m/s)

(4) $M_1=\boldsymbol{u}_1/a=300/200=1.5$

(5) $\dfrac{p_2}{p_1}=1+\dfrac{2\kappa}{\kappa+1}\left(M_1^2-1\right)=2.458$　より

$p_2=122916\ (\mathrm{Pa})=123\ (\mathrm{kPa})$

(6) $\dfrac{\rho_2}{\rho_1}=\dfrac{\left(\kappa+1\right)M_1^2}{2+\left(\kappa-1\right)M_1^2}=1.862$ より

$\rho_2=3.243=3.24\ (\mathrm{kg/m^3})$

【11. 20】流れの音速は

$a=\sqrt{\kappa RT}=245$ (m/s)，

$$\frac{p_2}{p_1}=1+\kappa M_1^2\left(1-\frac{\boldsymbol{u}_2}{\boldsymbol{u}_1}\right)=1+\frac{2\kappa}{\kappa+1}\left(M_1^2-1\right) \text{ より}$$

$M_1=2.10$

したがって，衝撃波に相対的に流入する気流の速度は，

$\boldsymbol{u}_1=2.10\times 245=515$ (m/s)

衝撃波は，気流速度200m/sの中を移動しているので，その移動速度は，

$515-200=315$ m/s となる．

Subject Index

W

索　引

さ

た

な

JSME テキストシリーズ一覧

- 1　機械工学総論
- 2-1　機械工学のための数学
- 2-2　演習　機械工学のための数学
- 3-1　機械工学のための力学
- 3-2　演習　機械工学のための力学
- 4-1　熱力学
- 4-2　演習　熱力学
- 5-1　流体力学
- 5-2　演習　流体力学
- 6-1　振動学
- 6-2　演習　振動学
- 7-1　材料力学
- 7-2　演習　材料力学
- 8　機構学
- 9-1　伝熱工学
- 9-2　演習　伝熱工学
- 10　加工学 I（除去加工）
- 11　加工学 II（塑性加工）
- 12　機械材料学
- 13-1　制御工学
- 13-2　演習　制御工学
- 14　機械要素設計

〔各巻〕A4判

JSME テキストシリーズ　JSME Textbook Series
演習　流体力学　Problems in Fluid Mechanics

2012年5月10日　初版発行
2023年3月13日　初版第5刷発行
2023年7月18日　第2版第1刷発行

著作兼発行者　一般社団法人　日本機械学会
（代表理事会長　伊藤　宏幸）

印刷者　柳　瀬　充　孝
昭和情報プロセス株式会社
東京都港区三田 5-14-3

発行所　東京都新宿区新小川町4番1号
KDX 飯田橋スクエア2階
一般社団法人　日本機械学会
郵便振替口座　00130-1-19018番
電話 (03) 4335-7610　FAX (03) 4335-7618　https://www.jsme.or.jp

発売所　東京都千代田区神田神保町2-17
神田神保町ビル
丸善出版株式会社
電話 (03) 3512-3256　FAX (03) 3512-3270

ISBN 978-4-88898-349-5　C 3353

本書の内容でお気づきの点は　textseries@jsme.or.jp　へお知らせください。出版後に判明した誤植等は http://shop.jsme.or.jp/html/page5.html　に掲載いたします。

付表 2-1　単位換算表

長さの単位換算

m	mm	ft	in
1	1000	3.280840	39.37008
10^{-3}	1	3.280840×10^{-3}	3.937008×10^{-2}
0.3048	304.8	1	12
0.0254	25.4	1/12	1

面積の単位換算

m^2	cm^2	ft^2	in^2
1	10^4	10.76391	1550.003
10^{-4}	1	1.076391×10^{-3}	0.1550003
9.290304×10^{-2}	929.0304	1	144
6.4516×10^{-4}	6.4516	1/144	1

体積の単位換算

m^3	cm^3	ft^3	in^3	リットル L	備　考
1	10^6	35.31467	6.102374×10^4	1000	英ガロン： 1 m^3 = 219.9692 gal(UK) 米ガロン： 1 m^3 = 264.1720gal(US)
10^{-6}	1	3.531467×10^{-5}	6.102374×10^{-2}	10^{-3}	
2.831685×10^{-2}	2.831685×10^4	1	1728	28.31685	
1.638706×10^{-5}	16.38706	1/1728	1	1.638706×10^{-2}	
10^{-3}	10^3	3.531467×10^{-2}	61. 02374	1	

速度の単位換算

m/s	km/h	ft/s	mile/h
1	3.6	3.280840	2.236936
1/3.6	1	0.911344	0.6213712
0.3048	1.09728	1	0.6818182
0.44704	1.609344	1.466667	1

力の単位換算

N	dyn	kgf	lbf
1	10^5	0.1019716	0.2248089
10^{-5}	1	1.019716×10^{-6}	2.248089×10^{-6}
9.80665	9.80665×10^5	1	2.204622
4.448222	4.448222×10^5	0.4535924	1

圧力の単位換算

Pa ($N\cdot m^{-2}$)	bar	atm	Torr (mmHg)	$kgf\cdot cm^{-2}$	psi ($lbf\cdot in^{-2}$)
1	10^{-5}	9.86923×10^{-6}	7.50062×10^{-3}	1.01972×10^{-5}	1.45038×10^{-4}
10^5	1	0.986923	750.062	1.01972	14.5038
1.01325×10^5	1.01325	1	760	1.03323	14.6960
133.322	1.33322×10^{-3}	1.31579×10^{-3}	1	1.35951×10^{-3}	1.93368×10^{-2}
9.80665×10^4	0.980665	0.967841	735.559	1	14.2234
6.89475×10^3	6.89475×10^{-2}	6.80459×10^{-2}	51.7149	7.03069×10^{-2}	1